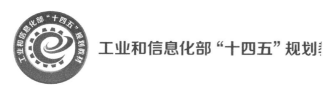

工业和信息化部"十四五"规划

U0236561

合作博弈的解及其应用

主　编　徐根玖　孙　浩

副主编　苏　军　孙攀飞　李文忠　张　莉

科学出版社

北　京

内 容 简 介

本书是工业和信息化部"十四五"规划教材. 本书紧跟国际学术前沿和时代发展步伐, 服务国家重大战略需求, 适应新技术、新产业、新业态、新模式对人才培养的新要求. 本书主要介绍效用可转移的合作博弈的解及其应用, 包括合作博弈及简例、合作博弈的集合解、合作博弈的单值解、凸博弈及其解、准均衡博弈及其 τ 值、具有联盟结构的合作博弈及其值, 以及破产问题及其博弈、成本分配问题及其博弈、匹配问题及其博弈.

本书力求结构严谨、逻辑清晰、叙述详细、通俗易懂, 不仅在理论层面提供了广泛而深刻的合作博弈内容, 还注重介绍合作博弈在不同领域的实际应用.

本书可供数学类专业以及管理学、经济学、国防科技等相关专业的高年级本科生和研究方向涉及博弈论及其应用的研究生使用.

图书在版编目(CIP)数据

合作博弈的解及其应用 / 徐根玖, 孙浩主编. -- 北京 : 科学出版社, 2024. 8. --(工业和信息化部"十四五"规划教材). -- ISBN 978-7-03-078767-5

I. O225

中国国家版本馆 CIP 数据核字第 2024GD4298 号

责任编辑: 王 静 贾晓瑞 / 责任校对: 杨聪敏
责任印制: 师艳茹 / 封面设计: 陈 敬

科学出版社 出版
北京东黄城根北街 16 号
邮政编码: 100717
http://www.sciencep.com
北京凌奇印刷有限责任公司印刷
科学出版社发行 各地新华书店经销
*
2024 年 8 月第 一 版 开本: 720×1000 1/16
2024 年 12 月第二次印刷 印张: 11 1/2
字数: 232 000
定价: 59.00 元
(如有印装质量问题, 我社负责调换)

前　　言

党的二十大报告指出:"中国始终坚持维护世界和平、促进共同发展的外交政策宗旨,致力于推动构建人类命运共同体." 构建人类命运共同体,是中国从世界和平与发展的大势出发处理当代国际关系的中国智慧,是完善全球治理的中国方案. 随着全球经济融合和国际关系日益紧密,合作共赢已然成为当今时代的核心趋势. 在这一潮流中,合作博弈理论作为研究合作问题的有力工具,在经济学、政治学、计算机科学、生物学和社会学等领域展现出广泛而深远的应用前景. 然而,尽管合作博弈的重要性日益凸显,国内现有的博弈论教材对合作博弈的介绍相对较少,尤其关于合作博弈的解理论的知识不够系统,且现有教材在应用案例和理论联系方面仍存欠缺. 本书应运而生,编者希望可以对国内合作博弈的相关知识的教学补充需求做出积极回应.

本书得到了国家自然科学基金项目和工业和信息化部"十四五"规划教材项目的支持,旨在为高年级本科生及研究生提供一本结合理论与实际、内容全面且贴近课程实际案例的教材,以满足不断发展的合作博弈教育教学需求.

本书的编写秉承着"以学生为本"的教学理念. 我们不仅注重传授合作博弈的理论基础,更强调理论与实践的结合. 在教材内容的构建中,我们不仅介绍了合作博弈的基本理论知识,还深入探讨了其在经济管理、社会服务等领域的实际应用案例. 这样的设计不仅能够激发学生的学习兴趣,还有助于学生全面理解合作博弈的内涵,并提升其解决实际问题的能力.

本书的特色在于与博弈论课程体系的密切衔接,同时也融入了最新合作博弈的理论成果. 我们致力于保持教材内容与不同阶段的博弈论课程内容之间的衔接,以便学生系统掌握博弈论的理论体系. 同时,我们还强调将学生的理论学习、科学研究和实际应用相结合,促进学术研究与教学的有效融合.

在本书的编写过程中,课程思政的重要性也得到了充分重视. 我们挖掘博弈理论与应用中蕴含的思政元素,将其有机融入教材内容,努力实现课程教学与思政引领的有机结合.

本书适用于数学类专业以及管理学、经济学、国防科技等相关专业的高年级本科生和研究方向涉及博弈理论与应用的硕士、博士研究生. 我们期待本书不仅能为学术研究和实际应用领域提供重要参考,更能够培养学生的创新思维和解决实际问题的能力,引领他们在充满合作与竞争的世界中获得成功. 接下来, 我们简要概括本书的各章内容和重要主题, 让读者对本书内容有一个整体的认识.

第 1 章合作博弈及简例. 本章主要介绍特征函数形式的合作博弈及案例, 包括农场主和农场工人之间的生产经济、两种类型的商人之间的交换经济、机场博弈、破产问题、日本的合作水资源发展等, 帮助读者从实例中理解合作博弈的基本概念和应用场景.

第 2 章合作博弈的集合解. 本章主要介绍全博弈空间的集合解, 包括稳定集、核心与均衡性、核与预核、谈判集等集合解及其性质.

第 3 章合作博弈的单值解. 本章主要介绍全博弈空间的几个重要单值解, 包含单值解的概念、Shapley 值、Banzhaf 值、Solidarity 值、核子等单值解及其性质.

第 4 章凸博弈及其解. 本章主要介绍凸博弈的基本概念及其解, 重点探讨了凸博弈的核心、Shapley 值、稳定集、谈判集、核与预核等解及其性质.

第 5 章准均衡博弈及其 τ 值. 本章主要介绍几类特殊类型的合作博弈, 包括准均衡博弈、1-凸博弈和半凸博弈, 重点探讨了准均衡博弈和简单均衡博弈的 τ 值.

第 6 章具有联盟结构的合作博弈及其值. 本章主要介绍两类具有联盟结构的合作博弈. 内容包括具有划分结构的合作博弈及其 Owen 值、Banzhaf-Owen 值和两步 Shapley 值, 具有图结构的合作博弈及其 Myerson 值和 Position 值.

第 7 章破产问题及其博弈. 本章主要介绍破产问题的基本概念、破产规则及其性质与公理化、破产博弈、多目标破产问题, 以及破产问题的拓展: 双边配给问题及其在博物馆通票问题中的应用等, 探讨了合作博弈在破产场景下的应用.

第 8 章成本分配问题及其博弈. 本章主要介绍成本分配问题、成本分配规则、成本节约博弈、团购成本分配问题、机场成本分配问题、河流污染治理成本分配问题等, 探讨了合作博弈在成本分配场景下的应用.

第 9 章匹配问题及其博弈. 本章主要介绍基本的匹配模型及不同的匹配问题, 包括婚姻匹配、室友匹配、房屋匹配和带合同的匹配问题等, 探讨了合作博弈在匹配场景下的应用.

总体来说, 本书不仅在理论层面提供了广泛而深刻的合作博弈内容, 还着重介绍了其在各个实际领域的具体应用案例. 希望读者通过阅读本书, 能够全面理解合作博弈的理论基础, 并能够在实践中运用这些知识解决各种复杂的合作问题. 党的二十大报告指出: "青年强, 则国家强. 当代中国青年生逢其时, 施展才干的舞台无比广阔, 实现梦想的前景无比光明." 期待本书能够为青年学生们在追求知识、拓展视野和提升能力的道路上提供有效的帮助和指引.

本书内容由西北工业大学徐根玖组织并统稿, 其中第 1, 2 章由长治学院张莉编写, 第 3, 4 章由西北工业大学孙攀飞编写, 第 5, 6 章由西北工业大学李文忠编写, 第 7, 8 章由西安科技大学苏军编写, 第 9 章由西北工业大学孙浩编写. 西北工业大学数学与统计学院博弈论及其应用团队的研究生参与了校稿. 本书在编写过程中参考和引用了书后的参考文献, 在此对各位作者表示由衷的感谢. 由于时间仓促, 作者水平有限, 书中疏漏和不足之处在所难免, 敬请各位读者批评指正.

编　者

2023 年 11 月于西安

目　　录

第 1 章　合作博弈及简例

1.1　澜沧江-湄公河合作案例

澜沧江-湄公河发源于中国青海省, 中国境内段称为澜沧江, 境外段称为湄公河, 流经中国、缅甸、老挝、泰国、柬埔寨、越南. 澜沧江-湄公河流域环境问题种类多、影响范围广, 沿线各国经济的迅速发展为区域生态系统和气候带来巨大压力, 给区域内国家经济发展和人民生活带来了极大的挑战, 环境保护合作的重要性也日益得到重视. 为了解决区域各国共同面对的环境问题, 推动实现生态环境保护和可持续发展的目标, 2017 年澜沧江-湄公河环境合作中心由六国正式成立, 并于 2018 年提出制定《澜沧江-湄公河环境合作战略 2018 - 2022》[1]. 2023 年 4 月, 经过各国多次磋商和努力, 正式发布了《澜沧江-湄公河环境合作战略与行动框架 2023 - 2027》[2], 作为第二期澜湄环境合作的纲领性文件, 助力区域落实全球发展倡议和联合国 2030 可持续发展目标. 该文件强调未来将主要围绕以下五大优先领域开展合作:

(1) 圆桌对话与能力建设;

(2) 生态系统管理与生物多样性保护;

(3) 气候变化适应与减缓;

(4) 环境质量改善;

(5) 知识共享与意识提升.

作为新型区域合作机制, 实施澜沧江-湄公河环境合作战略的主要资金和支持来源主要包括六个方面:

(1) 澜沧江-湄公河合作专项基金;

(2) 中国政府提供的资金;

(3) 国际组织、国际合作伙伴和第三方提供的资金;

(4) 其他国家和区域组织提供的资金;

(5) 私营部门提供的资金;

(6) 澜沧江-湄公河国家提供的现金和实物资助.

各国通过战略协议达成合作, 以最小化各类项目成本、最大化合作收益. 合理地分配管理、治理等成本以及项目资金是各参与方面临的关键问题. 公平合理的分配方案是保证合作稳定的重要因素, 很大程度上保障了环境合作战略顺利开展. 此类问题本质上可以抽象为合作博弈模型, 通过具有约束力的协议, 参与者形成合作联盟, 进而产生相应的收益或成本, 最终基于一定的原则确立收益或成本在参与者之间的分配.

1.2　具有特征函数形式的合作博弈模型

1944 年, von Neumann 和 Morgenstern [3] 正式引入了合作博弈的概念. 在其提出的合作博弈模型中, 参与者间达成了一个具有约束力的协议, 据此协议形成联盟, 进而提高整体收益. 合作博弈分为效用可转移与效用不可转移两类, 本书只介绍前一类, 书中后续的合作博弈均指效用可转移的合作博弈. 本节先介绍具有特征函数形式的合作博弈模型, 随后给出合作博弈的一些基本概念与符号.

定义 1.1　一个具有特征函数形式的 n 人合作博弈可以用一个有序二元组 (N, v) 来表示, 其中 N 是 n 个有限参与者的集合, $v: 2^N \to R$ 是定义在 N 的幂集上的特征函数且满足 $v(\varnothing) = 0$.

一般地, 我们假设 $N = \{1, 2, \cdots, n\}$, 集合 N 通常称为大联盟, N 中的元素称为参与者, 集合 $S \subseteq N$ 称为联盟, 联盟 S 的大小记为 $|S|$ 或 s. $v(S)$ 表示联盟 S 合作所能产生的价值. 事实上, 联盟 $S \subseteq N$ 的价值在不同的合作博弈中可能有不同的解释, 例如它可以解释为联盟 S 中的成员相互合作所产生的收益, 也可以解释为 S 中的成员单独承担项目所需的成本, 或投票问题中联盟 S 的抽象权力的大小等. 在不引起混淆的情况下, 通常将合作博弈 (N, v) 简记为博弈 v.

记 G^N 为定义在参与者集合 N 上的合作博弈的集合, Θ^N 为 N 的所有置换 $\theta: N \to N$ 的集合. 令 $v \in G^N$ 且 $\theta \in \Theta^N$, 博弈 $\theta v \in G^N$ 的定义为

$$(\theta v)(\theta S) = v(S), \quad \forall S \subseteq N.$$

显然, θv 表示博弈 v 通过置换 θ 对 N 重新编号后得到的博弈. 除置换运算外, 在 G^N 上可以定义通常意义的加法运算和数乘运算.

令 $v, w \in G^N$, 博弈 $v + w \in G^N$ 定义为

$$(v + w)(S) = v(S) + w(S), \quad \forall S \subseteq N.$$

令 $v \in G^N$ 且 $\alpha \in R$, 博弈 $\alpha v \in G^N$ 定义为

$$(\alpha v)(S) = \alpha v(S), \quad \forall S \subseteq N.$$

不难验证, G^N 构成了一个 $2^n - 1$ 维线性空间. 全体一致博弈的集合 $\{u_T \in G^N | T \subseteq N, T \neq \varnothing\}$ 构成了该空间的一组基, 其中给定 $T \subseteq N, T \neq \varnothing$, 全体

一致博弈 $u_T \in G^N$ 定义为

$$u_T(S) = \begin{cases} 1, & T \subseteq S, \\ 0, & \text{其他}. \end{cases} \tag{1.1}$$

这组基的线性无关性证明将在定理 4.1 中给出.

全体一致博弈是合作博弈中经常用到的一类博弈, 本书还涉及下面几类特殊的博弈. 合作博弈 $v \in G^N$ 称为

- 零规范博弈: 如果 $\forall i \in N$, 有 $v(\{i\}) = 0$.

- 单调博弈: 如果 $\forall S \subseteq T \subseteq N$, 有 $v(S) \leqslant v(T)$.

- 零单调博弈: 如果 $\forall S \subseteq T \subseteq N$, 有 $v(S) + \sum_{j \in T \backslash S} v(\{j\}) \leqslant v(T)$.

- 可加博弈: 如果 $\forall S \subseteq N$, 有 $v(S) = \sum_{j \in S} v(\{j\})$.

- 超可加博弈: 如果 $\forall S, T \subseteq N, S \cap T = \varnothing$, 有 $v(S) + v(T) \leqslant v(S \cup T)$.

显然, 对于超可加博弈, 合作对参与者是有利的. 对于单调博弈, 联盟规模变大, 联盟价值不会减小. 超可加博弈一定是零单调博弈. 此外, 任意可加博弈 $v \in G^N$ 都可由向量 $d = (v(\{1\}), \cdots, v(\{n\})) \in R^n$ 确定. 因此, 令 $v \in G^N, \alpha \in R_{++}$ 且 $d \in R^n$, 博弈 $\alpha v + d \in G^N$ 定义为

$$(\alpha v + d)(S) = \alpha v(S) + \sum_{j \in S} d_j, \quad \forall S \subseteq N.$$

在博弈 $\alpha v + d$ 中, 当 $\alpha = 1$ 且 $d_i = -v(\{i\})$, $\forall i \in N$, 该博弈称为博弈 v 的相关零规范博弈.

本节介绍了合作博弈的基本模型与概念, 合作博弈模型通常假设大联盟最终能够形成. 在大联盟形成后, 合作博弈研究的主要问题是如何分配合作所产生的价值. 因此合作博弈是研究分配问题的重要理论工具, 合作博弈模型被广泛应用于研究现实生活中各类收益分配或成本分配问题.

1.3 合作博弈的经典问题

这一节介绍实际生活中的一些经典问题, 这些问题都是合作博弈的典型应用; 进一步阐述合作博弈在各类实际问题中应用的广泛性.

例 1.1 (投票问题)　令 $m, n \in \mathbb{N}$ 且 $1 \leqslant m < n$. 假设某委员会为某项法案进行投票表决, 该委员会有 n 位委员, 其中有 1 位为主席. 若要通过法案, 需要包含主席在内的至少 m 票, 那么如何衡量各位委员的 "权力"?

von Neumann 和 Morgenstern [3] 首次提出用合作博弈理论来描述投票问题中各参与者的抽象权力. 上述投票问题可表述为一个博弈 (N, v), 其中 $N = \{1, 2, \cdots, n\}$ 为所有委员的集合, 且 1 为主席, 特征函数 v 为: 对任意的 $S \subseteq N$,

$$v(S) = \begin{cases} 1, & 1 \in S, |S| \geqslant m, \\ 0, & \text{其他}. \end{cases} \tag{1.2}$$

这里如果法案通过, 则联盟价值为 1, 否则联盟的价值为 0. 显然, 该博弈的分配可以衡量各位委员的权力. 此外, 该博弈是一个简单博弈. 简单博弈的定义为: 若合作博弈 $v \in G^N$ 满足

(1) $v(S) \in \{0, 1\}$, $\forall S \subseteq N$;

(2) $v(N) = 1$;

(3) $v(S) \leqslant v(T)$, $\forall S \subseteq T \subseteq N$,

则称 v 是一个简单博弈.

记 S^N 为定义在 N 上的简单博弈的集合. 简单博弈中价值为 1 的联盟称为获胜 (强势) 联盟, 价值为 0 的联盟称为失败 (弱势) 联盟. 条件 (3) 称为博弈 v 的单调性. 如果某个参与者的缺席将导致获胜联盟变为失败联盟, 则称这个参与者为否决参与者. 记 J^v 为博弈 v 中所有否决参与者的集合, 则

$$J^v = \{i \in N | v(N \backslash \{i\}) = 0\}.$$

注意到在由 (1.2) 式定义的合作博弈中 $J^v = \{1\}$, 且当 $m = 1$ 时, 上述博弈是全体一致博弈 $u_{\{1\}}$. 一般地, 给定 $T \subseteq N$, $T \neq \varnothing$, 在相应的全体一致博弈 u_T 中, 若一个联盟 (不) 包含 T 中所有的成员, 那么该联盟的价值为 1 (0), 则该联盟为获胜 (失败) 联盟. 由此可以推断, T 中的成员恰为全体一致博弈 u_T 中的否决参与者, 即 $J^{u_T} = T$.

例 1.2 (机场成本分配问题)　作为合作博弈理论在成本分配问题中的应用, Littlechild 和 Owen [4] 考虑了对不同类型的飞机降落收费的问题.

一般地, 机场涉及两类成本:

(1) 不同类型飞机降落产生的可变运营成本;

(2) 固定资产成本 (如终端设备及跑道的建设成本).

使用机场的飞机会直接影响可变运营成本, 因此这类成本将按照单次降落进行收费. 那么, 机场成本分配问题就变成了如何将固定资产成本分配到所有的飞机. 由

于飞机越大, 在机场降落时需要越宽的跑道, 所以提供飞机跑道所产生的固定资产成本本质上取决于最大的飞机.

假设飞机有 m 种类型 $(m \geqslant 1)$. 令 N_j 为所有类型为 j $(j = 1, 2, \cdots, m)$ 的飞机的集合, 且 $N = \bigcup_{j=1}^{m} N_j$ 是机场所有降落的飞机的集合. 令 c_j 为类型 j 的飞机所需的跑道成本. 不失一般性, 可以假设 $0 = c_0 < c_1 < c_2 < \cdots < c_m$.

这个机场成本分配问题可以用合作博弈 (N, c) 进行刻画, 其中特征函数 c 为

$$c(S) = \max\{c_j | 1 \leqslant j \leqslant m, \ S \cap N_j \neq \varnothing\}, \quad \forall S \subseteq N, \ S \neq \varnothing.$$

$c(S)$ 表示能够满足 S 中的所有飞机降落的跑道成本.

机场成本分配问题将在 8.5 节具体介绍.

例 1.3 (破产问题) 破产是现代经济活动中的一种现象, 它描述了当债务人资不抵债时, 由债权人或债务人请求法院宣告公司破产并按照破产程序偿还债务的情形. 因此, 当债权人的债务索求超过了债务人的总资产时, 如何在债权人间分配资产是破产问题的主要研究内容.

关于破产问题的研究最早可以追溯到古巴比伦. 公元前 1140 年, 犹太教教士 Ibn Ezra 提出了一个遗产分配问题: Jacob 死后, 他的四个儿子 Reuben, Simeon, Levi 和 Judah 分别拿出一份遗嘱, 表明 Jacob 愿意在去世后, 将其资产的全部、二分之一、三分之一、四分之一留给他们. 所有的遗嘱都有一样的时间, 且全部资产是 120 个单位, 遗产应该如何分配? 这一案例可以看作一个破产问题.

一般地, 一个破产问题可以表示为一个三元组 (N, E, d), 其中 N 为参与者 (债权人) 的集合, $E \in R_{++}$ 为需要分配给债权人的资产, $d = (d_1, d_2, \cdots, d_n) \in R_{++}^n$ 是债权人对资产的索求向量, 且满足 $\sum_{j=1}^{n} d_j \geqslant E$.

O'Neill [5] 首次用合作博弈理论研究破产问题, 他定义了相应的破产博弈 $(N, v_{E,d})$, 其中 $N = \{1, 2, \cdots, n\}$, 特征函数 $v_{E,d}$ 为

$$v_{E,d}(S) = \max\left\{0, \ E - \sum_{j \in N \setminus S} d_j\right\}, \quad \forall S \subseteq N. \tag{1.3}$$

因此, 参与者集合 N 由 n 个债权人组成, 联盟 S 的价值等于零或互补联盟 $N \setminus S$ 中的每个参与者 i 都得到应有的索求 d_i 后剩余的资产.

由 (1.3) 式可知, 破产博弈的特征函数具有以下四个性质:

(1) $v_{E,d}(N) = E$;

(2) $v_{E,d}(N \setminus \{i\}) = \max\{0, \ E - d_i\}, \forall i \in N$;

(3) $v_{E,d}(\{i\}) = \max\left\{0, E - \sum_{j \in N\setminus\{i\}} d_j\right\} \leqslant d_i, \forall i \in N;$

(4) $d_i \geqslant E$ 意味着 $v_{E,d}(S) = 0, \forall i \in N, S \subseteq N\setminus\{i\}.$

将上述遗产分配案例看作一个破产问题, 其资产 $E = 120$, 四个债权人的索求从小到大分别为 $d_1 = 30, d_2 = 40, d_3 = 60, d_4 = 120$. 相对应的四人破产博弈 $(N, v_{E,d})$ 的定义为

$$v_{E,d}(\{1,4\}) = 20, \qquad v_{E,d}(\{2,4\}) = 30, \qquad v_{E,d}(\{3,4\}) = 50,$$

$$v_{E,d}(\{1,2,4\}) = 60, \quad v_{E,d}(\{1,3,4\}) = 80, \quad v_{E,d}(\{2,3,4\}) = 90,$$

$$v_{E,d}(N) = 120, \quad v_{E,d}(S) = 0, \quad \text{对其他的 } S \subseteq N.$$

破产问题的博弈理论分析将在第 7 章给出.

例 1.4 (博物馆通票问题)　为了吸引更多游客, 博物馆通常会以较低的价格联合制定通票. 例如, 荷兰的 Museumkaart、英国的 Great British Heritage Pass、哥本哈根的 Plus Card 以及中国邮政推出的美丽中国景区联票等. 博物馆通票可以使游客在一定期限内不受约束地参观通票中所包含的所有博物馆, 购买通票可以在一定程度上为游客节约成本, 并已逐渐成为其购票的优先选择. 但实际中游客购买通票后, 并不意味着会去参观通票中包含的所有博物馆. 因此, 各博物馆的参观量存在着差异. 如何分配由出售通票所带来的总收益, 成为博物馆通票问题的主要研究内容之一. Ginsburgh 和 Zang [6] 最早正式提出博物馆通票问题并研究其相应的收益分配方案.

一般地, 一个博物馆通票问题可以表示为一个四元组 (M, N, π, K), 其中 M 为参与合作的博物馆的集合, N 表示购买通票的消费者的集合, $K = (K_j)_{j \in N}$ 且 $K_j \subseteq M$ 表示游客 j 实际参观的博物馆的集合, π 表示通票的价格. 博物馆通票问题的精确形式将在 7.7 节给出.

该问题可以表述为一个合作博弈 (M, v), 其中特征函数 v 为

$$v(S) = \sum_{j \in N, K_j \subseteq S} \pi, \quad \forall S \subseteq M.$$

$v(S)$ 表示当只有联盟 S 中的博物馆参与合作并联合制定价格为 π 的通票时, 所售出的收入.

例 1.5 (排序问题)　排序问题是一类常见的成本分配问题. 考虑以下排序情形:

(1) 柜台前有 n 位顾客 $1, 2, \cdots, n$ 等待服务;

(2) 每位顾客的服务耗时相同, 记为 t;

(3) 顾客按照 $1, 2, \cdots, n$ 的顺序在柜台前排队. 因此, 顾客 $i, 1 \leqslant i \leqslant n$ 在没有合作的情况下, 在时间段 $[(i-1)t, it]$ 内获得服务;

(4) 允许顾客的子集在柜台前重新排列他们的位置, 并且他们之间允许进行附加支付;

(5) 如果顾客 i 在时间段 $[(j-1)t, jt]$ 内获得服务, 其中 $1 \leqslant j \leqslant n$, 则他需要承担成本 k_{ij}.

一般来说, 客户之间可以通过合作, 在柜台前重新排列他们的位置来降低总成本, 那么此时总成本应该如何分配?

上述排序问题中的成本分配可转化为合作博弈的分配, Tijs 等 [7] 基于排序问题提出了相应的排序博弈 (N, c), 其中 $N = \{1, 2, \cdots, n\}$ 为顾客的集合. 由于每个联盟 $S \subseteq N$ 可以在联盟内部进行位置交换, 因此考虑仅涉及 S 中顾客位置变换的置换. 令 $\Theta(S) = \{\theta \in \Theta^N |$对任意的 $i \notin S, \theta(i) = i\}$. 博弈 (N, c) 的特征函数为

$$c(S) = \min_{\theta \in \Theta(S)} \sum_{i \in S} k_{i\theta(i)}, \quad \forall S \subseteq N.$$

这里 $k_{i\theta(i)}$ 意味着参与者 i 在时间段 $[(\theta(i)-1)t, \theta(i)t]$ 内获得服务. $c(S)$ 表示联盟 S 中的成员通过合作完成服务需要承担的最小总成本.

Curiel 和 Tijs 等 [8-10] 研究了指派博弈与排序博弈之间的关系, 之后又将其应用于机器调度问题中. 感兴趣的读者可参考相关文献.

第 2 章　合作博弈的集合解

在合作博弈模型中, 参与者首先达成具有约束力的协议, 通过协作以获得共同的最大收益 $v(N)$, 随之而来的问题是如何对总收益 $v(N)$ 进行合理地分配. 任一 n 维向量 $x \in R^n$ 都可看作是对博弈中参与者的支付, 其中 x_j 表示参与者 j 获得的收益. 如果 x 满足有效性, 即 $\sum\limits_{j \in N} x_j = v(N)$, 则称 x 为博弈的一个预分配, 所有预分配组成的非空集合记为 $I^*(v)$, 即

$$I^*(v) = \{x \in R^n | x(N) = v(N)\}.$$

除有效性外, 许多支付向量 x 还满足个体理性, 即 $x_i \geqslant v(\{i\})$, $\forall i \in N$. 换言之, 任意参与者 i 在 x 中获得的收益不少于 i 脱离合作进而单干所得的收益 $v(\{i\})$. 如果预分配也满足个体理性, 称其为 n 人博弈 v 的一个分配. 所有分配的集合记为 $I(v)$,

$$I(v) = \{x \in R^n | x(N) = v(N), x_i \geqslant v(\{i\}), \forall i \in N\}.$$

显然, 我们有

$$I(v) \neq \varnothing \quad \text{当且仅当} \ v(N) \geqslant \sum\limits_{j \in N} v(\{j\}).$$

令 $v \in G^N$, $x \in R^n$ 且 $S \subseteq N$, 通常记 $\sum\limits_{j \in S} x_j$ 为 $x(S)$. 称

$$e^v(S, x) = v(S) - \sum\limits_{j \in S} x_j = v(S) - x(S) \tag{2.1}$$

为联盟 S 关于 x 的超量. 超量通常用来衡量联盟对分配结果的不满意程度, 取值越大, 表明联盟对给定支付向量的不满意程度或者抱怨程度越高. 本章介绍的核心、谈判集、(预) 核都与超量有关. 在不引起混淆的前提下, 通常将 $e^v(S, x)$ 简记为 $e(S, x)$.

针对具有特征函数形式的合作博弈, 许多解的概念被相继提出, 绝大多数解本质上是将博弈映射到预分配集的子集. 正式地, 给定参与者集合 N, 博弈的解 ψ 是非空集合 G^N 上的 (多值) 函数, 它将任意博弈 $v \in G^N$ 映射到一个支付向量的集合. 需要注意的是, $\psi(N, v)$ 可以为空集.

2.1 稳定集

von Neumann 和 Morgenstern [3] 首次提出稳定集的概念. 稳定集是基于分配之间的优超关系进行刻画的.

定义 2.1 令 $v \in G^N$, $x, y \in I(v)$. 若存在非空联盟 S 使得

$$x_i > y_i, \ \forall i \in S, \quad \sum_{j \in S} x_j \leqslant v(S), \tag{2.2}$$

则称分配 x 优超分配 y (记为 $x \succeq y$).

在上述定义中, 相较于分配 y, S 中的参与者更倾向于 x 带来的收益. 第二个条件则保证了联盟 S 可以获得 x 给他们的分配. 显然, 单个参与者联盟或大联盟不能被用来建立优超关系.

一般来说, 稳定集是同时具有内部稳定性 (集合内的分配不能相互优超) 和外部稳定性 (集合外的任一分配都能被集合内的某一分配优超) 的集合, 下面给出稳定集的正式定义.

定义 2.2 令 $v \in G^N$, $V \subseteq I(v)$, 如果

(1) $x \in V$, $y \in V$, 那么 x 不能优超 y;

(2) $x \in I(v) \backslash V$, 那么存在 $y \in V$ 使得 $y \succeq x$,

则称 V 是博弈 v 的一个稳定集.

由稳定集的定义, 不同的稳定集一定互不包含, 而且稳定集既是极大的内部稳定集, 又是极小的外部稳定集. 记 $\mathrm{dom}V$ 为被 V 中某些分配优超的所有分配的集合, 即 $\mathrm{dom}V = \{x \in I(v) | y \in V, y \succeq x\}$. 那么, V 是一个稳定集当且仅当分配集 $I(v)$ 可被划分为两个子集 V 和 $\mathrm{dom}V$. 换言之, $V \subseteq I(v)$ 是稳定集, 当且仅当 $V \cap \mathrm{dom}V = \varnothing$, $V \cup \mathrm{dom}V = I(v)$, 请读者自行证明.

一般来说, 寻找博弈的稳定集是十分繁琐的. Lucas [11,12] 构造了一个没有稳定集的十人合作博弈, 说明了博弈的稳定集不一定存在. 然而, 一些合作博弈具有很多稳定集, 也有一些博弈仅有唯一的稳定集, 后面的章节将讨论保证稳定集唯一的条件.

2.2 核心与均衡性

1953 年 Gillies [13] 提出了核心的概念. 考虑到核心可能为空集, Shapley 和 Shubik [14,15] 对核心进行了推广, 提出了强 ε-核心的概念.

定义 2.3 令 $v \in G^N$, $\varepsilon \in R$, 博弈 v 的强 ε-核心 $C_\varepsilon(v)$ 为

$$C_\varepsilon(v) = \{x \in R^n | x(N) = v(N), x(S) \geqslant v(S) - \varepsilon, \forall S \neq N, \varnothing\}.$$

特别地, 博弈 v 的核心 $C(v)$ 为

$$C(v) = \{x \in R^n | x(N) = v(N), x(S) \geqslant v(S), \forall S \subseteq N\}.$$

显然, $C_0(v) = C(v), C(v) \subseteq I(v), \forall v \in G^N$. 对任意非负 (正) 实数 ε, 所有非平凡联盟在强 ε-核心下的超量不会超过 ε. 可以证明, 核心中的任一分配都不会被其他分配优超, 即核心具有内部稳定性.

定理 2.1 令 $v \in G^N$,

(1) 如果 $x \in C(v)$, 则不存在 $y \in I(v)$ 使得 $y \succeq x$;

(2) 如果 v 是超可加博弈, 则

$$C(v) = \{x \in I(v) | \nexists y \in I(v) \text{ 使得 } y \succeq x\}.$$

证明 (1) 令 $x \in C(v)$, 假设存在 $y \in I(v)$ 使得 $y \succeq x$. 根据 (2.2) 式, 存在 $S \subseteq N, S \neq \varnothing$, 使得 $x(S) < y(S) \leqslant v(S)$. 因此, $x(S) < v(S)$, 这与 $x \in C(v)$ 矛盾. 因此, (1) 成立.

(2) 令博弈 v 为超可加博弈. 取 $x \in I(v) \backslash C(v)$, 我们证明存在 $y \in I(v)$ 使得 $y \succeq x$. 由于 $x \in I(v) \backslash C(v)$, 那么存在 $S \subseteq N, S \neq N, \varnothing$ 使得 $x(S) < v(S)$. 记

$$\alpha = v(S) - x(S), \quad \beta = v(N) - v(S) - \sum_{j \in N \backslash S} v(\{j\}).$$

定义向量 $y \in R^n$ 为

$$y_i = \begin{cases} x_i + s^{-1}\alpha, & i \in S, \\ v(\{i\}) + (n-s)^{-1}\beta, & i \in N \backslash S. \end{cases}$$

由于 $\alpha > 0$, 所以 $y(N) = v(N)$, $y(S) = v(S)$, $y_i > x_i$, $\forall i \in S$. 又因为 v 是超可加博弈, 所以 $\beta \geqslant 0$. 由 $x \in I(v)$, $\beta \geqslant 0$ 可得 $y_i \geqslant v(\{i\})$, $\forall i \in N$. 根据分配集和稳定集的定义, $y \in I(v)$ 且 $y \succeq x$. 再由 (1) 中结论可推出 (2) 成立. □

下面简要介绍核心的公理化刻画方法.

定义 2.4 令 $v \in G^N, S \subseteq N, S \neq \varnothing$ 及 $x \in I^*(v)$, 定义简约博弈 $(S, v_{S,x})$ 为

$$v_{S,x}(T) = \begin{cases} 0, & T = \varnothing, \\ v(N) - x(N \backslash S), & T = S, \\ \max_{W \subseteq N \backslash S} \{v(T \cup W) - x(W)\}, & \text{其他}. \end{cases}$$

设 ψ 是博弈 $v \in G^N$ 的解. x^S 表示 x 在联盟 S 上的限制, 即 $x^S \in R^s$ 且 $x_i^S = x_i,\ \forall i \in S$.

- 简约一致性: $\forall x \in \psi(N, v)$, 如果 $x^S \in \psi(S, v_{S,x})$, 则称 ψ 满足简约一致性;
- 逆简约一致性: 设 $n \geqslant 2$, x 是博弈 v 的解, 对任意简约博弈 $(S, v_{S,x})$ 都有 $x^S \in \psi(S, v_{S,x})$, 如有 $x \in \psi(N, v)$, 则称 ψ 满足逆简约一致性.

定理 2.2 核心是 G^N 上唯一满足有效性、个体理性、简约一致性和逆简约一致性的博弈解.

证明 存在性: 容易验证核心满足个体理性和有效性. 下证核心也满足简约一致性和逆简约一致性.

简约一致性: 任取 $x \in C(v)$, 对任意的 $S \subseteq N$, $S \neq \varnothing$, 有

$$v_{S,x}(S) = v(N) - x(N \backslash S) = x(N) - x(N \backslash S) = x(S).$$

此外, 对任意 $T \subseteq S$, 有

$$v_{S,x}(T) - x(T) = \max_{W \subseteq N \backslash S} \{v(T \cup W) - x(W)\} - x(T)$$

$$= \max_{W \subseteq N \backslash S} \{v(T \cup W) - x(W \cup T)\} \leqslant 0.$$

逆简约一致性: 需证对任意的 $T \subseteq N$ 且 $T \neq N, \varnothing$, 有 $x(T) \geqslant v(T)$. 不妨设 $i \in T$, 令 $S = (N \backslash T) \cup \{i\}$, 则

$$x_i \geqslant v_{S,x}(\{i\}) = \max_{W \subseteq N \backslash S} \{v(\{i\} \cup W) - x(W)\} \geqslant v(T) - x(T \backslash \{i\}),$$

得 $x(T) \geqslant v(T)$.

唯一性: 设 ψ 是满足上述性质的解. 当 $n = 1$ 时, 由个体理性和有效性可得 $\psi(N, v) = C(v)$.

假设当 $n = k$ 时, $\psi(N, v) = C(v)$. 下证, 当 $n = k + 1$ 时, $\psi(N, v) = C(v)$. 对任意 $x \in \psi(N, v)$, 由个体理性和有效性得 $x \in I(v)$. 由简约一致性, 对任意的 $S \subseteq N$ 且 $S \neq N, \varnothing$, 有 $x^S \in \psi(S, v_{S,x})$. 由假设得 $x^S \in \psi(S, v_{S,x}) = C(v_{S,x})$. 由逆简约一致性, $x \in C(v)$, 故 $\psi(N, v) \subseteq C(v)$. 此外, 由存在性的证明知, $C(v)$ 满足上述性质, 故 $C(v) \subseteq \psi(N, v)$. □

推论 2.1 令 V 是博弈 $v \in G^N$ 的稳定集, 那么

(1) $C(v) \subseteq V$;

(2) 如果核心 $C(v)$ 是稳定集, 则 $C(v) = V$.

证明　(1) 假设 $C(v) \subseteq V$ 不成立, 那么存在 $x \in C(v) \backslash V$. 由于 V 是稳定集, 存在 $y \in V$, 使得 $y \succeq x$, 这与 $x \in C(v)$ 矛盾.

(2) 如果 $C(v)$ 是稳定集, 由 (1) 可得: $C(v) \subseteq V$. 假设 $C(v) \neq V$, 那么存在 $x \in V \backslash C(v)$. 由于 $C(v)$ 是稳定集, 那么存在 $y \in C(v)$ 使得 $y \succeq x$. 从而推出 $y \succeq x$, $x \in V$, $y \in C(v) \subseteq V$. 但是, 这与 V 具有内部稳定性矛盾. 因此, $V = C(v)$.　□

由上面的推论, 每个稳定集都包含核心, 也就是说, 如果稳定集存在且不唯一, 则核心属于所有稳定集的交集, 它是分配集中不被优超的子集. 如果核心是稳定的, 那么核心就是唯一的稳定集. Lucas[11,12] 描述的十人博弈说明一个博弈可能没有稳定集, 但是有非空核心.

对于 $n \geqslant 2$, 考虑 n 人博弈 v, 当 ε 足够大时, $C_\varepsilon(v) \neq \varnothing$, 当 ε 足够小时, $C_\varepsilon(v) = \varnothing$. 如果 $\delta < \varepsilon$, $C_\delta(v) \subseteq C_\varepsilon(v)$, 并且 $C_\varepsilon(v) \neq \varnothing$, 则严格包含关系成立. 所有非空强 ε-核心的交集称为博弈 v 的最小核心 $LC(v)$, 这一概念由 Maschler 等[16] 提出. 当博弈 v 的核心为空集时, 最小核心反映了博弈核心的潜在位置. 强 ε-核心是 R^n 中的紧凸子集. 由 Krein-Milman 定理, 任意非空强 ε-核心都是其极点的凸包. 此外, Shapley 和 Shubik[14,17] 提出了弱 ε-核心的概念, 它将强 ε-核心定义中的边界 $v(S) - \varepsilon$ 替换成了 $v(S) - |S|\varepsilon$, 此处不再赘述.

例 2.1　考虑如下的三人博弈, 其中 $0.5 \leqslant \alpha \leqslant 1$,

$$v(N) = 1, \quad v(\{1,2\}) = v(\{1,3\}) = \alpha, \quad v(S) = 0, \quad 其他.$$

那么该博弈的核心为

$$C(v) = \{x \in R_+^3 | x_1 + x_2 + x_3 = 1, x_2 \leqslant 1 - \alpha, x_3 \leqslant 1 - \alpha\}$$
$$= \mathrm{conv}\{(1,0,0), (\alpha, 1 - \alpha, 0)(\alpha, 0, 1 - \alpha), (2\alpha - 1, 1 - \alpha, 1 - \alpha)\}.$$

该博弈的核心如图 2.1 所示. 注意到核心是分配集内部的平行四边形, 当 $\alpha = 1$ 时, 核心退化为单点. 读者可以自行证明下列关系成立

$$C_\varepsilon(v) \neq \varnothing \ 当且仅当 \ \varepsilon \geqslant \frac{1}{2}(\alpha - 1), \quad LC(v) = \left\{ \frac{1}{2}(2\alpha, 1 - \alpha, 1 - \alpha) \right\}.$$

为了研究稳定性, 首先注意到, 只有二人联盟 $\{1,2\}$, $\{1,3\}$ 之间存在优超关系. $\forall x, y \in I(v)$,

$$x \succeq y \ 通过 \ \{1,2\} \quad \Leftrightarrow \quad x_1 > y_1, x_2 > y_2, x_3 \geqslant 1 - \alpha,$$
$$x \succeq y \ 通过 \ \{1,3\} \quad \Leftrightarrow \quad x_1 > y_1, x_3 > y_3, x_2 \geqslant 1 - \alpha.$$

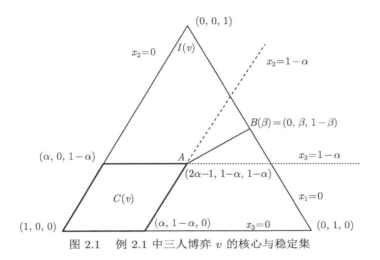

图 2.1 例 2.1 中三人博弈 v 的核心与稳定集

通过联盟 $\{1,2\}, \{1,3\}$ 被核心中的元素优超的分配的集合如下:

$$\{y \in I(v)|y_2 < 1-\alpha < y_3\}, \quad \{y \in I(v)|y_3 < 1-\alpha < y_2\}.$$

进一步 $\mathrm{dom}C(v) = I(v)\backslash W$, 其中

$$W = C(v)\cup \mathrm{conv}\{(0, \alpha, 1-\alpha), (0, 1-\alpha, \alpha), (2\alpha-1, 1-\alpha, 1-\alpha)\}.$$

当 $\alpha = 0.5$ 时, $W = C(v)$. 因此, 只要 $\alpha = 0.5$, 核心就是唯一的稳定集. 当 $0.5 < \alpha \leqslant 1$ 时, 博弈的稳定集不唯一, 有如下形式:

$$C(v)\cup \mathrm{conv}\{(0, \beta, 1-\beta), (2\alpha-1, 1-\alpha, 1-\alpha)\},$$

其中 β 满足 $1-\alpha \leqslant \beta \leqslant \alpha$.

1967 年, Shapley[18] 提出了均衡集的概念, 用于研究博弈具有非空核心的条件. 对任意的 $S \subseteq N$, 定义示性函数 $1_S : N \to \{0,1\}$ 为

$$1_S(i) = \begin{cases} 1, & i \in S, \\ 0, & i \in N \setminus S. \end{cases}$$

定义 2.5 令 $N = \{1, 2, \cdots, n\}, S \subseteq N, S \neq \varnothing$, 以及 S 的互不相同的非空子集构成的集合 $\mathfrak{C} = \{S_1, S_2, \cdots, S_m\}$, 如果存在正数 $\alpha_1, \alpha_2, \cdots, \alpha_m$, 使得对每个 $i \in S$, 都有 $\sum\limits_{j:i\in S_j} \alpha_j = 1$, 换言之, $\sum\limits_{j=1}^{m} \alpha_j 1_{S_j}(i) = 1$, 则称 $\mathfrak{C}$ 在 S 上是均衡的.

其中的正数称为均衡集的权重. 当且仅当 $\mathfrak{C}$ 是 S 的划分时, 权重和为 1, 因此均衡集可以看作是广义划分. 例如, 集合 $\{\{1,2\},\{1,3\},\{2,3\}\}$ 在 $\{1,2,3\}$ 上

是均衡的, 且唯一的权重均为 0.5. 然而, $\{1,2,3\}$ 上亦存在权重不唯一的均衡集, 如 $\{\{1\},\{2\},\{2,3\},\{1,3\}\}$.

定义 2.6 令 $\mathfrak{C} = \{S_1, S_2, \cdots, S_m\}$ 为参与者集合 N 上的任意均衡集, 其权重为 $\alpha_1, \alpha_2, \cdots, \alpha_m$, 如果

$$\sum_{j=1}^{m} \alpha_j v(S_j) \leqslant v(N),$$

则称博弈 $v \in G^N$ 是均衡的.

定理 2.3 如果博弈 $v \in G^N$ 的核心 $C(v) \neq \varnothing$, 那么博弈 v 是均衡的.

证明 令 $v \in G^N$, 且其核心非空. 令 $\mathfrak{C} = \{S_1, S_2, \cdots, S_m\}$ 是集合 N 的一个均衡集, 权重为 $\alpha_1, \alpha_2, \cdots, \alpha_m$. 任取 $x \in C(v)$, 那么 $\sum_{j=1}^{m} \alpha_j 1_{S_j}(i) = 1$, $\forall i \in N, x(N) = v(N)$, $x(S_j) \geqslant v(S_j)$, $1 \leqslant j \leqslant m$. 进一步

$$\sum_{j=1}^{m} \alpha_j v(S_j) \leqslant \sum_{j=1}^{m} \alpha_j \sum_{i \in S_j} x_i = \sum_{j=1}^{m} \sum_{i \in N} x_i 1_{S_j}(i)$$

$$= \sum_{i \in N} x_i \sum_{j=1}^{m} \alpha_j 1_{S_j}(i) = \sum_{i \in N} x_i = x(N) = v(N). \qquad \square$$

核心的非空性也是博弈均衡的一个必要条件, 这一结论的证明基于线性规划的对偶理论.

定理 2.4 如果博弈 $v \in G^N$ 均衡, 则 $C(v) \neq \varnothing$.

证明 记 $m = 2^n - 1$, $2^N = \{\varnothing, S_1, S_2, \cdots, S_m\}$. 向量 $b \in R^n$, $c \in R^m$, 实值 $m \times n$ 矩阵 $A = [a_{ij}]_{i=1,j=1}^{mn}$ 定义为

$$b_j = 1, \quad c_i = v(S_i), \quad a_{ij} = 1_{S_i}(j), \quad \forall 1 \leqslant i \leqslant m, \quad 1 \leqslant j \leqslant n.$$

进一步, 记集合 $G_p(A, b), G_d(A, c)$ 为

$$G_p(A, b) = \{y \in R^m | yA = b \text{ 且 } y_i \geqslant 0, 1 \leqslant i \leqslant m\},$$

$$G_d(A, c) = \{x \in R^n | Ax \geqslant c\}.$$

那么

$$G_p(A, b) = \left\{y \in R^m \middle| \sum_{i=1}^{m} y_i 1_{S_i}(j) = 1, 1 \leqslant j \leqslant n \text{ 且 } y_i \geqslant 0, 1 \leqslant i \leqslant m\right\},$$

$$G_d(A,c) = \{x \in R^n | x(S) \geqslant v(S), S \subseteq N, S \neq \varnothing\}.$$

显然, $G_d(A,c)$ 非空, 且

$$\min\left\{\sum_{j=1}^n b_j x_j \Big| x \in G_d(A,c)\right\} = \min\{x(N) | x \in G_d(A,c)\} \geqslant v(N).$$

因此, 由线性规划的对偶定理知

$$\min\left\{\sum_{j=1}^n b_j x_j \Big| x \in G_d(A,c)\right\} = \max\left\{\sum_{i=1}^m y_i c_i \Big| y \in G_p(A,b)\right\}.$$

$y \in G_p(A,c)$ 的正分量可看作相应联盟的权重, 因此任意 $y \in G_p(A,c)$ 可以自然地与 N 上的均衡集关联起来. 博弈 v 的均衡性意味着

$$\max\left\{\sum_{i=1}^m y_i c_i \Big| y \in G_p(A,b)\right\} = \max\left\{\sum_{i=1}^m y_i v(S_i) \Big| y \in G_p(A,b)\right\} \leqslant v(N).$$

那么 $\min\{x(N) | x \in G_d(A,c)\} = v(N)$, 即存在向量 $x \in G_d(A,c)$ 使得 $x(N) = v(N)$. 因此, $x \in C(v) \neq \varnothing$. $\qquad\square$

推论 2.2 博弈 $v \in G^N$ 均衡当且仅当 $C(v) \neq \varnothing$.

一般地, 将定义在 N 上的所有均衡博弈的集合记为 B^N. 给定 $v \in G^N$, $S \subseteq N, S \neq \varnothing$, 称 (S, v_S) 为 v 的子博弈, 其中 $v_S(T) = v(T)$, $\forall\, T \subseteq S$, 在不引起混淆的情况下, 子博弈 (S, v_S) 可简记为 (S, v).

定义 2.7 令 $v \in G^N$, 如果 v 的所有子博弈都是均衡的, 则称 v 是完全均衡的.

一个博弈是完全均衡的等价于其任意子博弈的核心非空. 对于完全均衡博弈的研究, Kalai 和 Zemel[19] 将完全均衡博弈刻画为网络流博弈, 而 Shapley 和 Shubik[17] 则将其刻画为市场博弈. 事实上, 很多经济管理中的实际问题都可以归结为完全均衡博弈. 例如: 指派问题[20]、线性生产经济[21]、优化问题[22]、控制凸规划问题[23] 和排序问题[7] 等.

2.3 谈 判 集

前几节介绍的解忽略了博弈中可能会发生的谈判过程. Aumann 和 Maschler[24] 通过考虑联盟之间可能的威胁与反威胁, 分析博弈的谈判过程, 提出了不同的谈判集的概念. 本节仅介绍基于个体异议与反异议定义的谈判集.

定义 2.8　令 $v \in G^N, x \in I(v)$, 参与者 i 对 j 关于分配 x 的异议是一个有序二元组 $(\hat{y}, S)$, 其中 $S \in \Gamma_{ij}$, $\Gamma_{ij} = \{S \subseteq N | i \in S, j \notin S\}$ 且 $\hat{y} = (y_k)_{k \in S}$ 是满足如下条件的 s 维实向量:

$$\sum_{k \in S} y_k = v(S) \text{ 且 } y_k > x_k, \ \forall\, k \in S. \tag{2.3}$$

针对上述异议的反异议是一个有序二元组 $(\hat{z}, T)$, 其中 $T \in \Gamma_{ji}$, $\hat{z} = (z_k)_{k \in T}$ 是满足如下条件的 t 维实向量:

$$\sum_{k \in T} z_k = v(T), \ z_k \geqslant x_k, \forall k \in T \text{ 且 } z_k \geqslant y_k, \forall k \in T \cap S. \tag{2.4}$$

因此, i 对 j 的异议主要包含两个要素: 一是一个包含参与者 i 但不包含 j 的联盟 S, 二是一个相对于原始分配 x, 联盟 S 中的成员都更愿意选择的可行支付向量. 注意, 一个联盟能被用来提出异议的充要条件是其超量为正. 关于上述异议的反异议则由另一个包含 j 但不包含 i 的联盟 T 和联盟 T 的一个可行支付向量构成, 其中在该可行支付向量下, $T \cap S$ 中参与者的收益不少于相应异议下的收益, 而对于 $T \backslash S$ 的参与者, 其收益不少于原始分配 x 下的收益.

定义 2.9　令 $v \in G^N$, $x \in I(v)$, 如果一个参与者对另一个参与者关于分配 x 的任何异议, 都存在一个反异议, 则称 x 属于博弈 v 的谈判集 $M(v)$.

由于博弈的核心由超量非正的分配组成, 因此不存在关于核心元素的异议. 简言之, 核心总是包含在谈判集中, 即 $C(v) \subseteq M(v)$, $\forall v \in G^N$. 事实上, 任意博弈的谈判集都是非空的. Davis 和 Maschler[25] 通过谈判集的性质证明了上述结论. 而 Peleg[26] 利用 Brouwer 不动点定理给出了上述结论的间接证明. 谈判集是有限个闭凸多面体的并集, 因此, 谈判集本身也是闭的, 但是一般不是凸集.

例 2.2　考虑例 2.1 的三人博弈. 可以证明该博弈的谈判集与核心一致, 即 $M(v) = C(v)$. 为此, 只需证明 $x \in I(v) \backslash C(v)$ 意味着 $x \notin M(v)$. 选取 $x \in I(v) \backslash C(v)$, 那么 $x_2 > 1 - \alpha$ 或 $x_3 > 1 - \alpha$. 讨论 $x_2 > 1 - \alpha$ 的情况, 那么 $e(\{1,3\}, x) > 0$, 因此参与者 1 可以用联盟 $\{1,3\}$ 对参与者 2 提出异议. 但是, 由于 $e(\{2\}, x) < 0$ 且 $e(\{2,3\}, x) < 0$, 不存在对这个异议的反异议. 因此, $x \notin M(v)$. 对于 $x_3 > 1 - \alpha$ 的情况可以用类似的方法分析. 综上, $M(v) = C(v)$.

2.4　核 与 预 核

核与谈判集密切相关, 由 Davis 和 Maschler[27] 于 1965 年提出. 核是博弈谈判集的一个子集, 因此, 尽管博弈核的计算十分繁琐, 但还是比谈判集简单许多. 为了确定一类特殊博弈的核, Maschler 等[28] 提出了预核的概念, 可以将其看作核的简化形式. 核与预核都是基于超量和最大盈余来定义的.

定义 2.10 令 $v \in G^N, x \in I^*(v)$, 参与者 i 对 j 关于 x 的最大盈余为

$$s_{ij}^v(x) = \max\{e(S, x) | S \in \Gamma_{ij}\}.$$

$s_{ij}^v(x)$ 表示参与者 i 在预分配 x 下不与 j 合作, 而是加入一个不包含 j 的联盟 (联盟中的其他成员接受 x 下的收益) 所能获得的最大增益. 因此, 最大盈余 s_{ij}^v 可以看作参与者 i 对 j 的威胁程度. 为了简单起见, 一般将 s_{ij}^v 记为 s_{ij}. 当 x 满足个体理性且 $x_j = v(\{j\})$ 时, 参与者 j 对任何威胁都是 "免疫的", 因为 j 总是可以通过单干获得 $v(\{j\})$. 给定 $x \in I(v)$, 如果 $x_j > v(\{j\})$ 且 $s_{ij} > s_{ji}$, 则称参与者 i 关于分配 x 胜过参与者 j. 核中的分配要求任意两个参与者都不能相互胜过, 而预核则要求所有参与者的威胁程度是相同的.

定义 2.11 令 $v \in G^N$ 及 $i, j \in N$, $i \neq j$, 集合

$$K(v) = \left\{ x \in I(v) \middle| \begin{array}{l} (s_{ij}(x) - s_{ji}(x))(x_j - v(\{j\})) \leqslant 0 \text{ 且} \\ (s_{ji}(x) - s_{ij}(x))(x_i - v(\{i\})) \leqslant 0 \end{array} \right\} \tag{2.5}$$

称为博弈 v 的核.

$$K^*(v) = \{x \in I^*(v) | s_{ij}(x) = s_{ji}(x)\} \tag{2.6}$$

称为博弈 v 的预核.

由上述定义可知, 核由一系列不等式决定, 因此核是闭凸多面体的有限并集, Maschler 和 Peleg[29] 给出了核存在性的代数证明, 而 Davis 和 Maschler[27] 利用 Brouwer 不动点定理给出了核存在性的另一种间接证明方法. 事实上, 博弈的核是博弈谈判集的子集.

定理 2.5 令 $v \in G^N$, $K(v) \subseteq M(v)$.

证明 令 $v \in G^N$, $x \in K(v)$. $(\hat{y}, S)$ 是参与者 i 对 j 在 x 下的异议, 将证明此异议存在对应的反异议. 首先 $S \in \Gamma_{ij}$, $y(S) = v(S)$ 且 $y_k > x_k, \forall k \in S$. 如果 $s_{ij}(x) > s_{ji}(x)$, 由核的定义知, $x_j = v(\{j\})$. 因此, $(x_j, \{j\})$ 是异议 $(\hat{y}, S)$ 的反异议. 如果 $s_{ij}(x) \leqslant s_{ji}(x)$, 选择 $T \in \Gamma_{ji}$, 使得 $e(T, x) = s_{ji}(x)$. 那么

$$y(T \cap S) = v(S) - y(S \backslash T) < v(S) - x(S \backslash T) = v(S) - x(S) + x(S \cap T),$$

因此,

$$y(T \cap S) + x(T \backslash S) < v(S) - x(S) + x(T) \leqslant s_{ij}(x) + x(T)$$

$$= s_{ij}(x) - s_{ji}(x) + v(T) \leqslant v(T).$$

根据 (2.4) 式, 不等式 $v(T) > y(T \cap S) + x(T \backslash S)$ 表明可以通过联盟 T 对 $(\hat{y}, S)$ 提出反异议. □

显然, $K^*(v) \cap I(v) \subseteq K(v)$. 由于预核中可能包含不满足个体理性的预分配, 因此预核一般不在谈判集中, 从而预核与核一般也不相同. 事实上, 核与预核在核心中的部分总是重合的.

定理 2.6   令 $v \in G^N$, $\varepsilon \leqslant 0$, $K(v) \cap C_\varepsilon(v) = K^*(v) \cap C_\varepsilon(v)$.

证明   令 $v \in G^N, \varepsilon \leqslant 0$. 由于 $C_\varepsilon(v) \subseteq I(v), K^*(v) \cap I(v) \subseteq K(v)$, 可得

$$K^*(v) \cap C_\varepsilon(v) \subseteq K(v) \cap C_\varepsilon(v).$$

为证明反向包含关系, 任选 $x \in K(v) \cap C_\varepsilon(v)$, 只需证明 $x \in K^*(v)$. 假设 $x \notin K^*(v)$, 则存在 $i, j \in N$, $i \neq j$, 使得 $s_{ij}(x) \neq s_{ji}(x)$, 不妨设 $s_{ij}(x) > s_{ji}(x)$. 那么由核的定义知 $x_j = v(\{j\})$, 进而 $s_{ij}(x) > s_{ji}(x) \geqslant v(\{j\}) - x_j = 0 \geqslant \varepsilon$. 选取 $T \in \Gamma_{ij}$ 使得 $e(T, x) = s_{ij}(x)$, 那么 $v(T) - x(T) = e(T, x) = s_{ij}(x) > \varepsilon$, 但是由强 ε-核心定义式知, 这个严格不等式与 $x \in C_\varepsilon(v)$ 矛盾. 因此 $x \in K^*(v) \cap C_\varepsilon(v)$.   □

下面考察 (预) 核与强 ε-核心交集的几何特征. 对任意 $i \in N$, 令 $e^i \in R^n$ 表示第 i 个单位向量.

定义 2.12   令 $v \in G^N$, $\varepsilon \in R$, $x \in C_\varepsilon(v)$, $i, j \in N$, $i \neq j$, 临界值 $\delta_{ij}^v(\varepsilon, x)$ 为

$$\delta_{ij}^v(\varepsilon, x) = \max\{\delta \in R | x - \delta e^i + \delta e^j \in C_\varepsilon(v)\}. \tag{2.7}$$

记 $R_{ij}^v(\varepsilon, x)$ 为直线段, 其端点如下:

$$x - \delta_{ij}^v(\varepsilon, x)e^i + \delta_{ij}^v(\varepsilon, x)e^j \quad \text{和} \quad x + \delta_{ji}^v(\varepsilon, x)e^i - \delta_{ji}^v(\varepsilon, x)e^j.$$

非负实数 $\delta_{ij}^v(\varepsilon, x)$ 表示在保证分配仍属于强 ε-核心的前提下, 参与者 i 能够向参与者 j 转移的最大值. 由于任意博弈 $v \in G^N$ 的强 ε-核心都是 R^n 中的紧凸子集, 因此该临界值是良定的. 线段 $R_{ij}^v(\varepsilon, x)$ 表示通过点 x 在 $i - j$ 方向上变化后, 依旧属于强 ε-核心的最长直线段. 显然 $R_{ij}^v(\varepsilon, x) = R_{ji}^v(\varepsilon, x)$. 临界值 $\delta_{ij}^v(\varepsilon, x)$ 与最大盈余密切相关.

引理 2.1   令 $v \in G^N$, $\varepsilon \in R$, $x \in C_\varepsilon(v)$, 则 $\delta_{ij}^v(\varepsilon, x) = \varepsilon - s_{ij}(x)$, $\forall i, j \in N$, $i \neq j$.

证明   任取 $i, j \in N, i \neq j$, 记 $x^\delta = x - \delta e^i + \delta e^j \in R^n$, $\delta \in R$. 由超量的定义,

$$e(S, x^\delta) = v(S) - x^\delta(S), \quad e(S, x) = v(S) - x(S), \quad \forall S \subseteq N.$$

因此,

$$e(S, x^\delta) = \begin{cases} e(S, x) + \delta, & S \in \Gamma_{ij}, \\ e(S, x) - \delta, & S \in \Gamma_{ji}, \\ e(S, x), & \text{其他}. \end{cases}$$

进一步, 由于 $x \in C_\varepsilon(v)$, 因此 $e(S, x) \leqslant \varepsilon, \forall S \neq N$. 对任意 $\delta \geqslant 0$,

$$
\begin{aligned}
x^\delta \in C_\varepsilon(v) \quad & 当且仅当 \quad e(S, x^\delta) \leqslant \varepsilon, S \neq N, \varnothing, \\
& 当且仅当 \quad \max\{e(S, x) | S \in \Gamma_{ij}\} + \delta \leqslant \varepsilon, \\
& 当且仅当 \quad \delta \leqslant \varepsilon - s_{ij}(x).
\end{aligned}
$$

由此可得, $\delta_{ij}^v(\varepsilon, x) = \varepsilon - s_{ij}(x)$. $\qquad\square$

定理 2.7 令 $v \in G^N, \varepsilon \in R, x \in C_\varepsilon(v)$, 那么

(1) $x \in K^*(v) \cap C_\varepsilon(v)$ 当且仅当 x 平分线段 $R_{ij}^v(\varepsilon, x), \forall i, j \in N, i \neq j$;

(2) $x \in K(v) \cap C_\varepsilon(v)$ 当且仅当 $x \in I(v)$ 且对任意的 $i, j \in N$, $i \neq j$, 要么 x 平分线段 $R_{ij}^v(\varepsilon, x)$, 要么 $\{x_i = v(\{i\})$ 且 $\delta_{ij}^v(\varepsilon, x) > \delta_{ji}^v(\varepsilon, x)\}$, 要么 $\{x_j = v(\{j\})$ 且 $\delta_{ij}^v(\varepsilon, x) < \delta_{ji}^v(\varepsilon, x)\}$;

(3) 如果 $\varepsilon = 0$, 那么 $x \in K(v) \cap C(v)$ 当且仅当 x 平分线段 $R_{ij}^v(0, x), \forall i, j \in N, i \neq j$.

证明 (1) 由预核的定义及引理 2.1 知

$$
\begin{aligned}
x \in K^*(v) \; &\Leftrightarrow s_{ij}(x) = s_{ji}(x), \; \forall i, j \in N, i \neq j \\
&\Leftrightarrow \delta_{ij}(\varepsilon, x) = \delta_{ji}(\varepsilon, x), \; \forall i, j \in N, i \neq j.
\end{aligned}
$$

(2) 由核的定义知, $x \in K(v)$ 当且仅当 $x \in I(v)$ 且对任意的 $i, j \in N, i \neq j$, 要么 $s_{ij}(x) = s_{ji}(x)$, 要么 $x_i = v(\{i\})$, $s_{ij}(x) < s_{ji}(x)$, 要么 $x_j = v(\{j\})$, $s_{ij}(x) > s_{ji}(x)$. 由引理 2.1, (2) 成立. 结论 (3) 可由定理 2.6 和 (1) 推出. $\qquad\square$

如果 $x_i > v(\{i\}), \forall i \in N$, 称 $x \in I(v)$ 是分配集 $I(v)$ 的内点. 由上述定理, 预核 (或核) 与 $C_\varepsilon(v)$ 交集中元素的等分性表明: $C_\varepsilon(v)$ 中属于分配集内点的元素属于预核 (或核) 的充要条件为, 该元素等分相应的直线段 $R_{ij}^v(\varepsilon, x)$. 此外, 结论 (3) 说明博弈的核与非空核心的交集只取决于博弈核心的几何结构. 特别地, 对于任意两个具有相同核心的博弈 $v, w \in G^N$, $\delta_{ij}^v(0, x) = \delta_{ij}^w(0, x)$ 成立, 则 $R_{ij}^v(0, x) = R_{ij}^w(0, x)$, $x \in C(v)$, $i, j \in N, i \neq j$, 由定理 2.7, 可得如下推论.

推论 2.3 令 $v, w \in G^N$ 且 $C(v) = C(w)$, 那么 $K(v) \cap C(v) = K(w) \cap C(w)$.

为了实现对 (预) 核的公理化刻画, 下面介绍博弈解 ψ 的几个公理.

- 可替代性: $\forall v \in G^N, i, j \in N$ 且 i, j 在博弈 v 中可替代, 即

$$
v(S \cup \{i\}) = v(S \cup \{j\}), \quad \forall S \subseteq N \setminus \{i, j\}, \tag{2.8}
$$

如果 $\psi_i(N, v) = \psi_j(N, v)$, 则称 ψ 满足可替代性.

- 哑元性: $\forall v \in G^N, i \in N$ 且 i 为博弈 v 中的哑元, 即 $v(S \cup \{i\}) - v(S) = v(\{i\}), \forall S \subseteq N \setminus \{i\}$, 如果 $\psi_i(N, v) = v(\{i\})$, 则称 ψ 满足哑元性.

- S-均衡下的相对不变性: $\forall v \in G^N$, $r > 0$, $a \in R^n$, $w = rv + a$, 如果

$$\psi(N, w) = r\psi(N, v) + a,$$

则称 ψ 满足 S-均衡下的相对不变性.

定理 2.8 令 $v \in G^N$, $x \in K(v) \cup K^*(v)$.

(1) x 满足可替代性;

(2) 如果 i 为哑元, 则 $x_i \leqslant v(\{i\})$, 特别地, 若 $x \in K(v)$, 则 x 满足哑元性;

(3) x 满足 S-均衡下的相对不变性.

证明   (1) 选取 $i \in N$, $j \in N$, 使得 (2.8) 式成立. 如果 $x_i \neq x_j$, 不妨设 $x_i > x_j$. 选择 $S \in \Gamma_{ij}$ 使得 $e(S, x) = s_{ij}(x)$. 记 $T = (S \backslash \{i\}) \cup \{j\}$, 则 $v(T) = v(S)$. 进一步,

$$s_{ji}(x) \geqslant v(T) - x(T) = v(S) - x(S) + x_i - x_j > v(S) - x(S) = e(S, x) = s_{ij}(x).$$

显然, $s_{ij} > s_{ji}$ 与预核定义矛盾. 当 $x \in K(v)$ 时, 注意到 $s_{ji} > s_{ij}$, $x_i > x_j \geqslant v(\{j\}) = v(\{i\})$, 与核的定义矛盾. 因此 $x_i = x_j$.

(2) 记 $i \in N$ 是博弈 v 的哑元. 假设 $x_i \geqslant v(\{i\})$, 选择 $j \in N \backslash \{i\}$ 使得 $s_{ji}(x) \geqslant s_{ki}(x)$, $\forall k \in N \backslash \{i\}$. 为得出与 (预) 核定义的矛盾, 需证明 $s_{ji}(x) > s_{ij}(x)$. 首先 $s_{ji}(x) > 0$, 这是因为

$$s_{ji}(x) \geqslant e(N \backslash \{i\}, x) = v(N \backslash \{i\}) - x(N \backslash \{i\})$$

$$= v(N) - v(\{i\}) - x(N) + x_i = x_i - v(\{i\}) > 0.$$

选择 $S \in \Gamma_{ij}$ 使得 $s_{ij}(x) = e(S, x)$. 当 $S = \{i\}$ 时, $s_{ij}(x) = v(\{i\}) - x_i < 0 < s_{ji}(x)$. 因此, 只需考虑 $S \neq \{i\}$ 的情况. 存在 $k \in S \backslash \{i\}$, 且

$$s_{ij}(x) = v(S) - x(S) = v(S \backslash \{i\}) + v(\{i\}) - x(S)$$

$$= e(S \backslash \{i\}, x) + v(\{i\}) - x_i < e(S \backslash \{i\}, x) \leqslant s_{ki}(x) \leqslant s_{ji}(x).$$

(3) x 满足 S-均衡下的相对不变性的证明较为容易, 留给读者自行解决. □

推论 2.4 令 ψ 是 G^N 上的一个解, 在二人博弈下 ψ 非空, 且满足有效性, S-均衡下的相对不变性和可替代性, 那么对于任意二人博弈 (N, v), $\psi(N, v)$ 是 (N, v) 的一个标准解, 即 $\psi(N, v) = x$, 其中

$$x_i = \frac{v(N) - \sum\limits_{j \in N} v(\{j\})}{2} + v(\{i\}), \quad \forall i \in N.$$

证明 设 (N, v) 是一个二人博弈, (N, w) 是一个定义如下的零规范博弈:

$$w(S) = v(S) - \sum_{i \in S} v(\{i\}), \quad \forall S \subseteq N.$$

记 $y, z \in R^n$ 分别为 $y_i = w(N)/2$, $z_i = w(\{i\}), \forall i \in N$. 由非空性、可替代性以及有效性可得, $\psi(N, v) = y$. 又因为 $v = w + z$, 根据 S-均衡下的相对不变性直接可得

$$x_i = \frac{v(N) - \sum\limits_{j \in N} v(\{j\})}{2} + v(\{i\}), \quad \forall i \in N. \qquad \square$$

定理 2.9 预核是 G^N 上唯一满足有效性、S-均衡下的相对不变性、可替代性、简约一致性和逆简约一致性的非空解.

证明 由于预核满足上述性质, 下证唯一性. 设 ψ 满足以上性质. 如果 $n = 1, 2$, 那么由有效性和非空性可得, $\psi(N, v) = K^*(v)$. 对于 $n \geqslant 3$, 如果 $x \in \psi(N, v)$, 那么由简约一致性可得, 对任意的 $i, j \in N$, $i \neq j$, 考虑联盟 $S = \{i, j\}$, 有 $x^S \in \psi(S, v_{S,x})$. 因此, 有 $x^S \in K^*(v_{S,x})$. 因为预核 $K^*(v)$ 满足逆简约一致性, 所以 $x \in K^*(v)$. 反之, 设 $x \in K^*(v)$. 因为预核 $K^*(v)$ 满足简约一致性, 所以对任意联盟 $S = \{i, j\}$, $i, j \in N$, $i \neq j$, 有 $x^S \in K^*(v_{S,x})$. 因此, 对这样的联盟 S, $x^S \in \psi(S, v_{S,x})$. 于是, 根据逆简约一致性, $x \in \psi(N, v)$. $\qquad \square$

例 2.3 再次考虑例 2.1, 由于参与者 2 和 3 在 v 中是可替代的, 故 (预) 核中只包含形式为 $x = x(\beta) = (1 - 2\beta, \beta, \beta)$ 的预分配, 其中 $\beta \in R$. 那么

$$s_{12}(x) = \max\{2\beta - 1, \alpha - 1 + \beta\}, \quad s_{21}(x) = \max\{-\beta, -2\beta\}$$

$$s_{23}(x) = s_{32}(x), \quad s_{13}(x) = s_{12}(x), \quad s_{31}(x) = s_{21}(x).$$

因此

$$s_{12}(x) - s_{21}(x) \begin{cases} > 0, & \beta > \dfrac{1}{2}(1 - \alpha), \\[2mm] < 0, & \beta < \dfrac{1}{2}(1 - \alpha), \\[2mm] = 0, & \beta = \dfrac{1}{2}(1 - \alpha). \end{cases}$$

计算可得 $K(v) = K^*(v) = \{(2\alpha, 1 - \alpha, 1 - \alpha)/2\}$. 为了说明 (预) 核的二分性, 考虑当 $\alpha = 0.75$ 时, 博弈的不同强 ε-核心, 如图 2.2 所示. 博弈的每个强 ε-核心都以超平面 H_S^ε 为界, 其中

$$H_S^\varepsilon = \{x \in I^*(v) \mid x(S) = v(S) - \varepsilon\}, \quad \forall S \neq \varnothing, N.$$

当 ε 分别取 5/8, 1/2, 1/4, 1/8, $-1/8$, 0 时, 尽管这六个强 ε-核心的形状不同, (预) 核元素 (3/4, 1/8, 1/8) 总是唯一在强 ε-核心内, 并且平分从各个方向穿过该点的三条线段. 请读者自行验证.

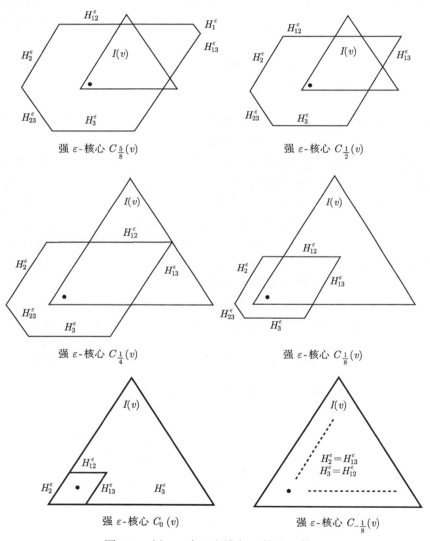

图 2.2   例 2.1 中三人博弈 v 的强 ε-核心

例 2.4   考虑一个八人博弈, 其中 N 划分为两个完全不同的子集 $P = \{1, 2, 3, 4\}$, $Q = \{5, 6, 7, 8\}$. 特征函数如下:

$$v(S) = \begin{cases} 40, & S = N, \\ 34, & S = N \backslash \{i\},\ i \in N, \\ \alpha, & S = P \cup \{q\} \backslash \{p\},\ p \in P,\ q \in Q, \\ \alpha, & S = Q \cup \{p\} \backslash \{q\},\ p \in P,\ q \in Q, \\ 0, & \text{其他}, \end{cases}$$

其中 $\alpha \in R,\ \alpha \geqslant 0$. 对 P, Q 中的参与者分别应用 (预) 核的可替代性, 博弈 v 的 (预) 核中只包含如下形式的分配

$$x = x(\beta) = (\beta,\ \beta,\ \beta,\ \beta,\ 10 - \beta,\ 10 - \beta,\ 10 - \beta,\ 10 - \beta),\quad \beta \in R.$$

显然, 当且仅当 $0 \leqslant \beta \leqslant 10$ 时, $x(\beta) \in I(v)$. 此外, 对所有 $p \in P,\ q \in Q$,

$$s_{pq}(x) = \max\{-4\beta,\ -2\beta - 10 + \alpha,\ -\beta + 4,\ \beta - 20,\ 2\beta - 30 + \alpha\},$$

$$s_{qp}(x) = \max\{-2\beta - 10 + \alpha,\ -\beta - 10,\ \beta - 6,\ 2\beta - 30 + \alpha,\ 4\beta - 40\}.$$

上述最大盈余的确定, 可以用几何的方法给出更详细的形式, 如表 2.1 所示. 特别地, 我们更关心对任意的 $p \in P, q \in Q, s_{pq}(x) - s_{qp}(x)$ 的正负性. 根据表 2.1, (2.5) 式和 (2.6) 式, 可得该博弈的预核为

$$K^*(v) = \begin{cases} \{x(\beta) \mid 5 - \alpha/2 \leqslant \beta \leqslant 5 + \alpha/2\}, & \alpha \geqslant 19, \\ \{x(\beta) \mid 5 - \alpha/2 \leqslant \beta \leqslant \alpha - 14\ \text{或} \\ \beta = 5\ \text{或}\ 24 - \alpha \leqslant \beta \leqslant 5 + \alpha/2\}, & 38/3 \leqslant \alpha < 19, \\ \{x(\beta) \mid \beta = 5\}, & 0 \leqslant \alpha < 38/3. \end{cases}$$

该博弈的核为

$$K(v) = \begin{cases} \{x(\beta) \mid 0 \leqslant \beta \leqslant 10\}, & \alpha \geqslant 19, \\ \{x(\beta) \mid 0 \leqslant \beta \leqslant \alpha - 14\ \text{或} \\ \beta = 5\ \text{或}\ 24 - \alpha \leqslant \beta \leqslant 10\}, & 14 \leqslant \alpha < 19, \\ \{x(\beta) \mid \beta = 5\}, & 0 \leqslant \alpha < 14. \end{cases}$$

特别地, $K(v) = K^*(v) \cap I(v)$. 因此, 当 $\alpha \geqslant 38/3$ 时, 博弈的核是严格包含于预核中的, 因为预核的一部分落在分配集 $I(v)$ 外.

如果非负实数 α 足够大 ($\alpha \geqslant 19$), 那么博弈 v 的 (预) 核由直线段构成. 如果实数 α 不是太大也不是太小, 那么博弈 v 的 (预) 核是由两条不相连的线段及一个单点组成. 注意到, 当 $\alpha = 14$ ($\alpha = 38/3$) 时, (预) 核退化成三个点. 如果 α 足够小, 那么 (预) 核为单点. 分配 $x(5)$ 落在核的正中间. 事实上, 这个点就是博弈 v 的核子.

表 2.1   例 2.4 中博弈 v 的最大盈余 $s_{pq}(x)$ 和 $s_{qp}(x)$

α	β	$s_{pq}(x)$
$0 \leqslant \alpha < 38/3$	$\beta \leqslant -4/3$	-4β
	$-4/3 \leqslant \beta \leqslant (34-\alpha)/3$	$-\beta+4$
	$\beta \geqslant (34-\alpha)/3$	$2\beta-30+\alpha$
$38/3 \leqslant \alpha < 19$	$\beta \leqslant 5-\alpha/2$	-4β
	$5-\alpha/2 \leqslant \beta \leqslant \alpha-14$	$-2\beta-10+\alpha$
	$\alpha-14 \leqslant \beta \leqslant (34-\alpha)/3$	$-\beta+4$
	$\beta \geqslant (34-\alpha)/3$	$2\beta-30+\alpha$
$\alpha \geqslant 19$	$\beta \leqslant 5-\alpha/2$	-4β
	$5-\alpha/2 \leqslant \beta \leqslant 5$	$-2\beta-10+\alpha$
	$\beta \geqslant 5$	$2\beta-30+\alpha$
α	β	$s_{qp}(x)$
$0 \leqslant \alpha < 38/3$	$\beta \leqslant (\alpha-4)/3$	$-2\beta-10+\alpha$
	$(\alpha-4)/3 \leqslant \beta \leqslant 34/3$	$\beta-6$
	$\beta \geqslant 34/3$	$4\beta-40$
$38/3 \leqslant \alpha < 19$	$\beta \leqslant (\alpha-4)/3$	$-2\beta-10+\alpha$
	$(\alpha-4)/3 \leqslant \beta \leqslant 24-\alpha$	$\beta-6$
	$24-\alpha \leqslant \beta \leqslant 5+\alpha/2$	$2\beta-30+\alpha$
	$\beta \geqslant 5+\alpha/2$	$4\beta-40$
$\alpha \geqslant 19$	$\beta \leqslant 5$	$-2\beta-10+\alpha$
	$5 \leqslant \beta \leqslant 5+\alpha/2$	$2\beta-30+\alpha$
	$\beta \geqslant 5+\alpha/2$	$4\beta-40$
α	β	$s_{pq}(x)-s_{qp}(x)$
$0 \leqslant \alpha < 38/3$	$\beta < 5$	> 0
	$\beta = 5$	$= 0$
	$\beta > 5$	< 0
$38/3 \leqslant \alpha < 19$	$\beta < 5-\alpha/2$	> 0
	$5-\alpha/2 \leqslant \beta \leqslant \alpha-14$	$= 0$
	$\alpha-14 < \beta < 5$	> 0
	$\beta = 5$	$= 0$
	$5 < \beta < 24-\alpha$	< 0
	$24-\alpha \leqslant \beta \leqslant 5+\alpha/2$	$= 0$
	$\beta > 5+\alpha/2$	< 0
$\alpha \geqslant 19$	$\beta < 5-\alpha/2$	> 0
	$5-\alpha/2 \leqslant \beta \leqslant 5+\alpha/2$	$= 0$
	$\beta > 5+\alpha/2$	< 0

第 3 章　合作博弈的单值解

3.1　基 本 概 念

第 2 章介绍了合作博弈一些经典集合解的概念, 本章主要介绍合作博弈的单值解. 一般来说, 大多数单值解将博弈映射到其预分配集 $I^*(v)$ 中的一点, 即满足有效性. 不过也有例外, 如下面将要介绍的 Banzhaf 值, 就不满足分配的有效性. 本章将重点介绍 Shapley 值、Banzhaf 值、Solidarity 值以及核子这四种单值解. 首先, 给出几个刻画单值解公平合理性的常用公理.

- 个体理性: $\forall v \in G^N, i \in N$, 如果 $\psi_i(N, v) \geqslant v(\{i\})$, 则称 ψ 满足个体理性.
- 对称性: $\forall v \in G^N, i \in N$ 和任意置换 $\theta : N \to N$, 如果 $\psi_{\theta(i)}(N, \theta v) = \psi_i(N, v)$, 则称 ψ 满足对称性.
- 零元性: $\forall v \in G^N, i \in N$ 且 i 为博弈 v 中的零元, 即 $v(S \cup \{i\}) - v(S) = 0, \forall S \subseteq N \setminus \{i\}$, 如果 $\psi_i(N, v) = 0$, 则称 ψ 满足零元性.
- 可加性: $\forall v, w \in G^N$, 如果 $\psi(N, v + w) = \psi(N, v) + \psi(N, w)$, 则称 ψ 满足可加性.
- 均衡贡献性: $\forall v \in G^N, i, j \in N$, 如果

$$\psi_i(N, v) - \psi_i(N \setminus \{j\}, v) = \psi_j(N, v) - \psi_j(N \setminus \{i\}, v),$$

则称 ψ 满足均衡贡献性.

对称性表明对参与者进行重新排列, 不影响参与者的收益. 如果某个参与者 i 在博弈中是零元, 即对任一联盟的边际贡献为 0, 则满足零元性的解自然地分配 0 给参与者 i. 均衡贡献性则表明, 任意一对参与者分别退出大联盟对彼此收益的影响是相同的.

3.2　Shapley 值

Shapley 值是合作博弈最著名的单值解之一, 由诺贝尔经济学奖得主 Shapley 于 1953 年提出 [30], 并进行了公理化刻画.

定义 3.1 令 $v \in G^N$, v 的 Shapley 值为

$$\mathrm{Sh}_i(v) = \sum_{S \subseteq N \setminus \{i\}} \gamma_n(S)[v(S \cup \{i\}) - v(S)], \quad \forall i \in N, \tag{3.1}$$

其中, 对任意的 $S \subseteq N$,

$$\gamma_n(S) = (n!)^{-1} s!(n - s - 1)!. \tag{3.2}$$

由 (3.2) 式可知 $\gamma_n(S) = n^{-1} \dbinom{n-1}{s}^{-1}$ 且 $\sum\limits_{S \subseteq N \setminus \{i\}} \gamma_n(S) = 1, \forall i \in N$. 因此, 可以将 $\{\gamma_n(S) | S \subseteq N \setminus \{i\}\}$ 看作是 N 的所有不包含参与者 i 的子集的概率分布. 注意, 这个概率分布来源于这样的假设: 对于 $0 \leqslant t \leqslant n - 1$, 参与者 i 等可能加入大小为 t 的联盟, 且大小为 t 的联盟是等可能形成的. 若对每个 $T \subseteq N \setminus \{i\}$, $\gamma_n(T)$ 看作是参与者 i 加入联盟 T 的概率, 边际贡献 $v(T \cup \{i\}) - v(T)$ 是参与者 i 加入联盟 T 的收益, 那么, Shapley 值 $\mathrm{Sh}_i(v)$ 就是参与者 i 在博弈 v 中的期望支付.

接下来, 通过引入 Shapley 值的另一种表达式, 可以验证 Shapley 值满足有效性, 这个等价表达式将单个参与者对联盟的边际贡献替换为互补联盟间的特征值之差.

命题 3.1 令 $v \in G^N$, 博弈 v 的 Shapley 值为

$$\mathrm{Sh}_i(v) = \sum_{S \subseteq N \setminus \{i\}} \gamma_n(S)[v(N \setminus S) - v(S)], \quad \forall i \in N. \tag{3.3}$$

证明 任取联盟 $S \subseteq N \setminus \{i\}$, 记 $S^c = N \setminus S$, 那么 $S^c \setminus \{i\} \subseteq N \setminus \{i\}$. 由 (3.2) 式知, $\gamma_n(S^c \setminus \{i\}) = \gamma_n(S)$. 于是

$$\gamma_n(S)[v(S \cup \{i\}) - v(S)] + \gamma_n(S^c \setminus \{i\})[v(S^c) - v(S^c \setminus \{i\})]$$

$$= \gamma_n(S)[v(S^c) - v(S)] + \gamma_n(S^c \setminus \{i\})[v(S \cup \{i\}) - v(S^c \setminus \{i\})].$$

因此, (3.3) 式可由 (3.1) 式直接得到. $\qquad \square$

定理 3.1 令 $v \in G^N$, $\sum\limits_{j \in N} \mathrm{Sh}_j(v) = v(N)$.

证明 对任意 $i \in N$, 定义集合函数 $w_{N \setminus \{i\}} : 2^N \to \{0, 1\}$ 为

$$w_{N \setminus \{i\}}(S) = \begin{cases} 1, & S \subseteq N \setminus \{i\}, \\ 0, & \text{其他}. \end{cases}$$

将 $S \subseteq N, S \neq N$ 简记为 $S \subset N$. 对任意 $S \subset N$, 令 $h(S) = \gamma_n(S)[v(N \setminus S) - v(S)]$. 由 (3.3) 式可得

$$\sum_{j \in N} \mathrm{Sh}_j(v) = \sum_{j \in N} \sum_{S \subseteq N \setminus \{j\}} h(S) = \sum_{j \in N} \sum_{S \subseteq N} w_{N \setminus \{j\}}(S) h(S)$$

$$= \sum_{S \subseteq N} \sum_{j \in N} w_{N \setminus \{j\}}(S) h(S) = \sum_{S \subseteq N} \sum_{j \in N \setminus S} h(S)$$

$$= \sum_{S \subseteq N} (n - s) h(S) = \sum_{S \subseteq N} \binom{n}{s}^{-1} [v(N \setminus S) - v(S)].$$

注意, 当 $S \subseteq N, S \neq \varnothing$ 时, $N \setminus S \subset N$, 又 $\binom{n}{s} = \binom{n}{n-s}$, 则有

$$\sum_{j \in N} \mathrm{Sh}_j(v) = \binom{n}{0}^{-1} [v(N) - v(\varnothing)] = v(N). \qquad \square$$

由上述定理知, Shapley 值满足有效性. 由 (3.1) 式亦可验证 Shapley 值满足哑元性和可加性. 请读者自行验证 Shapley 值也满足对称性. 事实上, Shapley 值可由这四个性质完全刻画.

定理 3.2 Shapley 值是 G^N 上唯一满足有效性、对称性、哑元性和可加性的解.

证明 只需证明唯一性. 假设 $\psi: G^N \to R^n$ 是满足上述性质的值. 对任意 $T \subseteq N, T \neq \varnothing$, 考虑 (1.1) 式给出的全体一致博弈 u_T. 令 $T \subseteq N, T \neq \varnothing, \alpha \in R$, 那么任意 $i \in N \setminus T$ 是 αu_T 中的一个哑元, 由 ψ 的哑元性,

$$\psi_i(N, \alpha u_T) = \alpha u_T(\{i\}) = 0, \quad \forall i \in N \setminus T.$$

令 $j, k \in T$, 存在置换 $\theta: N \to N$ 使得 $\theta(j) = k, \theta(T) = T$, 则 $\theta(\alpha u_T) = \alpha u_T$. 由 ψ 的对称性,

$$\psi_k(N, \alpha u_T) = \psi_{\theta(j)}(N, \theta(\alpha u_T)) = \psi_j(N, \alpha u_T).$$

进一步由有效性,

$$\sum_{r \in N} \psi_r(N, \alpha u_T) = \alpha u_T(N) = \alpha.$$

于是

$$\psi_i(N, \alpha u_T) = \begin{cases} 0, & i \in N \setminus T, \\ |T|^{-1}\alpha, & i \in T. \end{cases}$$

因此, 对任意 $T \subseteq N, T \neq \varnothing, \psi(N, \alpha u_T)$ 是唯一的. 而

$$\{u_T \in G^N | T \subseteq N, T \neq \varnothing\}$$

构成了 G^N 的一组基, 且 ψ 具有可加性, 这就意味着对任意博弈 $v \in G^N, \psi(N, v)$ 是唯一的. 因此, 若 ψ 存在必唯一.　　　　　　　　　　　　　　　　□

　　上述定理中的哑元性可用零元性来替代. 显然, 由 (3.1) 式知, Shapley 值也满足 S-均衡下的相对不变性. 但是, G^N 上的 Shapley 值不满足个体理性. 当博弈超可加时, Shapley 值满足个体理性. 对 G^N 上的 Shapley 值进行公理化时, 也可用其他的性质代替对称性和哑元性 [31,32]. 简单博弈类 S^N 下的 Shapley 值称为 Shapley-Shubik 权利指标, 是由 Shapley 与 Shubik [33] 首先提出, 随后受到了大量关注 [34-41]. 需要注意的是, S^N 对加法不具有封闭性, 因此不能用可加性对 Shapley-Shubik 权利指标进行刻画. 对于更一般的博弈类 G^N, 也有学者避开可加性, 实现了对 Shapley 值的刻画, 如用单调性对 G^N 的 Shapley 值进行公理化 [42]. 下面介绍利用均衡贡献性和势函数刻画 Shapley 值.

　　定理 3.3　Shapley 值是 G^N 上唯一满足均衡贡献性和有效性的解.

　　证明　假设 $\psi : G^N \to R^n$ 是满足均衡贡献性的有效值, 接下来用归纳法证明唯一性. $T = \{i\}$ 时, 考虑博弈 (T, v), 由 ψ 的有效性可知, $\psi_i(T, v) = v(\{i\}) = \mathrm{Sh}_i(T, v)$. 对于 $T = \{i, j\}$, 由 ψ 的均衡贡献性可得

$$\psi_i(T, v) - \psi_i(\{i\}, v) = \psi_j(T, v) - \psi_j(\{j\}, v),$$

再由 ψ 的有效性, 可得 $\psi_i(T, v) + \psi_j(T, v) = v(\{i, j\})$, 于是可以得到

$$\psi_i(T, v) = (v(\{i, j\}) + v(\{i\}) - v(\{j\}))/2 = \mathrm{Sh}_i(T, v),$$

$$\psi_j(T, v) = (v(\{i, j\}) + v(\{j\}) - v(\{i\}))/2 = \mathrm{Sh}_j(T, v),$$

即 ψ 与 Shapley 值在 $|T| = 2$ 时是一致的. 假设对于所有的博弈 (T, v), 在 $|T| < n$ 时有 $\psi(T, v) = \mathrm{Sh}(T, v)$, 那么对任意 (N, v), $i, j \in N$, 有

$$\psi_i(N \setminus \{j\}, v) = \mathrm{Sh}_i(N \setminus \{j\}, v), \quad \psi_j(N \setminus \{i\}, v) = \mathrm{Sh}_j(N \setminus \{i\}, v).$$

ψ 与 Shapley 值都满足均衡贡献性, 则有

$$\mathrm{Sh}_i(N, v) - \mathrm{Sh}_i(N \setminus \{j\}, v) = \mathrm{Sh}_j(N, v) - \mathrm{Sh}_j(N \setminus \{i\}, v),$$

$$\psi_i(N, v) - \psi_i(N \setminus \{j\}, v) = \psi_j(N, v) - \psi_j(N \setminus \{i\}, v).$$

于是可得 $\psi_i(N,v) - \mathrm{Sh}_i(N,v) = \psi_j(N,v) - \mathrm{Sh}_j(N,v)$, 对该式固定 i 然后两边对 j 求和可得

$$\sum_{j \in N} (\psi_i(N,v) - \mathrm{Sh}_i(N,v)) = \sum_{j \in N} (\psi_j(N,v) - \mathrm{Sh}_j(N,v)).$$

则有

$$n[\psi_i(N,v) - \mathrm{Sh}_i(N,v)] = \sum_{j \in N} (\psi_j(N,v) - \mathrm{Sh}_j(N,v))$$

$$= v(N) - v(N) = 0.$$

因此, 对于任意的 $i \in N$, 都有 $\psi_i(N,v) = \mathrm{Sh}_i(N,v)$. □

考虑函数 $P : G^N \to R$, 将任一博弈 (N,v) 映射到一个实数 $P(N,v)$, 参与者 $i \in N$ 在 (N,v) 中的边际贡献为

$$D^i P(N,v) = P(N,v) - P(N \setminus \{i\}, v),$$

其中 $(N \setminus \{i\}, v)$ 是限制在 $N \setminus \{i\}$ 的子博弈.

定义 3.2 如果函数 $P : G^N \to R$ 满足 $P(\varnothing, v) = 0$, 且对所有的 (N,v) 有

$$\sum_{i \in N} D^i P(N,v) = v(N), \tag{3.4}$$

则称函数 P 为一个势函数.

定理 3.4 存在唯一的势函数 P, 使得对任意博弈 $v \in G^N$, $(D^i P(N,v))_{i \in N}$ 与博弈的 Shapley 值一致. 此外, 势函数由 (3.4) 式唯一确定.

证明 (3.4) 式可以写成

$$P(N,v) = \frac{1}{n} \left[v(N) + \sum_{i \in N} P(N \setminus \{i\}, v) \right], \tag{3.5}$$

由 $P(\varnothing, v) = 0$, (3.5) 式递归定义了 $P(N,v)$. 于是可得势函数 $P(N,v)$ 的存在唯一性.

下证对于所有的博弈 (N,v) 和 $i \in N$, 有 $D^i P(N,v) = \mathrm{Sh}_i(N,v)$, 其中 P 是唯一的势函数. 只需证明 $D^i P(N,v)$ 满足 Shapley 值公理化刻画中的所有性质, 即有效性、零元性、对称性、可加性. 有效性由 (3.4) 式直接可得. 若 i 是 v 中的一个零元, 即 $v(S) = v(S \setminus \{i\}), \forall\, S \subseteq N, i \in S$, 那么 $P(N,v) = P(N \setminus \{i\}, v)$, 因此有 $D^i P(N,v) = 0$ 成立. 假设 $D^i P(N,v) = 0$ 对所有参与者人数小于 n 的博弈都成立, 特别地, 有 $P(N \setminus \{j\}, v) = P(N \setminus \{i,j\}, v), \forall\, j \neq i$. 由 (3.5) 式可得

$$n[P(N, v) - P(N \setminus \{i\}, v)]$$

$$= [v(N) - v(N \setminus \{i\})] + \sum_{j \neq i} [P(N \setminus \{j\}, v) - P(N \setminus \{i, j\}, v)]$$

$$= 0.$$

假设参与者 i 与 j 在博弈 v 中是可替代的. 由 (3.5) 式, 注意到, 对于所有的 $k \neq i, j$, 参与者 i 与 j 在博弈 $(N \setminus \{k\}, v)$ 中是可替代的, 这表明 $P(N \setminus \{i\}, v) = P(N \setminus \{j\}, v)$, 因此可得 $D^i P(N, v) = D^j P(N, v)$. 最后, 再对 (3.5) 式利用归纳法可得 $P(N, v + w) = P(N, v) + P(N, w)$, 即具有可加性. □

3.3　Banzhaf 值

同样是基于参与者对联盟的边际贡献, Banzhaf[34] 于 1965 年提出了另一个著名的单值解概念, Banzhaf 值.

定义 3.3　令 $v \in G^N$, 博弈 v 的 Banzhaf 值为

$$\mathrm{Ba}_i(v) = \sum_{S \subseteq N \setminus \{i\}} \frac{1}{2^{n-1}} (v(S \cup \{i\}) - v(S)), \quad \forall\, i \in N.$$

与之前讨论的博弈解有所不同, Banzhaf 值并不满足有效性, 通常把此类解称为半值. 在对 Banzhaf 值进行刻画的时候, 应当寻求新的性质以代替有效性公理. 下面首先给出缩减博弈的概念. 对任意的有限参与者集合 N 及 $i, j \in N$, 令 $ij = \{i, j\}$, 记 $N^{ij} = N \setminus \{i, j\} \cup ij$ 为 i, j 合并为一个虚拟参与者 ij 后的参与者集合.

定义 3.4　令 $v \in G^N$ 及 $i, j \in N$, 若 $v^{ij} \in G^{N^{ij}}$ 满足

$$v^{ij}(S) = v(S), \quad v^{ij}(S \cup \{ij\}) = v(S \cup \{i, j\}), \quad \forall\, S \subseteq N \setminus \{i, j\},$$

则称 v^{ij} 为 v 的缩减博弈.

- 2-有效性: $\forall v \in G^N$, $i, j \in N$, 如果 $\psi_i(N, v) + \psi_j(N, v) = \psi_{ij}(N^{ij}, v^{ij})$, 则称 ψ 满足 2-有效性.

定理 3.5　Banzhaf 值是 G^N 上唯一满足 2-有效性、零元性、对称性和可加性的解.

证明　由定义可知, Banzhaf 值满足上述四条性质, 下证唯一性.

设 ψ 是 v 上满足上述性质的解. 类似于 Shapley 值唯一性的证明, 由可加性, 只需证明对任意 u_T, $\psi(N, u_T) = \mathrm{Ba}(u_T)$ 即可. 采用数学归纳法, 当 $t \leqslant 2$ 时, 由

2-有效性和对称性易知

$$\psi_i(N, u_T) = \begin{cases} 1/2^{t-1}, & i \in T, \\ 0, & i \notin T. \end{cases}$$

假设联盟大小不超过 t 时, 上式成立. 当联盟大小为 $t+1$ 时, 对任意两个不同的参与者 $i, j \in T$, 由假设知 $\psi_{ij}(N^{ij}, (u_T)^{ij}) = 1/2^{t-2}$. 由对称性和 2-有效性得 $\psi_i(N, u_T) = 1/2^{t-1}$. 即对任意 $T \in 2^N \backslash \varnothing$, 有

$$\psi_i(N, u_T) = \begin{cases} 1/2^{t-1}, & i \in T, \\ 0, & i \notin T. \end{cases} \qquad \square$$

下面不加证明地给出 Banzhaf 值的另外两个经典的公理化刻画. 1988 年, Lehrer [43] 利用二人联盟超可加性和 Dubey 与 Shapley [36] 给出的 D-公理, 得到了 Banzhaf 值的另一种刻画.

- 二人联盟超可加性: $\forall v \in G^N$, $i, j \in N$, 如果 $\psi_i(N, v) + \psi_j(N, v) \leqslant \psi_{ij}(N^{ij}, v^{ij})$, 则称 ψ 满足二人联盟超可加性.
- D-公理: $\forall w, v \in G^N$, 如果

$$\psi(N, v \wedge w) + \psi(N, v \vee w) = \psi(N, v) + \psi(N, w),$$

其中 $(v \wedge w)(S) = \max\{v(S), w(S)\}$, $(v \vee w)(S) = \min\{v(S), w(S)\}$, 则称 ψ 满足 D-公理.

定理 3.6 Banzhaf 值是 G^N 上唯一满足哑元性、对称性、二人联盟超可加性和 D-公理的解.

上述两个关于 Banzhaf 值的刻画都直接或者间接用到了可加性, Nowak [44] 通过引入边缘性代替可加性, 给出了 Banzhaf 值的另一种公理化方法.

- 边缘性: $\forall w, v \in G^N$, $S \in 2^N$ 且 $i \notin S$, 满足 $v(S \cup \{i\}) - v(S) = w(S \cup \{i\}) - w(S)$, 如果 $\psi_i(N, v) = \psi_i(N, w)$, 则称 ψ 满足边缘性.

定理 3.7 Banzhaf 值是 G^N 上唯一满足 2-有效性、哑元性、对称性和边缘性的解.

3.4 Solidarity 值

1994 年, Nowak 和 Radzik [45] 介绍了另一个重要的解概念: Solidarity 值. 与 Shapley 值不同, Solidarity 值兼顾了公平与效率两个分配原则.

定义 3.5　令 $v \in G^N$, 博弈 v 的 Solidarity 值为

$$\text{So}_i(v) = \sum_{i \in S \subseteq N} \frac{(s-1)!(n-s)!}{n!} A^v(S), \quad \forall\, i \in N,$$

其中 $A^v(S) = 1/s \sum_{j \in S} (v(S) - v(S \setminus \{j\}))$ 表示联盟 S 中参与者的平均边际贡献.

相较于 Shapley 值, 虽然每项的权重相同, 但 Solidarity 值不再只是考虑参与者对某一联盟的边际贡献, 而是参与者所在联盟的平均边际贡献.

定义 3.6　令 $v \in G^N$, 如果对任意的 $i \in S \subseteq N$, 有 $A^v(S) = 0$, 则称 i 为平均零元.

- 平均零元性: $\forall v \in G^N, i \in N$ 且 i 是 v 中的平均零元, 如果 $\psi_i(N, v) = 0$, 则称解 ψ 满足平均零元性.

为了实现对 Solidarity 值的刻画, Nowak 和 Radzik 重新构造了合作博弈空间的一组基, 为了与全体一致博弈相区别, 称之为拟一致博弈. 对任意 $T \in 2^N \setminus \varnothing$, 拟一致博弈 γ_T 定义如下:

$$\gamma_T(S) = \begin{cases} t!(s-t)!/s!, & T \subseteq S, \\ 0, & \text{其他}. \end{cases}$$

引理 3.1　对任意的 $T \in 2^N \setminus \varnothing$, 拟一致博弈 γ_T 有如下性质:

(1) $\gamma_T(T) = 1$;

(2) 若 $T \subseteq S$, 不失一般性, 设 $S = T \cup E$ 满足 $E \subseteq N \setminus T$ 且 $E \neq \varnothing$, 则

$$\gamma_T(S) = \frac{1}{s} \sum_{i \in S} \gamma_T(S \setminus \{i\}),$$

且任意 $i \in N \setminus T$ 是一个平均零元.

证明　由 γ_T 的定义可知, (1) 成立. 对于 (2),

$$\begin{aligned} \gamma_T(S) - \frac{1}{s} \sum_{i \in S} \gamma_T(S \setminus \{i\}) &= \frac{t!(s-t)!}{s!} - \frac{1}{s} \sum_{i \in S} \gamma_T(S \setminus \{i\}) \\ &= \frac{t!(s-t)!}{s!} - \frac{1}{s} \sum_{i \in S} \frac{t!(s-t-1)!}{s-1!} \\ &= \frac{t!(s-t)!}{s!} - \frac{1}{s} \cdot \frac{t!(s-t-1)!}{(s-1)!} \cdot (s-t) \\ &= 0. \end{aligned}$$

此外, 对任意的 $i \notin T$ 和 $i \in S$, 若 $T \not\subseteq S$, 则 $A^{\gamma_T}(S) = 0$, 若 $T \subseteq S$, 由 $\gamma_T(S)$ 的定义同样可得 $A^{\gamma_T}(S) = 0$, 即 i 是一个平均零元. $\qquad\square$

引理 3.2 $\{\gamma_T | T \in 2^N \setminus \varnothing\}$ 是 G^N 的一组基, 即对任意 $v \in G^N$, 存在常数 $\{\lambda_T | T \in 2^N \setminus \varnothing\}$ 满足 $v = \sum\limits_{T \in 2^N \setminus \varnothing} \lambda_T \gamma_T$.

证明 令 $K = 2^n - 1$, 易知 G^N 是一个 K 维线性空间. 令 $S_1, S_2, \cdots, S_K$ 是 N 上所有非空子集的固定序且 $n = s_1 \geqslant s_2 \geqslant \cdots \geqslant s_K = 1$.

此外, 令 $A = (a_{ij})_{K \times K}$, 其中 $a_{ij} = \gamma_{S_i}(S_j)$, $\forall i, j = 1, 2, \cdots, K$. 由 γ_T 的定义, A 是一个上三角矩阵且主对角线元素均为 1, 即 A 的行列式不为零. $\{\gamma_{S_i} | i = 1, 2, \cdots, K\}$ 是 G^N 的 K 个独立的博弈, 故构成 G^N 的一组基. $\qquad\square$

定理 3.8 Solidarity 值是 G^N 上唯一满足有效性、平均零元性、对称性和可加性的解.

证明 只需证明唯一性. 对任意的 $v \in G^N$, 令 ψ 是满足上述公理的解. 由可加性和引理 3.2, 只需证明, 对任意 $T \in 2^N \setminus \varnothing$, $\psi(\gamma_T)$ 是唯一的. 由引理 3.1、有效性和对称性可得

$$\psi_i(N, \gamma_T) = \begin{cases} (t-1)!(s-t)!/n!, & i \in T, \\ 0, & i \notin T. \end{cases} \qquad\square$$

• 准均衡贡献性: $\forall (N, v) \in G^N$, $i, j \in N, i \neq j$, 如果 $\psi_i(N, v) - \psi_i(N \setminus \{j\}, v) + v(N \setminus \{j\})/n = \psi_j(N, v) - \psi_j(N \setminus \{i\}, v) + v(N \setminus \{i\})/n$, 则称 ψ 满足准均衡贡献性.

定理 3.9 Solidarity 值是 G^N 上唯一满足准均衡贡献性和有效性的解.

证明 类似于用均衡贡献性和有效性刻画 Shapley 值的过程, 此处省略. $\qquad\square$

参与者在 Shapley 值下的收益本质上是边际贡献的平均, 即参与者的收益与其对所在联盟的边际贡献正相关. 如果某一参与者对任一联盟的边际贡献都为零, 那么根据 Shapley 值的哑元性, 该参与者的最终收益为零. 换言之, 基于 Shapley 值的分配体现了效率原则, 而在现实社会中, 效率并不是确立分配的唯一原则, 公平公正性同样重要. 由于 Solidarity 值基于联盟内所有参与者的边际贡献, 哑元参与者的收益不再非零. 因此, 相较于 Shapley 值, Solidarity 值不仅体现了效率原则, 也在一定程度兼顾了社会公平公正要求.

3.5　核　　子

第 2 章介绍了核与预核的概念, Maschler 和 Peleg[29] 给出了核非空的代数证明. 沿着同样的思路与方法, Schmeidler[46] 发现了合作博弈的单值解: 核子.

令 $v \in G^N$, $x \in R^n$, 记 $\theta(x)$ 是分量为超量 $e(S, x)$, $S \subseteq N$ 按照非增的顺序排列的 2^n 维向量. 因此, $\theta_i(x) \geqslant \theta_j(x), 1 \leqslant i \leqslant j \leqslant 2^n$. 超量体现了参与者对分配的不满意或者抱怨程度, 因此, 把 $\theta(x)$ 称作抱怨向量或超量向量. 为了比较超量向量之间的优劣, 首先介绍字典序 $\leqslant_L$. 对任意的 $x, y \in R^n$,

- 如果存在整数 $1 \leqslant k \leqslant 2^n$, 使得 $\theta_i(x) = \theta_i(y), \forall 1 \leqslant i < k$, 且 $\theta_k(x) < \theta_k(y)$, 则记 $\theta(x) <_L \theta(y)$.

- 如果 $\theta(x) = \theta(y)$ 或 $\theta(x) <_L \theta(y)$, 则记 $\theta(x) \leqslant \theta(y)$.

定义 3.7　令 $v \in G^N$, 其分配集中满足如下条件的元素 $x \in I(v)$:

$$\theta(x) \leqslant_L \theta(y), \quad \forall y \in I(v),$$

构成的集合称为博弈的核子.

由上述定义可以看出, 核子是在非空紧凸的分配集上, 由字典序最小化超量向量 $\theta(x)$ 的分配组成. 关于核子的存在性, Schmeidler[46] 给出了拓扑和代数两种证明方法. 这里, 介绍 Maschler 等[16] 提出的几何证明方法. 证明的基本过程如下: 首先, 找出所有使非平凡联盟的最大超量最小的那些分配所构成的非空紧集; 接着, 移除在这些分配下超量不能再减少的联盟; 然后在剩余的联盟中, 找到使得最大超量最小的那些分配, 这样得到的紧凸子集一般是非空的; 最后, 移除在这个集合中的分配下, 最大超量不能再减少的联盟. 重复以上步骤, 直至所有非平凡联盟都被移除.

定义 3.8　令 $v \in G^N, n \geqslant 2$, 记

$$X^0 = I(v), \quad \Sigma^0 = \{S \subseteq N | S \neq N, \varnothing\},$$

递归地给出如下定义:

$$\varepsilon^j = \min_{x \in X^{j-1}} \max_{S \in \Sigma^{j-1}} e(S, x), \tag{3.6}$$

$$X^j = \{x \in X^{j-1} \mid \max_{S \in \Sigma^{j-1}} e(S, x) = \varepsilon^j\}, \tag{3.7}$$

$$\Sigma_j = \{S \in \Sigma^{j-1} \mid e(S, x) = \varepsilon^j, \forall x \in X^j\}, \tag{3.8}$$

$$\Sigma^j = \Sigma^{j-1} - \Sigma_j, \tag{3.9}$$

$$\kappa = \min\{j \mid j \geqslant 1, \Sigma^j = \varnothing\}. \tag{3.10}$$

在给出上述过程的合理性证明之前, 首先通过例 2.1 中的三人合作博弈分析该过程. 不妨设 $0.5 \leqslant \alpha < 1$. 那么 $I(v) = \{x \in R_+^3 | x_1 + x_2 + x_3 = 1\}$, 且 $\varepsilon^1 = \min_{x \in I(v)} \max\{-x_1, -x_2, -x_3, x_3 + \alpha - 1, x_2 + \alpha - 1\}$, 注意当且仅当 $x_3 + \alpha - 1 \geqslant (\alpha - 1)/2$ 时, $-x_3 \leqslant (\alpha - 1)/2$. 由上述等式及 (3.6) 式—(3.10) 式, 可得

$$
\begin{cases}
\varepsilon^1 = (\alpha - 1)/2, & X^1 = \{(2\alpha, 1 - \alpha, 1 - \alpha)/2\}, \\
\Sigma_1 = \{\{2\}, \{3\}, \{1,2\}, \{1,3\}\}, & \Sigma^1 = \{\{1\}, \{2,3\}\}, \\
\varepsilon^2 = \max\{-\alpha, \alpha - 1\} = \alpha - 1, & X^2 = X^1, \\
\Sigma_2 = \{\{2,3\}\}, & \Sigma^2 = \{\{1\}\}, \\
\varepsilon^3 = -\alpha, & X^3 = X^1, \\
\Sigma_3 = \{\{1\}\}, & \Sigma^3 = \varnothing, \kappa = 3.
\end{cases}
$$

实数 $\varepsilon^1, \varepsilon^2, \varepsilon^3$ 及集合 $\Sigma_1, \Sigma_2, \Sigma_3$ 从几何的角度解释如下: 当 $\alpha = 0.75$ 时, 借助图 2.2 客观分析博弈 v 的各个强 ε-核心. 整个过程起始于任意一个与分配集 $I(v)$ 相交的强 ε-核心, 例如 $\varepsilon = 5/8$. 接下来, 将所有超平面 $H_S^\varepsilon, S \neq N, \varnothing$, 即强 ε-核心的边界, 在各个方向上等速向内压缩, 压缩依赖于强 ε-核心的形状以及其在分配集中的位置. 压缩直至既不为空集又不脱离分配集 $I(v)$. 事实上, 压缩过程将在超平面 $H_S^\varepsilon, S \neq N, \varnothing$ 在 $\varepsilon^1 = -1/8$ 时停止, 那么得到的闭集为 $X^1 = \{(3/4, 1/8, 1/8)\}$. 由 (3.8) 式, 当且仅当 $S \in \Sigma_1$ 时, 超平面 $H_S^{\varepsilon^1}$ 包含集合 X^1. 由 (3.7) 式, 如果继续压缩超平面 $H_S^{\varepsilon^1}, S \in \Sigma_1$, 集合 X^1 将会是空集. 因此, 只需要继续压缩 $S \in \Sigma^0 - \Sigma_1 = \{\{1\}, \{2,3\}\}$ 的超平面 $H_S^{\varepsilon^1}$, 直至 X^1 恰好非空且与分配集相交, 得到的集合为 X^2. 第二阶段, 以相同的速率, 向单点 X^1 的方向压缩剩下的两个超平面 $x_1 = 1/8, x_1 = 7/8$, 平移的量是 $1/8$. 因此, $\varepsilon^2 = -0.25$. 现在, 没有可以继续压缩的超平面. 整个过程结束后, 得到单点 $X^\kappa, X^3 = X^2 = X^1$. 整个过程的合理性由以下两个引理保证.

引理 3.3　令 $v \in G^N, n \geqslant 2$,

(1) $\forall 1 \leqslant j \leqslant \kappa$, 实数 ε^j;

(2) $\forall 1 \leqslant j \leqslant \kappa, X^j$ 是 R^n 中的非空紧凸子集, 且满足 $I(v) \supseteq X^1 \supseteq X^2 \supseteq \cdots \supseteq X^\kappa$.

证明　两个结论的证明都是通过对 j 使用数学归纳法.

(1) 首先证明 $j = 1$ 的情况. 由于 $n \geqslant 2$, 因此 $\Sigma^0 \neq \varnothing$, 而集合 X^0 为非空紧凸分配集 $I(v)$. 定义函数 $f_0 : X^0 \to R$ 为

$$
f_0(x) = \max\{e(S, x) | S \in \Sigma^0\}, \quad \forall x \in X^0.
$$

那么, 函数 f_0 是良定的. 又因为 f_0 是有限个关于 x 的连续函数的最大值, 故 f_0 是 x 的连续函数, 因此在 X^0 上存在最小值. 由 (3.6) 式、(3.7) 式以及 f_0 的定义知

$$\varepsilon^1 = \min\{f_0(x)|x \in X^0\}, \quad X^1 = \{x \in X^0|f_0(x) = \varepsilon^1\}.$$

因此 ε^1 良定, 且 $X^1 \neq \varnothing$ 为紧集. 令 $x, y \in X^1, 0 < \alpha < 1$, 有 $x, y \in X^0, f_0(x) = f_0(y) = \varepsilon^1$. 记 $z = \alpha x + (1 - \alpha)y$. 由集合 X^0 的凸性, 有 $z \in X^0, f_0(z) \geqslant \varepsilon^1$. 同时,

$$
\begin{aligned}
f_0(z) &= \max\{v(S) - z(S)|S \in \Sigma^0\} \\
&= \max\{\alpha[v(S) - x(S)] + (1 - \alpha)[v(S) - y(S)]|S \in \Sigma^0\} \\
&\leqslant \alpha \max\{v(S) - x(S)|S \in \Sigma^0\} + (1 - \alpha) \max\{v(S) - y(S)|S \in \Sigma^0\} \\
&= \alpha f_0(x) + (1 - \alpha)f_0(y) \\
&= \alpha \varepsilon^1 + (1 - \alpha)\varepsilon^1 = \varepsilon^1.
\end{aligned}
$$

即 $f_0(z) = \varepsilon^1$, 换言之, $z \in X^1$. 因此, 集合 X^1 是凸集. $j = 1$ 的情况证毕.

(2) 令 $2 \leqslant j \leqslant \kappa$, 假设 X^{j-1} 是非空紧凸集, ε^{j-1} 良定. 由 (3.10) 式知 $\Sigma^{j-1} \neq \varnothing$. 定义函数 $f_{j-1} : X^{j-1} \to R$ 为

$$f_{j-1}(x) = \max\{e(S, x)|S \in \Sigma^{j-1}, x \in X^{j-1}\},$$

那么 f_{j-1} 是紧集 X^{j-1} 上的连续函数且是良定的, 满足

$$\varepsilon^j = \min\{f_{j-1}(x)|x \in X^{j-1}\}, \quad X^j = \{x \in X^{j-1}|f_{j-1}(x) = \varepsilon^j\}.$$

与 (1) 中的推理方式相似, 由归纳假设知, ε^j 良定, 且 $X^j \neq \varnothing$ 为紧凸集.　　□

引理 3.4　令 $v \in G^N, n \geqslant 2$,

(1) 临界数 κ 是良定的, 即 κ 是有限数;

(2) $\forall 1 \leqslant j \leqslant \kappa$, 联盟集合 Σ_j 非空;

(3) $\varepsilon^{j+1} < \varepsilon^j, \forall 1 \leqslant j \leqslant \kappa$.

证明　(1) 首先证明当 $j \geqslant 1, \Sigma^j \neq \varnothing$ 时, $\Sigma^{j-1} - \Sigma^j \neq \varnothing$. 记

$$\Sigma^j = \{S_1, S_2, \cdots, S_r\}, \quad r \geqslant 1.$$

因为 $\Sigma^j = \Sigma^{j-1} - \Sigma_j$, 由 (3.7) 式和 (3.8) 式知, 对任意 $1 \leqslant k \leqslant r$, 存在 $x^{(k)} \leqslant X^j$ 使得 $e(S_k, x^{(k)}) < \varepsilon^j$, 那么

$$e(S_k, x^{(i)}) \leqslant \varepsilon^j, \quad \forall i \neq k. \tag{3.11}$$

定义向量 $y \in R^n, y = r^{-1} \sum_{k=1}^{r} x^{(k)}$, 由集合 X^j 的凸性知 $y \in X^j$. 由 (3.7) 式, 可以选择 $S \in \Sigma^{j-1}$, 使得 $e(S,y) = \varepsilon^j$. 则 $e(S, x^k) \leqslant \varepsilon^j, \forall 1 \leqslant k \leqslant r$. 因此

$$\varepsilon^j = v(S) - y(S) = r^{-1} \sum_{k=1}^{r} \{v(S) - x^{(k)}(S)\} \leqslant r^{-1} \sum_{k=1}^{r} \varepsilon^j = \varepsilon^j.$$

上式最后的不等式一定是等式, 故 $e(S, x^{(k)}) = \varepsilon^j, \forall 1 \leqslant k \leqslant r$. 结合 (3.11) 式, 这意味着 $S \neq S_k, \forall 1 \leqslant k \leqslant r$, 因此 $S \in \Sigma^{j-1} - \Sigma^j$.

(2) 目前已证明当 $j \geqslant 1, \Sigma^j \neq \varnothing$ 时, $\Sigma^{j-1} - \Sigma^j \neq \varnothing$. 又 $\Sigma^j \subseteq \Sigma^{j-1}, \forall j \geqslant 1$, 即每阶段都至少从 Σ^{j-1} 移除一个联盟, 这就说明临界数 κ 有限. 进一步, 由于 $\Sigma_j = \Sigma^{j-1} - \Sigma^j \neq \varnothing$ 对所有 $1 \leqslant j \leqslant \kappa - 1$ 都成立, 且 $\Sigma_\kappa = \Sigma^{\kappa-1} - \Sigma^j = \Sigma^{\kappa-1} \neq \varnothing$, 因此结论 (2) 成立.

(3) 令 $1 \leqslant j \leqslant \kappa - 1$, 那么 $\Sigma^j \neq \varnothing$, 可以应用 (1) 中结论. 由于 $y \in X^j$ 及 (3.6) 式, $\varepsilon^{j+1} \leqslant \max\{e(S_k, y) | 1 \leqslant k \leqslant r\}$. 进一步, (3.11) 式表明对 $1 \leqslant k \leqslant r$,

$$e(S_k, y) = v(S_k) - y(S_k) = r^{-1} \sum_{i=1}^{r} \{v(S_k) - x^{(i)}(S_k)\} < \varepsilon^j.$$

由此可知, $1 \leqslant j \leqslant \kappa$ 时, $\varepsilon^{j+1} < \varepsilon^j$. □

整个过程的有限性是由联盟集合序列的严格包含关系 $\Sigma^0 \supset \Sigma^1 \supset \Sigma^2 \supset \cdots \supset \Sigma^\kappa$ 保证的. 而分配集合序列 $X^0 \supseteq X^1 \supseteq \cdots \supseteq X^\kappa$ 不一定是严格包含的. 非空紧凸集合 X^κ 称作是博弈的字典序中心.

命题 3.2 令 $v \in G^N, n \geqslant 2$, 其字典序中心 X^κ 是单点集.

证明 令 $v \in G^N, n \geqslant 2$. 非平凡联盟集合 $\{S \subseteq N | S \neq N, \varnothing\}$ 划分为集合 $\Sigma_1, \Sigma_2, \cdots, \Sigma_\kappa$. 因此, 对任意 $i \in N$, 存在唯一的 $1 \leqslant j_i \leqslant \kappa$ 使得 $i \in \Sigma_{j_i}$. 由 (3.8) 式, 这意味着

$$v(\{i\}) - y_i = \varepsilon^{j^i}, \quad \forall i \in N, y \in X^{j_i}.$$

令 $x \in X^\kappa$, 对任意的 $i \in N, x \in X^\kappa \subseteq X^{j_i}$. 因此, $x_i = v(\{i\}) - \varepsilon^{j_i}$. 那么, 集合 X^κ 至多包含一个点. 由引理 3.3 知, $X^\kappa \neq \varnothing$. 因此集合 X^κ 为单点集. □

下面的引例表明 X^κ 中分配对应的超量向量字典序最小, 即说明其为核子.

引理 3.5 令 $v \in G^N, n \geqslant 2$,

(1) 若 $1 \leqslant j \leqslant \kappa, x \in X^j, y \in X^{j-1} - X^j$, 那么 $\theta(x) <_L \theta(y)$;

(2) $\theta(x) <_L \theta(y), \forall x \in X^\kappa, y \in I(v) - X^\kappa$.

证明　(1) 分别讨论 $j = 1$ 和 $j \neq 1$ 两种情况.

情况 1　假设 $j = 1$. 由 (3.7) 式及 $x \in X^1$, $e(S, x) \leqslant \varepsilon^1, \forall S \neq N, \varnothing$. 由 $y \in X^0 - X^1$, 存在 $T \neq N, \varnothing$ 使得 $e(T, y) > \varepsilon^1$. 进一步, 当 $S = N, \varnothing$ 时, $e(S, x) = e(S, y) = 0$. 自然地, $\theta(x) <_L \theta(y)$.

情况 2　假设 $2 \leqslant j \leqslant \kappa$. 非平凡联盟集合 $\{S \subseteq N | S \neq N, \varnothing\}$ 被划分成集合 $\Sigma_1, \cdots, \Sigma_{j-1}, \Sigma^{j-1}$. 由 (3.8) 式及引理 3.4(3),

$$e(S, x) = e(S, y) = \varepsilon^i \geqslant \varepsilon^{j-1}, \quad \forall S \in \Sigma_i, 1 \leqslant i \leqslant j-1.$$

进一步, 由 (3.7) 式及引理 3.4(3),

$$e(S, x) \leqslant \varepsilon^j < \varepsilon^{j-1}, \quad e(S, y) \leqslant \varepsilon^{j-1}, \quad \forall S \in \Sigma^{j-1}.$$

此外, $y \in X^{j-1} - X^j$ 意味着存在联盟 $T \in \Sigma^{j-1}$ 使得 $e(T, y) > \varepsilon^j$. 因此 $\theta(x) <_L \theta(y)$.

(2) 令 $y \in I(v) - X^\kappa$, 那么对某个 $1 \leqslant j \leqslant \kappa, y \in X^{j-1} - X^j$. 显然, $X^\kappa \subseteq X^j$. 由 (1) 知, $\theta(x) <_L \theta(y), \forall x \in X^\kappa$.　　□

定理 3.10　任意博弈 $v \in G^N$ 的核子与字典序中心一致, 且为一单点, 记为 $\eta(v)$.

该定理是定义 3.7, 命题 3.2 及引理 3.5(2) 的直接结论. 核子的几何特征表明核子总是包含在分配集与任意强 ε-核心的非空交集中, 下面将给出这一结论的证明. 此外, 由于核子总是包含在核中, 因此核与谈判集总存在.

定理 3.11　令 $v \in G^N, \varepsilon \in R$, 那么只要 $C_\varepsilon(v) \cap I(v) \neq \varnothing$, 就有 $\eta(v) \in C_\varepsilon(v) \cap I(v)$. 特别地, 只要 $C(v) \neq \varnothing$, 就有 $\eta(v) \in C(v)$.

证明　假设 $C_\varepsilon(v) \cap I(v) \neq \varnothing$. 任选 $y \in C_\varepsilon(v) \cap I(v)$, 令 $x = \eta(v)$. 那么 $y \in I(v), e(S, y) \leqslant \varepsilon, \forall S \neq N, \varnothing$. 由超量向量的定义知, $e(S, x) \leqslant \theta_1(x), \forall S \neq N, \varnothing$, 且对某个 $T \neq N, \varnothing, \theta_1(y) = e(T, y)$. 而 $\theta(x) \leqslant_L \theta(y)$, 这意味着对所有 $S \neq N, \varnothing$, $e(S, x) \leqslant \theta_1(x) \leqslant \theta_1(y) = e(T, y) \leqslant \varepsilon$. 因此, $x \in C_\varepsilon(v) \cap I(v)$. $C(v) \neq \varnothing$ 时, 有 $C(v) \cap I(v) = C(v) \neq \varnothing$, 因此 $x \in C(v)$.　　□

定理 3.12　令 $v \in G^N, \eta(v) \in K(v)$.

证明　令 $v \in G^N$, 记 $x = \eta(v)$, 假设 $x \notin K(v)$. 由核的定义, 存在 $i, j \in N, i \neq j$, 使得 $x_i > v(\{i\}), s_{ji}(x) > s_{ij}(x)$. 定义向量 $y \in R^n$, 联盟集合 Σ 为

$$y = x - \alpha e^i + \alpha e^j,$$

$$\alpha = \min\{x_i - v(i), s_{ji}(x)/2 - s_{ij}(x)/2\},$$

$$\Sigma = \{S \subseteq N | e(S, x) \geqslant s_{ji}(x), S \notin \Gamma_{ji}\}.$$

那么 $\alpha > 0, y \neq x, y \in I(v)$. 进一步断言

$$e(S,y) = e(S,x) \geqslant s_{ji}(x), \quad \forall S \in \Sigma, \tag{3.12}$$

$$e(S,y) < s_{ji}(x), \quad \forall S \notin \Gamma_{ji}. \tag{3.13}$$

为了验证 (3.12) 式和 (3.13) 式, 首先注意到

$$e(S,y) = \begin{cases} e(S,x) + \alpha, & S \in \Gamma_{ij}, \\ e(S,x) - \alpha, & S \in \Gamma_{ji}, \\ e(S,x), & \text{其他}. \end{cases}$$

(1) 为了验证 (3.12) 式, 只需证明如果 $S \in \Sigma$, 必有 $S \notin \Gamma_{ij}, S \notin \Gamma_{ji}$. 令 $S \in \Sigma$, 由 Σ 的定义知 $S \notin \Gamma_{ji}$. 而 $e(S,x) \geqslant s_{ji}(x) \geqslant s_{ij}(x)$, 故 $S \notin \Gamma_{ij}$. 因此 (3.12) 式成立.

(2) (3.13) 式证明如下:

$$e(S,y) = \begin{cases} e(S,x) - \alpha \leqslant s_{ji}(x) - \alpha < s_{ji}(x), & S \in \Gamma_{ji}, \\ e(S,x) + \alpha \leqslant s_{ij}(x) + \alpha < s_{ji}(x), & S \in \Gamma_{ij}, \\ e(S,x) < s_{ji}(x), & S \notin \Sigma, \Gamma_{ij}, \Gamma_{ji}. \end{cases}$$

(3) 选取 $T \in \Gamma_{ji}$, 使得 $e(T,x) = s_{ji}(x)$. 那么 $T \notin \Sigma$, 因此

$$\max\{e(S,x)|S \notin \Sigma\} = e(T,x) = s_{ji}(x). \tag{3.14}$$

(4) 记 $k = |\Sigma|$, 由 (3.12) 式—(3.14) 式知, 对 $1 \leqslant j \leqslant k$, 有 $\theta_i(y) = \theta_i(x)$ 以及 $\theta_{k+1} \leqslant s_{ji}(x) = \theta_{k+1}(x)$. 因此, 当 $x = \eta(v), y \in I(v)$ 时, $\theta(y) <_L \theta(x)$, 与核子的定义矛盾. □

进一步, 定理 3.12 和定理 2.8 表明核子满足可替代性与哑元性. 请读者验证核子同样具有 S-均衡下的相对不变性与对称性. 与核子相似的一个概念为预核子, 由 Sobolev[47] 提出, 并借助简约一致性进行了刻画. 任给 $v \in G^N$, 其预核子是所有满足如下条件的预分配 $x \in I^*(v)$ 的集合:

$$\theta(x) \leqslant_L \theta(y), \quad \forall x \in I^*(v), y \in I^*(v).$$

众所周知, 博弈的预核子为单点集. 并且, 只要预核子满足个体理性, 博弈的核子与预核子相同. 本节的最后应用均衡集给出核子的刻画, 首先给出一些符号定义.

定义 3.9 令 $v \in G^N, n \geqslant 2$, 对任意的 $x \in I(v)$, 记

$$\Sigma^0 = \{S \subseteq N | S \neq N, \varnothing\}, \quad B^0(x) = \varnothing, \quad \Sigma_0(x) = \{\{i\} | e(\{i\}, x) = 0\}$$

且对任意的 $j = 1, 2, \cdots, \kappa(x)$, 递归地给出如下定义:

$$\varepsilon^j = \max \left\{ e(S, x) | S \in \Sigma^0 - B^{j-1}(x) \right\}, \tag{3.15}$$

$$\Sigma_j(x) = \left\{ S \in \Sigma^0 - B^{j-1}(x) | e(S, x) = \varepsilon^j(x) \right\}, \tag{3.16}$$

$$B^j(x) = B^{j-1}(x) \cup \Sigma_j(x) = \bigcup_{i=1}^{j} \Sigma_i(x), \tag{3.17}$$

其中

$$\kappa(x) = \min \left\{ j | j \geqslant 1, \ B^j(x) = \Sigma^0 \right\}. \tag{3.18}$$

显然 (3.15) 式—(3.18) 式的定义是良定的. 下面的定理给出了一个分配是核子的等价条件.

定理 3.13 令 $v \in G^N, n \geqslant 2$, 对任意的 $x \in I(v)$, 下面的陈述是等价的:

(1) $x = \eta(v)$;

(2) 对任意的 $1 \leqslant j \leqslant \kappa(x)$ 且 $y \in R^n$ 使得

$$y(N) = 0, \quad y(S) = 0, \quad \forall S \in \Sigma_0(x) \cup B^j(x),$$

则 $y(S) = 0, \forall S \in B^j(x)$;

(3) 对任意的 $1 \leqslant j \leqslant \kappa(x)$, 存在 $B_0^j(x) \subseteq \Sigma_0(x)$ 使得 $B_0^j(x) \cup B^j(x)$ 是 N 上的均衡集.

证明 我们证明 $(3) \Rightarrow (2) \Rightarrow (1) \Rightarrow (3)$.

假设 (3) 成立. 令 $1 \leqslant j \leqslant \kappa(x)$ 且 $y \in R^n$ 使得

$$y(N) = 0, \quad y(S) = 0, \quad \forall S \in \Sigma_0(x) \cup B^j(x).$$

令 $T \in B^j(x)$, 下证 $y(T) = 0$. 由于 (3) 成立, 存在 N 上的一个均衡集 $\mathfrak{C} = B_0^j(x) \cup B^j(x)$, 其中 $B_0^j(x) \subseteq \Sigma_0(x)$. 定义均衡集 $\mathfrak{C}$ 的正权重 α_S, $S \in \mathfrak{C}$. 则 $\sum\limits_{S \in \mathfrak{C}} \alpha_S 1_S(i) = 1$, $\forall i \in N$. 因此,

$$\sum_{S \in \mathfrak{C}} \alpha_S y(S) = \sum_{S \in \mathfrak{C}} \alpha_S \sum_{i \in S} y_i = \sum_{S \in \mathfrak{C}} \alpha_S \sum_{i \in N} y_i 1_S(i)$$

$$= \sum_{i \in N} y_i \sum_{S \in \mathfrak{C}} \alpha_S 1_S(i) = \sum_{i \in N} y_i = y(N) = 0.$$

由此可得, $y(S) = 0$, $\forall S \in \mathfrak{C}$. 特别地, $y(T) = 0$, 所以 (3) 可推出 (2).

假设 (2) 成立. 为了证明 $x = \eta(v)$, 只需证明

$$y \in I(v), \ \theta(y) \leqslant_L \theta(x) \ \text{意味着} \ y = x.$$

令 $y \in I(v)$ 使得 $\theta(y) \leqslant_L \theta(x)$, 则 $(y - x)(N) = 0$ 且

$$y_i - x_i \geqslant v(\{i\}) - x_i = e(\{i\}, x) = 0, \quad \forall \{i\} \in \Sigma_0(x).$$

下证对 j, $1 \leqslant j \leqslant \kappa(x)$ 递归可得

$$\text{若} \ S \in B^j(x), \ 1 \leqslant j \leqslant \kappa(x), \text{则} \ (y - x)(S) = 0. \tag{3.19}$$

事实上, 若 $S \in B^1(x)$, 则 $e(S, x) = \theta_1(x) \geqslant \theta_1(y) \geqslant e(S, y)$ 且有 $(y-x)(S) = e(S, x) - e(S, y) \geqslant 0$, $\forall S \in B^1(x)$. 因此, $(y - x)(N) = 0$ 且 $(y - x)(S) \geqslant 0$, $\forall S \in \Sigma_0(x) \cup B^1(x)$. 由 (2) 可得, $(y - x)(S) = 0$, $\forall S \in B^1(x)$.

若 $2 \leqslant j \leqslant \kappa(x)$, 假设 $(y - x)(T) = 0$, $\forall T \in B^{j-1}(x)$, 则 $e(T, x) = e(T, y)$, $\forall T \in B^{j-1}(x)$. 结合 $\theta(y) \leqslant_L \theta(x)$, 有 $e(S, x) \geqslant e(S, y)$, $\forall S \in \Sigma_j(x)$. 因此, $(y - x)(N) = 0$ 且 $(y - x)(S) \geqslant 0$, $\forall S \in \Sigma_0(x) \cup B^j(x)$. 由 (2) 可得, $(y - x)(S) = 0$, $\forall S \in B^j(x)$. 因此, (3.19) 式成立.

由 (3.18) 式得 $B^{\kappa(x)}(x) = \Sigma^0$. 根据 (3.19) 式, $y(S) = x(S)$, $\forall S \subseteq N$. 特别地, $y_i = x_i$, $\forall i \in N$. 因此, 当 $y \in I(v)$ 满足 $\theta(y) \leqslant_L \theta(x)$ 时, $y = x$. 所以, (2) 可推出 (1).

由 (1) 推 (3) 的证明可应用不等式理论推出, 这里省略该证明. $\qquad\square$

根据定理 3.13(3), 容易验证 $\Sigma_1(x)$, $\Sigma_1(x) \cup \Sigma_2(x)$ 和 $\Sigma_1(x) \cup \Sigma_2(x) \cup \Sigma_3(x)$ 关于 $\{1, 2, 3\}$ 都是均衡的. 注意到根据 (3.6) 式—(3.10) 式, 当 x 为核子时, $\varepsilon^j(x)$ 和 $\Sigma_j(x)$, $\forall 1 \leqslant j \leqslant 3$ 分别等于 ε^j 和 Σ_j, $\forall 1 \leqslant j \leqslant 3$.

定理 3.14　令 $v \in G^N, n \geqslant 2$ 且 $x = \eta(v)$, 则

$$\kappa(x) = \kappa, \quad \varepsilon^j(x) = \varepsilon^j \quad \text{且} \quad \Sigma_j(x) = \Sigma_j, \quad \forall 1 \leqslant j \leqslant \kappa.$$

证明　下面通过对 j, $1 \leqslant j \leqslant \kappa$ 进行归纳假设来证明该结论. 对任意的 $y, z \in I(v)$, 当 $S = N$ 或 $S = \varnothing$ 时, 有 $e(S, y) = e(S, z) = 0$. 因此在用字典序比较抱怨向量 $\theta(y)$ 和 $\theta(z)$ 时, 可以忽略这两个超量.

(1) 首先证明当 $j = 1$ 时, 结论成立. 对任意的 $y \in I(v)$, 有 $\theta(x) \leqslant_L \theta(y)$. 因此

$$\varepsilon^1(x) = \max_{S \in \Sigma^0} e(S, x) = \theta_1(x) \leqslant \theta_1(y) = \max_{S \in \Sigma^0} e(S, y).$$

由此可知, $\varepsilon^1 = \min\limits_{y \in I(v)} \max\limits_{S \in \Sigma^0} e(S, y) \geqslant \varepsilon^1(x)$. 进一步, 由于 $x \in I(v)$, 有 $\varepsilon^1 \leqslant \varepsilon^1(x)$.
综上可得, $\varepsilon^1 = \varepsilon^1(x)$. 结合 (3.7) 式和 (3.8) 式, 可得

$$X^1 = \left\{ y \in I(v) \,\middle|\, \max_{S \in \Sigma^0} e(S, y) = \varepsilon^1(x) \right\}$$

且

$$\Sigma_1 = \left\{ S \in \Sigma^0 \,\middle|\, e(S, y) = \varepsilon^1(x), \ \forall y \in X^1 \right\}.$$

因此, $x \in X^1$ 且 $\Sigma_1 \subseteq \{S \in \Sigma^0 | e(S, x) = \varepsilon^1(x)\} = \Sigma_1(x)$. 下面证明 $\Sigma_1 = \Sigma_1(x)$.
假设 $\Sigma_1 \neq \Sigma_1(x)$, 选择 $T \in \Sigma_1(x) - \Sigma_1$. 记 $\Sigma^0 - \Sigma_1 = \{S_1, S_2, \cdots, S_r\}$, 其
中 $S_1 = T$. 根据 (3.7) 式和 (3.8) 式, 对任意的 $1 \leqslant k \leqslant r$, 存在 $y^{(k)} \in X^1$ 使
得 $e(S_k, y^{(k)}) < \varepsilon^1$. 因此, $e(S_k, y^{(i)}) \leqslant \varepsilon^1$, $i \neq k$. 定义 $y \in R^n$ 为 $y = r^{-1} \sum\limits_{k=1}^{r} y^{(k)}$.
根据引理 3.3(2), X^1 是凸的. 因此, $y \in X^1$ 且对任意的 $1 \leqslant k \leqslant r$, 有

$$e(S_k, y) = v(S_k) - y(S_k) = r^{-1} \sum_{k=1}^{r} (v(S_k) - y^{(i)}(S_k)) < \varepsilon^1.$$

由于 $\varepsilon^1 = \varepsilon^1(x)$, 因此 $y \in X^1$ 满足
　　若 $S \in \Sigma_1$, 则 $e(S, y) = \varepsilon^1(x) = e(S, x)$,
　　若 $S \in \Sigma^0 - \Sigma_1$, 则 $e(S, y) < \varepsilon^1(x) = e(T, x)$.
由此可得, $\theta(y) <_L \theta(x)$, 其中 $x = \eta(v)$ 且 $y \in I(v)$, 然而这与核子的定义矛盾.
至此可得 $\Sigma_1 = \Sigma_1(x)$.
　　(2) 令 $2 \leqslant j \leqslant \kappa$, 假设 $\varepsilon^i(x) = \varepsilon^i$ 且 $\Sigma_i(x) = \Sigma_i$, $\forall 1 \leqslant i \leqslant j - 1$. 下面证
明 $\varepsilon^j(x) = \varepsilon^j$ 且 $\Sigma_j(x) = \Sigma_j$. 根据 (3.9) 式和 (3.17) 式, 有

$$\Sigma^{j-1} = \Sigma^0 - \bigcup_{i=1}^{j-1} \Sigma_i = \Sigma^0 - \bigcup_{i=1}^{j-1} \Sigma_i(x) = \Sigma^0 - B^{j-1}(x). \tag{3.20}$$

由 (3.20) 式和 (3.15) 式可得, $\varepsilon^j(x) = \max\limits_{S \in \Sigma^{j-1}} e(S, x)$. 由定理 3.10 和 $x \in X^\kappa$,
$x \in X^i$, $\forall 0 \leqslant i \leqslant \kappa$. 对任意的 $y \in X^{j-1}$ 和 $S \in \Sigma_i$, $1 \leqslant i \leqslant j - 1$, 根据 (3.8) 式
和 (3.16) 式, 有

$$e(S, y) = \varepsilon^i = \varepsilon^i(x) = e(S, x).$$

结合 $\theta(x) \leqslant_L \theta(y)$, $\forall y \in I(v)$, 可得

$$\max_{S \in \Sigma^{j-1}} e(S, x) \leqslant \max_{S \in \Sigma^{j-1}} e(S, y), \quad \forall y \in X^{j-1}.$$

因此,

$$\varepsilon^j = \min_{y \in X^{j-1}} \max_{S \in \Sigma^{j-1}} e(S, y) \geqslant \max_{S \in \Sigma^{j-1}} e(S, x) = \varepsilon^j(x).$$

此外, 由于 $x \in X^{j-1}$, 因此 $\varepsilon^j \leqslant \varepsilon^j(x)$. 由此可得, $\varepsilon^j = \varepsilon^j(x)$. 基于此, 结合 (3.8) 式、(3.16) 式和 (3.20) 式可推出

$$\Sigma_j = \{S \in \Sigma^{j-1} | e(S, y) = \varepsilon^j(x), \ \forall y \in X^j\}$$

$$\subseteq \{S \in \Sigma^{j-1} | e(S, x) = \varepsilon^j(x)\} = \Sigma_j(x).$$

为了证明 $\Sigma_j = \Sigma_j(x)$, 应用反证法, 假设 $\Sigma_j \neq \Sigma_j(x)$. 类似于 (1) 的证明, 定义 $y \in X^j$ 和 $T \in \Sigma_j(x) - \Sigma_j$ 使得

$$\begin{aligned} & \text{当 } S \in \Sigma_i, \ 1 \leqslant i \leqslant j-1, && e(S, y) = \varepsilon^i(x) = e(S, x); \\ & \text{当 } S \in \Sigma_j, && e(S, y) = \varepsilon^j(x) = e(S, x); \\ & \text{当 } S \in \Sigma^{j-1} - \Sigma_j, && e(S, y) < \varepsilon^j(x) = e(T, x). \end{aligned}$$

基于此, $\theta(y) <_L \theta(x)$. 由于这与 $x = \eta(v)$ 矛盾, 因此可得 $\Sigma_j = \Sigma_j(x)$.

(3) 类似于 (3.20) 式, 有 $\Sigma^j = \Sigma^0 - B^j(x)$, $\forall 1 \leqslant j \leqslant \kappa$. 由 (3.10) 式和 (3.18) 式可得 $\kappa = \kappa(x)$. $\qquad\qquad\square$

第 4 章 凸博弈及其解

4.1 基 本 概 念

凸性是实值函数的一个重要性质. 给定函数 $f : X \to R$, 若

$$f(\alpha x + (1 - \alpha)y) \leqslant \alpha f(x) + (1 - \alpha)f(y), \quad \forall\, x, y \in X,\ \alpha \in [0,1], \qquad (4.1)$$

则称函数 f 在其定义域 X 上是凸的.

从几何学上看, 凸性条件 (4.1) 要求以 $(x, f(x))$ 和 $(y, f(y))$ 为端点的直线段位于函数 f 的图像上方.

从微分学上看, 定义在开区间 $I \subseteq R$ 上的二阶可导函数 $f : I \to R$ 是凸函数的充要条件为

它的一阶导数 f' 是非递减的 (即当 $x \geqslant y$ 时, $f'(x) \geqslant f'(y)$),

或

它的二阶导数 f'' 是非负的 (即 $f''(x) \geqslant 0, \forall\, x \in I$).

上述两种对于凸性的描述不仅具有数学上的美感, 也具有实际的应用价值. 事实上, 基于规模收益递增理论, 经济学中的许多数学模型都是用凸的生产函数来刻画的. 1971 年, Shapley [48] 首次提出了凸博弈的概念并通过几个等价条件来刻画博弈的凸性.

定义 4.1 令 N 为一个非空有限集, $F_N = \{w|\, w : 2^N \to R\}$. 给定 $T \subseteq N$, 相应的差分算子 $\Delta_T : F_N \to F_N$ 定义为

$$(\Delta_T w)(S) = w(S \cup T) - w(S \backslash T), \quad \forall\, w \in F_N,\ S \subseteq N.$$

定义 4.2 令 $v \in G^N$, 若其特征函数满足下述等价条件之一, 则称该博弈是凸的:

$$v(S \cup \{i\}) - v(S) \leqslant v(T \cup \{i\}) - v(T),\ \forall\, i \in N,\ S \subseteq T \subseteq N \backslash \{i\}; \qquad (4.2)$$

$$v(S) + v(T) \leqslant v(S \cup T) + v(S \cap T),\ \forall\, S,\ T \subseteq N; \qquad (4.3)$$

$$v(S \cup H) - v(S) \leqslant v(T \cup H) - v(T),\ \forall\, S,\ T,\ H \subseteq N,\ S \subseteq T \subseteq N \backslash H; \qquad (4.4)$$

$$(\Delta_S(\Delta_T v))(H) \geqslant 0,\ \forall\, S,\ T,\ H \subseteq N. \qquad (4.5)$$

证明 通过 $(4.2) \Rightarrow (4.3) \Rightarrow (4.4) \Rightarrow (4.5) \Rightarrow (4.2)$ 来证明上述各式间的等价性.

(1) 假设 (4.2) 式成立. 若 $S \subseteq T \subseteq N$, 则 (4.3) 式显然成立. 若 $S \backslash T \neq \varnothing$, 令 $H = S \cap T$, $S \backslash T = \{i_1, i_2, \cdots, i_k\}$, 其中 $k = |S \backslash T| \geqslant 1$. 记 $[i_0] = \varnothing$, $[i_j] = \{i_1, i_2, \cdots, i_j\}$, $\forall\, 1 \leqslant j \leqslant k$. 由 (4.2) 式可得

$$v(H \cup [i_j]) - v(H \cup [i_{j-1}]) \leqslant v(T \cup [i_j]) - v(T \cup [i_{j-1}]).$$

从而

$$
\begin{aligned}
v(S) - v(S \cap T) &= v(H \cup [i_k]) - v(H) \\
&= \sum_{j=1}^{k} \left(v(H \cup [i_j]) - v(H \cup [i_{j-1}]) \right) \\
&\leqslant \sum_{j=1}^{k} \left(v(T \cup [i_j]) - v(T \cup [i_{j-1}]) \right) \\
&= v(T \cup [i_k]) - v(T) \\
&= v(S \cup T) - v(T).
\end{aligned}
$$

因此, 当 $S \backslash T \neq \varnothing$ 时, (4.3) 式成立.

(2) 假设 (4.3) 式成立. 令 $H, S, T \subseteq N$ 满足 $S \subseteq T \subseteq N \backslash H$. 由 (4.3) 式可得

$$v(S \cup H) + v(T) \leqslant v(T \cup H) + v(S).$$

因此 (4.4) 式成立.

(3) 假设 (4.4) 式成立. 令 $H, S, T \subseteq N$. $(\Delta_S(\Delta_T v))(H) \geqslant 0$ 等价于

$$v(H \cup S \cup T) - v((H \cup S) \backslash T) \geqslant v((H \backslash S) \cup T) - v((H \backslash S) \backslash T).$$

由 (4.4) 式可知, 上述不等式成立, 即 (4.5) 式成立.

(4) 假设 (4.5) 式成立. 令 $i \in N$, $S \subseteq T \subseteq N \backslash \{i\}$. 由 (4.5) 式可知, $(\Delta_{T \backslash S}$ $(\Delta_{\{i\}} v))(S) \geqslant 0$ 等价于 $v(T \cup \{i\}) - v(T) \geqslant v(S \cup \{i\}) - v(S)$. 因此 (4.2) 式成立. $\qquad\square$

在上述定义中, 条件 (4.4) 表明, 任意给定联盟加入一个不相交的联盟的动机随着该联盟规模的增大而增加, 即所谓的 "滚雪球" 或 "从众" 效应. 在博弈论的背景下, 条件 (4.2) 更为直观, 它反映了关于单个参与者的 "滚雪球" 效应. 换句话说, 一个博弈是凸的当且仅当其特征函数关于联盟规模的边际价值是非递减的.

若上述各条件中的不等式取相反的符号, 则对应的博弈称为凹博弈. 第 8 章介绍的成本分配问题的成本博弈就是凹博弈, 而与之相对应的节约博弈是凸博弈.

　　基于 (4.2) 式, 一个博弈的凸性可以用有限个弱不等式的交集来刻画, 这些不等式就博弈中联盟的价值而言是线性的. 因此, 定义在 N 上的所有凸博弈的集合 C^N 是线性空间 G^N 上的一个多面体锥, 且是一个全维锥.

　　定理 4.1　　$\dim C^N = 2^n - 1$.

　　证明　　只需证明全体一致博弈的集合 $\{u_T \in G^N | \ T \subseteq N, \ T \neq \varnothing\}$ 构成了 C^N 的一组基.

　　首先, 给定 $T \subseteq N$, $T \neq \varnothing$, 相应的全体一致博弈 u_T 是凸博弈. 具体地, 对任意的 $i \in N$ 和 $S \subseteq N \backslash \{i\}$,

$$u_T(S \cup \{i\}) - u_T(S) = \begin{cases} 1, & i \in T, \ T \backslash \{i\} \subseteq S, \\ 0, & \text{其他.} \end{cases}$$

因此

$$u_T(S_1 \cup \{i\}) - u_T(S_1) \leqslant u_T(S_2 \cup \{i\}) - u_T(S_2), \ \forall \, i \in N, \ S_1 \subseteq S_2 \subseteq N \backslash \{i\}.$$

由此可见, n 人全体一致博弈 u_T 是凸的.

　　其次, 为了证明 $\{u_T \in G^N | \ T \subseteq N, \ T \neq \varnothing\}$ 构成了 C^N 的一组基, 只需证明它们是线性无关的. 假设存在实数 α_T, 使得 $\sum\limits_{\varnothing \neq T \subseteq N} \alpha_T u_T(S) = 0, \ \forall \, S \subseteq N$. 通过对 $|T|$ 进行递归来证明:

$$\alpha_T = 0, \quad \forall \, T \subseteq N, \quad T \neq \varnothing.$$

当 $|T| = 1$ 时, $u_H(T) = 1$ 等价于 $H = T$. 因此

$$0 = \sum_{\varnothing \neq H \subseteq N} \alpha_H u_H(T) = \alpha_T u_T(T) = \alpha_T.$$

令 $2 \leqslant |T| \leqslant n$, 假设 $\alpha_H = 0, \forall \, H \subseteq N, 1 \leqslant |H| < |T|$. 则对任意的 $H \subseteq N$ 且 $|H| \geqslant |T|$, $u_H(T) = 1$ 等价于 $H = T$. 因此

$$0 = \sum_{\varnothing \neq H \subseteq N} \alpha_H u_H(T) = \sum_{H: \ |H| \geqslant |T|} \alpha_H u_H(T) = \alpha_T u_T(T) = \alpha_T.$$

由此可见, 集合 $\{u_T \in G^N | \ T \subseteq N, \ T \neq \varnothing\}$ 中的全体一致博弈是线性无关的. 因此, 该集合构成了 G^N 和 C^N 的一组基. $\qquad \Box$

下面我们给出几个凸博弈的例子.

例 4.1 考虑一个涉及几个无地农场工人和一个或两个农场主的生产经济问题. 在这个经济模型中, 假设两个农场主是同一类型, 所有农场工人也都是同一类型且除了劳力外他们没有其他贡献. 农场主雇佣农场工人来种植土地, 如果一个农场主雇佣了 t 个农场工人, 将这 t 个农场工人种植土地所得的农作物的货币价值记为 $f(t) \in R$. 函数 $f : \{0, 1, \cdots, m\} \to R$ 称为生产函数, 其中 m 是农场工人的总数 $(m \geqslant 1)$. 生产函数 f 需满足以下两个条件:

(1) 农场主本人不生产任何东西, 即 $f(0) = 0$;

(2) f 是一个非递减函数, 即 $f(t+1) \geqslant f(t)$, $\forall t \in \{0, 1, \cdots, m-1\}$.

若函数的边际回报 $f(t+1) - f(t)$, $\forall 0 \leqslant t \leqslant m-1$ 形成一个递增序列, 即对任意的 $1 \leqslant t \leqslant m-1$, 有 $f(t+1) - f(t) > f(t) - f(t-1)$, 则称生产函数 f 是严格凸的. 考虑只包含一个农场主的经济情形, 我们将农场主记为参与者 1, 农场工人记为参与者 $2, \cdots, m+1$, 则在对应的 $m+1$ 人博弈 (N, v) 中, 参与者集合 $N = \{1, 2, \cdots, m+1\}$, 特征函数 v 定义为

$$v(S) = \begin{cases} 0, & 1 \notin S, \\ f(s-1), & 1 \in S. \end{cases}$$

接下来, 我们验证当生产函数 f 严格凸时, 对应的博弈 (N, v) 是凸博弈. 令 $i \in N$, $S, T \subseteq N$ 使得 $S \subseteq T \subseteq N \setminus \{i\}$. 显然, 当 $1 \notin T$, $i \neq 1$ 时, (4.2) 式中的等式成立, (4.2) 式可简化为

若 $i = 1$,	则 $f(s) \leqslant f(t)$;
若 $1 \in T \setminus S$,	则 $f(t-1) \leqslant f(t)$;
若 $1 \in S$,	则 $f(s) - f(s-1) \leqslant f(t) - f(t-1)$.

由于生产函数 f 是非递减的, 因此前两个不等式成立. 最后一个不等式的成立是基于 f 的严格凸性. 综上, (4.2) 式成立. 因此, 当生产函数 f 严格凸时, 博弈 (N, v) 是凸博弈.

对于涉及两个农场主以及一个严格凸的生产函数的经济情形, 我们将农场主记为参与者 1 和 2, 农场工人记为参与者 $3, \cdots, m+2$, 则在对应的 $m+2$ 人博弈 (M, w) 中, 参与者集合 $M = \{1, 2, \cdots, m+2\}$, 特征函数 w 定义为

$$w(S) = \begin{cases} 0, & S \subseteq \{3, 4, \cdots, m+2\}, \\ f(s-1), & S \subseteq \Gamma_{12} \cup \Gamma_{21}, \\ \max\{f(r) + f(t) \mid r \geqslant 0, t \geqslant 0, r+t = s-2\}, & \{1, 2\} \subseteq S. \end{cases}$$

由于生产函数是严格凸的, 所以当 $\{1,2\} \subseteq S \subseteq N$ 时, $w(S) = f(s-2)$. 博弈 (M, w) 的凸性条件要求

$$w(M\backslash\{2\}) - w(M\backslash\{1,2\}) \leqslant w(M) - w(M\backslash\{1\}).$$

该不等式等价于 $f(m) \leqslant 0$. 由生产函数的非负性可得, 虽然生产函数 f 是严格凸的, 但当 $m \geqslant 2$ 时, 博弈 (M, w) 不是凸的.

例 4.2　破产问题 (N, E, d) 对应的破产博弈 $(N, v_{E,d})$ 也是凸的. 令 $w = v_{E,d}$, $\alpha = E - d(N)$. 基于 (1.3) 式, 特征函数 w 定义为

$$w(S) = \max\{0, \alpha + d(S)\}, \quad \forall S \subseteq N,$$

其中, $d(S) = \sum\limits_{i \in S} d_i$, $\forall S \subseteq N$. 令 $i \in N$, S, $T \subseteq N$ 满足 $S \subseteq T \subseteq N\backslash\{i\}$. 注意到对任意的 β, $\gamma \in R$,

$$\max\{0, \beta\} + \max\{0, \gamma\} = \max\{0, \beta, \gamma, \beta + \gamma\}.$$

由此可推出

$$\begin{aligned}
w(S \cup \{i\}) + w(T) &= \max\{0, \alpha + d_i + d(S)\} + \max\{0, \alpha + d(T)\} \\
&= \max\{0, \alpha + d_i + d(S), \alpha + d(T), 2\alpha + d_i + d(S) + d(T)\}.
\end{aligned}$$

同理可得

$$w(T \cup \{i\}) + w(S) = \max\{0, \alpha + d_i + d(T), \alpha + d(S), 2\alpha + d_i + d(S) + d(T)\}.$$

此外, 由于 $S \subseteq T$, 且对任意的 $j \in N$, 都有 $d_j \geqslant 0$, 因此 $d_i \geqslant 0$ 且 $d(S) \leqslant d(T)$. 从而, $w(S \cup \{i\}) + w(T) \leqslant w(T \cup \{i\}) + w(S)$, 即满足凸性条件 (4.2). 因此, 破产博弈 $(N, v_{E,d})$ 是凸的.

例 4.3　机场成本分配问题中, 成本博弈 (N, c) 的特征函数 c 定义为

$$c(S) = \begin{cases} \max\{c_j | 1 \leqslant j \leqslant m, S \cap N_j \neq \varnothing\}, & S \subseteq N, \ S \neq \varnothing, \\ 0, & S = \varnothing, \end{cases}$$

其中, $0 = c_0 < c_1 < c_2 < \cdots < c_m$. 显然, 当 $S \subseteq T \subseteq N$ 时, $c(S) \leqslant c(T)$. 事实上, 由于特征函数 c 满足

$$c(S) + c(T) \geqslant c(S \cup T) + c(S \cap T), \quad \forall S, T \subseteq N, \tag{4.6}$$

因此 c 是凹函数. 具体来说, 当 $S = \varnothing$ 或 $T = \varnothing$ 时, 上式中等号成立. 当 $S \neq \varnothing$ 且 $T \neq \varnothing$ 时, 令 $1 \leqslant j \leqslant m$ 满足 $(S \cup T) \cap N_j \neq \varnothing$ 且 $c(S \cup T) = c_j$. 不失一般性, 假设 $S \cap N_j \neq \varnothing$ (否则 $T \cap N_j \neq \varnothing$), 因此 $c(S) \geqslant c_j$. 这表明

$$c(S) + c(T) \geqslant c_j + c(T) \geqslant c_j + c(S \cap T) = c(S \cup T) + c(S \cap T).$$

因此, (4.6) 式成立. 考虑与 (N, c) 相应的节约博弈 (N, v), 其中特征函数 v 满足

$$v(S) = \sum_{j \in S} c(\{j\}) - c(S), \quad \forall S \subseteq N.$$

基于 (4.6) 式和 (4.2) 式, 成本函数 c 的凹性等价于相应的节约函数 v 的凸性. 换句话说, 机场成本博弈 (N, c) 对应的节约博弈 (N, v) 是凸的.

4.2 凸博弈的核心

本节通过边际价值向量来描述核心的结构, 证明凸博弈的核心非空. 首先给出两个凸博弈的例子来说明相应核心的结构.

例 4.4 考虑一个三人博弈 v, 其中 $N = \{1, 2, 3\}$ 且特征函数为

$$v(\{1, 2\}) = 4, \quad v(\{1, 3\}) = 6, \quad v(\{2, 3\}) = 12,$$

$$v(N) = 22, \quad v(\{i\}) = 0, \quad \forall\, i \in N.$$

该博弈也可解释为 (1.3) 式定义的破产博弈, 在相应的破产问题中总资产 $E = 22$, 索求分别为 $d_1 = 10$, $d_2 = 16$, $d_3 = 18$. 令 $b_i^v = v(N) - v(N \setminus \{i\})$, $\forall\, i \in N$. 根据核心的定义可得

$$C(v) = \{x \in R_+^3 \mid x_1 + x_2 + x_3 = 22,\ x_1 \leqslant b_1^v,\ x_2 \leqslant b_2^v,\ x_3 \leqslant b_3^v\}$$

$$= \text{conv}\,\{(10, 0, 12),\ (10, 12, 0),\ (6, 16, 0),\ (0, 16, 6),\ (0, 4, 18),\ (4, 0, 18)\}.$$

博弈 v 的核心如图 4.1 所示, 可以看到核心是分配集中的一个六边形, 核心 $C(v)$ 的六个顶点是博弈 v 的边际价值向量. 边际价值向量的每个分量表示博弈中相应参与者对某个特定联盟的边际贡献. 例如, 边际价值向量 $(10, 0, 12)$ 由以下边际贡献得到:

参与者 1 关于联盟 $\{2, 3\}$ 的边际贡献 $v(\{1, 2, 3\}) - v(\{2, 3\})$;

参与者 2 关于 $\varnothing$ 的边际贡献 $v(\{2\}) - v(\varnothing)$;

参与者 3 关于联盟 $\{2\}$ 的边际贡献 $v(\{2, 3\}) - v(\{2\})$.

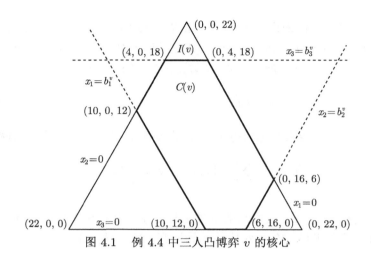

图 4.1   例 4.4 中三人凸博弈 v 的核心

与这三个边际贡献对应的参与者集的置换为 $(2\ 3\ 1)$. 事实上, 核心的任意一个顶点都只与参与者集的一个置换有关.

例 4.5   考虑一个三人博弈 v, 其中 $N = \{1, 2, 3\}$ 且特征函数为

$$v(\{1, 2\}) = v(\{1, 3\}) = 1, \quad v(\{2, 3\}) = 0, \quad v(N) = 3, \quad v(\{i\}) = 0, \quad \forall\, i \in N.$$

该博弈等价于例 4.1 中当生产函数 $f : \{0, 1, 2\} \to R$ 定义为 $f(0) = 0$, $f(1) = 1$, $f(2) = 3$ 时的博弈. 因此, 该博弈描述了由两个农场工人和一个农场主以及上述生产函数构成的生产经济问题. 由于生产函数 f 是严格凸的, 因此博弈 v 是凸的. 博弈 v 也可由破产问题生成, 其中总资产 $E = 3$, 索求分别为 $d_1 \geqslant 3$, $d_2 = d_3 = 2$. 该博弈的核心为

$$C(v) = \{x \in R_+^3 \mid x_1 + x_2 + x_3 = 3,\ x_1 \leqslant b_1^v,\ x_2 \leqslant b_2^v,\ x_3 \leqslant b_3^v\}$$

$$= \operatorname{conv}\{(3, 0, 0),\ (1, 2, 0),\ (0, 2, 1),\ (0, 1, 2),\ (1, 0, 2)\}.$$

博弈 v 的核心如图 4.2 所示, 可以看到核心只有五个顶点而不是六个, 这是因为边际价值向量 $(3, 0, 0)$ 对应的置换有两个, 即 $(2\ 3\ 1)$ 和 $(3\ 2\ 1)$, 如表 4.1 所示. 此时称核心的顶点 $(3, 0, 0)$ 是 2 重的.

在上述例子中, 每个凸博弈的核心都是由边际价值向量的集合构成的凸包. 这些边际价值向量的分量代表对应的参与者关于参与者集上的置换的特定边际贡献. 现在我们来定义边际价值向量.

定义 4.3   令 $v \in G^N$ 且 $\theta \in \Theta^N$, v 中关于置换 θ 的边际价值向量 $x^\theta(v) \in R^n$ 为

$$x_i^\theta(v) = v(P_i^\theta \cup \{i\}) - v(P_i^\theta), \quad \forall\, i \in N, \tag{4.7}$$

其中 $P_i^\theta = \{j \in N \mid \theta(j) < \theta(i)\}$.

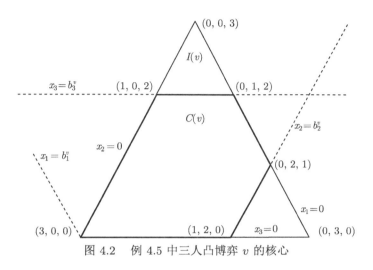

图 4.2 例 4.5 中三人凸博弈 v 的核心

表 4.1 参与者 i 在置换 θ 下的边际贡献

排序 θ	$i=1,\ x_1=3$	$i=2,\ x_2=0$	$i=3,\ x_3=0$
$(2\ 3\ 1)$	$v(\{1,2,3\}) - v(\{2,3\})$	$v(\{2\}) - v(\varnothing)$	$v(\{2,3\}) - v(\{2\})$
$(3\ 2\ 1)$	$v(\{1,2,3\}) - v(\{2,3\})$	$v(\{2,3\}) - v(\{3\})$	$v(\{3\}) - v(\varnothing)$

这里 P_i^θ 由置换 θ 中排在 i 前的参与者组成. 因此, 边际价值向量 $x^\theta(v)$ 的第 i 个分量 $x_i^\theta(v)$ 表示 i 对在置换 θ 中排在 i 前的参与者组成的联盟的边际贡献. 根据下述命题中的 (1) 和 (2) 可知, n 人博弈的任何边际价值向量都是一个有效支付向量, 且满足博弈核心的至少 n 个联盟约束. 另外, (3) 表明边际价值向量不是在核心外就是核心的一个顶点. 一般地, 边际价值向量不包含在博弈的核心中, 如下述例 4.6.

命题 4.1 令 $v \in G^N$ 且 $\theta \in \Theta^N$,

(1) 若 $i \in N$ 且 $S = \{\theta^{-1}(j) \mid 1 \leqslant j \leqslant i\}$, 则 $\sum\limits_{j \in S} x_j^\theta(v) = v(S)$;

(2) $x^\theta(v) \in I^*(v)$;

(3) 若 $x^\theta(v) \in C(v)$, 则 $x^\theta(v) \in \operatorname{ext} C(v)$, 其中 $\operatorname{ext} C(v)$ 指核心 $C(v)$ 的外部.

证明 令 $S_0 = \varnothing$, $S_i = \{\theta^{-1}(j) \mid 1 \leqslant j \leqslant i\}$, $\forall i \in N$. 由 (4.7) 式可得

$$P_{\theta^{-1}(i)}^\theta = \{j \in N \mid \theta(j) < i\} = S_{i-1},$$

$$x_{\theta^{-1}(i)}^\theta(v) = v(S_{i-1} \cup \{\theta^{-1}(i)\}) - v(S_{i-1}) = v(S_i) - v(S_{i-1}).$$

因此

$$\sum_{j\in S_i} x_j^\theta(v) = \sum_{j=1}^{i} x_{\theta^{-1}(j)}^\theta(v) = \sum_{j=1}^{i}(v(S_j) - v(S_{j-1})) = v(S_i) - v(S_0) = v(S_i), \ \forall\, i\in N.$$

综上所述, (1) 成立. 由于 $S_n = N$, (2) 可由 (1) 直接求得.

给定 $S \subseteq N$, 令 $e^S \in R^n$ 满足

$$e_i^S = \begin{cases} 1, & i \in S, \\ 0, & i \in N\backslash S. \end{cases}$$

假设 $x^\theta(v) \in C(v)$, 由 (1) 知, 当联盟是 S_i, $i \in N$ 的形式时, 核心的联盟限制是一个等式. 进一步结合 $\{e^{S_i} \in R^n | \ i \in N\}$ 中向量的线性无关性可知, 当 $x^\theta(v) \in C(v)$ 时, $x^\theta(v) \in \text{ext}\, C(v)$. 所以 (3) 成立. $\square$

例 4.6 考虑如下的三人博弈 v,

$$v(\{i\}) = 0, \quad \forall i \in N, \quad v(N) = 18, \quad v(\{1,2\}) = v(\{1,3\}) = 9, \quad v(\{2,3\}) = 15.$$

由于 $v(\{1,2\}) - v(\{2\}) > v(\{1,2,3\}) - v(\{2,3\})$, 因此 v 不是凸的. 博弈 v 的边际价值向量如下:

$$(3,0,15), \quad (9,0,9), \quad (9,9,0), \quad (3,15,0) \quad \text{和} \quad (0,9,9),$$

其中最后一个边际价值向量和参与者集的两个置换对应, 且它是五个向量中唯一一个属于博弈 v 的核心的. 边际价值向量相对于核心的几何位置如图 4.3 所示. 观察可知, 核心包含于由这五个边际价值向量生成的最小凸集中.

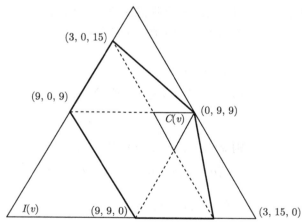

图 4.3 例 4.6 的三人 1-凸博弈 v 中五个边际价值向量相对于核心 $C(v)$ 的几何位置

在 n 人博弈 v 中, 所有 $n!$ 个边际价值向量的集合的凸包记为 $W(v)$, 即

$$W(v) = \mathrm{conv}\left\{ x^\theta(v) \,\middle|\, \theta \in \Theta^N \right\}. \tag{4.8}$$

尽管一般情况下边际价值向量与核心的关系并不密切, 但集合 $W(v)$ 可以看作核心的一个 "捕捉器". 1988 年, Weber [41] 证明了这一结论.

定理 4.2 令 $v \in G^N$, $C(v) \subseteq \mathrm{conv}\left\{ x^\theta(v) \,\middle|\, \theta \in \Theta^N \right\}$.

正如之前所述, 边际价值向量可能落在核心之外, 然而在例 4.4 和例 4.5 中博弈的边际价值向量都与核心的顶点重合, 这与博弈的凸性有关. 事实上, n 人博弈是凸博弈的一个充要条件是所有 $n!$ 个边际价值向量都属于该博弈的核心. 换句话说, 博弈 v 是凸的当且仅当 $W(v)$ 与 $C(v)$ 相等, 也可表述为: 一个博弈是凸的当且仅当该博弈核心的顶点恰好是边际价值向量.

定理 4.3 以下四个命题是等价的:

(1) $v \in G^N$ 是一个凸博弈;

(2) $x^\theta(v) \in C(v)$, $\forall\, \theta \in \Theta^N$;

(3) $C(v) = \mathrm{conv}\left\{ x^\theta(v) \,\middle|\, \theta \in \Theta^N \right\}$;

(4) $\mathrm{ext}\, C(v) = \left\{ x^\theta(v) \,\middle|\, \theta \in \Theta^N \right\}$.

1971 年, Shapley [48] 证明了定理中的 $(1) \Rightarrow (2)$ 和 $(1) \Rightarrow (4)$, 1981 年 Ichiishi [49] 证明了 $(2) \Rightarrow (1)$. 接下来通过 $(2) \Rightarrow (3) \Rightarrow (4) \Rightarrow (2)$ 以及 $(1) \Leftrightarrow (2)$ 来证明上述定理, 其中 $(1) \Rightarrow (2), (2) \Rightarrow (1)$ 的证明来自 Ichiishi [49].

证明 $(1) \Leftrightarrow (2)$ 的证明.

假设 (1) 成立. 令 $\theta \in \Theta^N$, 由命题 4.1 可得, $x^\theta(v) \in I^*(v)$. 接下来通过验证博弈 v 的核心约束来证明 $x^\theta(v) \in C(v)$. 令 $S \subseteq N, S \neq \varnothing$, 记 $S = \{i_1, i_2, \cdots, i_s\}$ 使得 $\theta(i_1) < \theta(i_2) < \cdots < \theta(i_s)$, $[i_0] = \varnothing$ 且 $[i_j] = \{i_1, i_2, \cdots, i_j\}$, $\forall\, 1 \leqslant j \leqslant s$. 因此, $[i_{j-1}] \subseteq P^\theta_{i_j}$, $\forall\, 1 \leqslant j \leqslant s$. 由凸性条件 (4.2) 可以推出

$$v(P^\theta_{i_j} \cup \{i_j\}) - v(P^\theta_{i_j}) \geqslant v([i_j]) - v([i_{j-1}]), \quad \forall\, 1 \leqslant j \leqslant s.$$

因此

$$\begin{aligned}
\sum_{j \in S} x^\theta_j(v) &= \sum_{j=1}^{s} x^\theta_{i_j}(v) \\
&= \sum_{j=1}^{s} \left(v(P^\theta_{i_j} \cup \{i_j\}) - v(P^\theta_{i_j}) \right) \\
&\geqslant \sum_{j=1}^{s} \left(v([i_j]) - v([i_{j-1}]) \right) \\
&= v([i_s]) - v([i_0]) = v(S),
\end{aligned}$$

所以 $x^\theta(v) \in C(v)$. 综上, (1) 能推出 (2).

假设 (2) 成立. 接下来只需证明凸性条件 (4.2) 成立. 令 $i \in N$, $S \subseteq T \subseteq N\backslash\{i\}$, 则 $0 \leqslant s \leqslant t \leqslant n-1$. 记 $S = \{i_1, i_2, \cdots, i_s\}$, $T\backslash S = \{i_{s+1}, i_{s+2}, \cdots, i_t\}$, 且 $N\backslash T = \{i_{t+1}, i_{t+2}, \cdots, i_n\}$, 其中 $i_{t+1} = i$. 令 $[i_0] = \varnothing$, $[i_j] = \{i_1, i_2, \cdots, i_j\}$, $\forall\, 1 \leqslant j \leqslant n$. 令 $\theta \in \Theta^N$ 满足 $\theta(i_j) = j$, $\forall\, j \in N$. 由 (4.7) 式可知

$$P_{i_j}^\theta = [i_{j-1}], \quad x_{i_j}^\theta(v) = v([i_j]) - v([i_{j-1}]), \quad \forall\, 1 \leqslant j \leqslant n.$$

从而

$$x_{i_{t+1}}^\theta(v) = v(T \cup \{i_{t+1}\}) - v(T),$$

$$\sum_{j \in S} x_j^\theta(v) = \sum_{j=1}^s x_{i_j}^\theta(v) = v([i_s]) - v([i_0]) = v(S),$$

且由 $x^\theta(v) \in C(v)$ 可得, $\displaystyle\sum_{j \in S \cup \{i\}} x_j^\theta(v) \geqslant v(S \cup \{i\})$. 因此, $v(S \cup \{i\}) - v(S) \leqslant x_i^\theta(v) = v(T \cup \{i\}) - v(T)$, 凸性条件 (4.2) 成立. 综上, (2) 能推出 (1).

接下来证明 (4) $\Rightarrow$ (2) $\Rightarrow$ (3) $\Rightarrow$ (4). (4) $\Rightarrow$ (2) 显然成立.

假设 (2) 成立. 由于核心是一个凸集, 故 $\mathrm{conv}\left\{x^\theta(v) \,\middle|\, \theta \in \Theta^N\right\} \subseteq C(v)$. 由 (4.8) 式和定理 4.2 得, $W(v) \subseteq C(v) \subseteq W(v)$, 从而 $C(v) = W(v)$. 综上, (2) 能推出 (3).

假设 (3) 成立. 令 $Y = \{x^\theta(v) \,|\, \theta \in \Theta^N\}$, 由 (3) 可知, $Y \subseteq \mathrm{conv}\, Y = C(v)$. 根据 $Y \subseteq C(v)$ 和命题 4.1 (3) 可推出, $Y \subseteq \mathrm{ext}\, C(v)$. 现只需证明 $\mathrm{ext}\, C(v) \subseteq Y$. 令 $x \in \mathrm{ext}\, C(v)$, 则 $x \in C(v) = \mathrm{conv}\, Y$ 且 $x = \displaystyle\sum_{\theta \in \Theta^N} \alpha_\theta x^\theta(v)$, 其中对任意 的 $\theta \in \Theta^N$, 有 $\alpha_\theta \geqslant 0$, $\displaystyle\sum_{\theta \in \Theta^N} \alpha_\theta = 1$. 此外, 由于 $Y \subseteq C(v)$, 所以 $x^\theta(v) \in C(v)$, $\forall\, \theta \in \Theta^N$. 由 $x \in \mathrm{ext}\, C(v)$ 可推出

$$x = x^\theta(v), \quad \forall \theta \in \Theta^N,\ \alpha_\theta \neq 0.$$

因此, 当 $x \in \mathrm{ext}\, C(v)$ 时, $x \in Y$. 从而 $\mathrm{ext}\, C(v) \subseteq Y$, 所以 $Y = \mathrm{ext}\, C(v)$. 综上, (3) 能推出 (4). □

图 4.3 说明了一个非凸博弈的核心可能有在博弈分配集内部的顶点, 而 n 人 凸博弈 v 的核心的顶点都不在分配集的内部. 事实上, 当 $\theta \in \Theta^N$, $i \in N$ 满 足 $\theta(i) = 1$ 时, $x_i^\theta(v) = v(\{i\})$. 因此, 所有 $n!$ 个边际价值向量都是分配集的边界 点. 图 4.4 给出了一个三人凸博弈的核心顶点相对于分配集的几何位置.

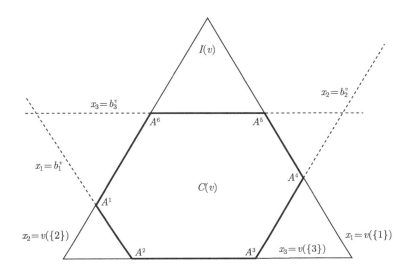

$$A^1 = (b_1^v, v(\{2\}), v(\{2,3\}) - v(\{2\})), \theta = (2\ 3\ 1)$$

$$A^2 = (b_1^v, v(\{2,3\}) - v(\{3\}), v(\{3\})), \theta = (3\ 2\ 1)$$

$$A^3 = (v(\{1,3\}) - v(\{3\}), b_2^v, v(\{3\})), \theta = (3\ 1\ 2)$$

$$A^4 = (v(\{1\}), b_2^v, v(\{1,3\}) - v(\{1\})), \theta = (1\ 3\ 2)$$

$$A^5 = (v(\{1\}), v(\{1,2\}) - v(\{1\}), b_3^v), \theta = (1\ 2\ 3)$$

$$A^6 = (v(\{1,2\}) - v(\{2\}), v(\{2\}), b_3^v), \theta = (2\ 1\ 3)$$

图 4.4 三人凸博弈 v 中边际价值向量 A^i, $1 \leqslant i \leqslant 6$ 相对于分配集 $I(v)$ 的几何位置

  显然, 当所有的边际价值向量重合时, 凸博弈的核心退化为一个单点. 例如, 考虑定义在 N 上的只有一个否决参与者 i 的全体一致博弈 $u_{\{i\}}$:

$$u_{\{i\}}(S) = \begin{cases} 1, & i \in S, \\ 0, & i \in N \backslash S. \end{cases}$$

从 (4.7) 式能够直接推出全体一致博弈 $u_{\{i\}}$ 的所有边际价值向量与第 i 个单位向量 $e^i \in R^n$ 相等. 由定理 4.3, $C(u_{\{i\}}) = \{e^i\}$ 且 $I(u_{\{i\}}) = \{e^i\}$. 对于简单博弈来说, 任何边际价值向量都是一个分量等于 0 或者 1 的有效支付向量. 基于上述事实, 在 n 人简单博弈中, $n!$ 个边际价值向量组成的集合包含在 R^n 上的 n 个单位向量组成的集合中. 特别地, 令 $T \subseteq N$, $T \neq \varnothing$, 全体一致博弈 u_T 的边际价值向量满足

$$x^\theta(u_T) = e^i \quad \text{当且仅当 } i \in T \text{ 且 } \theta(i) = \max\{\theta(j) \mid j \in T\}.$$

因此

$$C(u_T) = \operatorname{conv}\left\{e^i \mid i \in T\right\}, \quad \forall\, T \subseteq N,\, T \neq \varnothing.$$

在全体一致博弈 u_T 的核心中, 任意顶点 $e^i\ (i \in T)$ 的重数等于 $|T|^{-1}n!$.

4.3   凸博弈的 Shapley 值

任意博弈的 Shapley 值都可由 (3.1) 式直接算出. 例 4.4, 例 4.5 和例 4.6 中三个博弈的 Shapley 值分别为 (5,8,9), 1/6(8,5,5) 和 (4,7,7). 此外, 例 4.6 中博弈的 Shapley 值位于核心外, 而其他两个博弈的 Shapley 值与其核心的顶点所确定的重心重合. 在例 4.4 和例 4.5 中, Shapley 值在核心中, 是因为相应的博弈是凸的. 为了得到凸博弈中 Shapley 值的一般性结论, 我们先介绍 Shapley [30] 提出的 Shapley 值的另一个表达式.

命题 4.2   令 $v \in G^N$, 其 Shapley 值可表示为

$$\operatorname{Sh}_i(v) = (n!)^{-1} \sum_{\theta \in \Theta^N} \left(v(P_i^\theta \cup \{i\}) - v(P_i^\theta)\right), \quad \forall\, i \in N, \tag{4.9}$$

或

$$\operatorname{Sh}(v) = (n!)^{-1} \sum_{\theta \in \Theta^N} x^\theta(v). \tag{4.10}$$

证明   令 $v \in G^N$ 且 $i \in N$, $v(P_i^\theta \cup \{i\}) - v(P_i^\theta)$, $\theta \in \Theta^N$ 都是形如 $v(T \cup \{i\}) - v(T)$, $T \subseteq N \setminus \{i\}$ 的式子. 因此, 对任意的 $T \subseteq N \setminus \{i\}$, 首先确定使得 $P_i^\theta = T$ 的置换的个数. $P_i^\theta = T$ 的充要条件是置换 θ 满足以下条件:

$$\theta(i) = |T| + 1,$$

$$\theta(j) \leqslant |T|, \quad \forall\, j \in T,$$

$$\theta(j) \geqslant |T| + 2, \quad \forall\, j \notin T \cup \{i\}.$$

由此可得, 满足 $P_i^\theta = T$ 的置换 θ 的个数为 $|T|!(n - |T| - 1)!$. 因此, (4.9) 式等于 (3.1) 式. $\square$

定理 4.4   凸博弈 $v \in C^N$ 的 Shapley 值 $\operatorname{Sh}(v)$ 是该博弈核心顶点的重心, 这里将核心顶点的多重性考虑在内. 特别地, $\operatorname{Sh}(v) \in C(v)$.

上述定理可由定理 4.3 和 (4.10) 式直接推出. 由此可见, 当博弈的 Shapley 值不包含在核心中时, 该博弈就不是凸的.

4.4 凸博弈的稳定集

稳定集是通过一个内部稳定性条件和一个外部稳定性条件来定义的. 根据定理 2.1, 由于核心的元素不能被任何分配占优, 从而核心是内部稳定的. 博弈 $v \in G^N$ 的核心 $C(v)$ 的外部稳定性条件为

对任意的 $y \in I(v)\backslash C(v)$, 存在 $x \in C(v)$, $T \subseteq N$, $T \neq \varnothing$, 使得 x 可以通过联盟 T 占优 y, 即

$$x_i > y_i, \ \forall \, i \in T, \quad 且 \quad x(T) = v(T). \tag{4.11}$$

我们首先通过图 4.4 和图 4.5 所展示的核心结构, 研究三人凸博弈核心的外部稳定性.

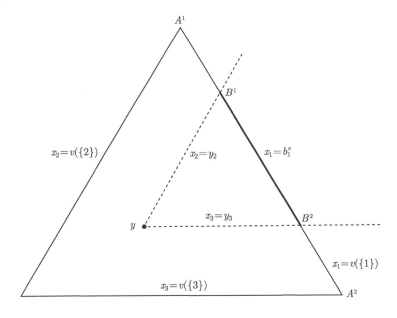

$A^1 = (b_1^v, \, v(\{2\}), \, v(\{2,3\}) - v(\{2\}))$, $\theta = (2\ 3\ 1)$

$A^2 = (b_1^v, \, v(\{2,3\}) - v(\{3\}), \, v(\{3\}))$, $\theta = (3\ 2\ 1)$

$B^1 = (b_1^v, \, y_2, \, v(\{2,3\}) - y_2)$, $B^2 = (b_1^v, \, v(\{2,3\}) - y_3, \, y_3)$

$A^1 \in C(v)$, $A^2 \in C(v)$, $y \in I(v)$ 使得 $y_1 > b_1^v$

图 4.5 图 4.4 的一个详细形式

例 4.7 考虑一个三人凸博弈 v, 则

$$C(v) = \{x \in I(v) | \ x_i \leqslant b_i^v, \ \forall \, i \in N\},$$

$$I(v)\backslash C(v) = \bigcup_{i \in N} \{y \in I(v) | \ y_i > b_i^v\}.$$

令 $y \in I(v) \backslash C(v)$, 有 $y \in I(v)$ 满足 $y_1 > b_1^v$. 将点 B^1, $B^2 \in R^3$ 定义为

$$B^1 = (b_1^v, \ y_2, \ v(\{2,3\}) - y_2),$$

$$B^2 = (b_1^v, \ v(\{2,3\}) - y_3, \ y_3).$$

从图 4.4 和图 4.5 可以推断出, 以 B^1 和 B^2 为端点的直线段包含在凸博弈 v 的核心中. 对直线段上满足 $x \neq B^1$ 且 $x \neq B^2$ 的任意核心元素 x, 可得

$$x_2 > y_2, \quad x_3 > y_3, \quad x(\{2,3\}) = v(N) - x_1 = v(N) - b_1^v = v(\{2,3\}),$$

从而有 $x \in C(v)$ 通过联盟 $\{2,3\}$ 占优 y. 因此, 若 $y \in I(v)$ 满足 $y_1 > b_1^v$, 则 (4.11) 式成立. 同理可得, 对于 $y_2 > b_2^v$ 和 $y_3 > b_3^v$ 的情形, 上述结论也成立. 综上所述, 三人凸博弈的核心是外部稳定的.

　　Shapley [48] 明确利用凸性条件 (4.3) 得到凸博弈的核心是一个稳定集. 因此, 核心是凸博弈的唯一稳定集.

　　定理 4.5　凸博弈 v 的核心 $C(v)$ 是该博弈唯一的稳定集.

　　证明　根据推论 2.1, 只需证明凸博弈的核心是一个稳定集, 即如果博弈是凸的, 那么此博弈核心的外部稳定性条件 (4.11) 成立. 令 $v \in G^N$, $y \in I(v) \backslash C(v)$. 实数 α 定义为

$$\alpha = \max\{|S|^{-1}(v(S) - y(S))| \ S \subseteq N, \ S \neq \varnothing\}.$$

令 T 是达到最大值 α 的任意非空联盟. 由于 $y \in I(v) \backslash C(v)$, 所以 $\alpha > 0$. 进一步, $T \neq \varnothing$, $T \neq N$, 使得 $v(T) - y(T) = |T|\alpha$. 令 $\theta \in \Theta^N$, 使得 $T = \{\theta^{-1}(k)| \ 1 \leqslant k \leqslant |T|\}$. 根据命题 4.1 (1) 可知, 边际价值向量 $x^\theta \in I^*(v)$　满足 $\sum\limits_{j \in T} x_j^\theta(v) = v(T)$. 令 $x \in R^n$ 为

$$x_i = \begin{cases} y_i + \alpha, & i \in T, \\ x_i^\theta(v), & i \in N \backslash T. \end{cases}$$

由于 $\alpha > 0$, 因此 $x_i > y_i$, $\forall i \in T$, 且 $x(T) = y(T) + |T|\alpha = v(T)$. 此外, 由于

$$x(N) = \sum_{j \in N \backslash T} x_j^\theta(v) + x(T)$$

$$= v(N) - \sum_{j \in T} x_j^\theta(v) + x(T)$$

$$= v(N) - v(T) + x(T)$$

$$= v(N),$$

可推出 $x \in I^*(v)$. 下证 v 的凸性意味着 $x \in C(v)$. 假设 $v \in C^N$, 则由定理 4.3 (1) 和 (2) 可得, $x^\theta(v) \in C(v)$. 由此, $x(S) \geqslant v(S)$, $\forall\, S \subseteq N$. 当 $S \cap T = \varnothing$ 时, 由于 $x^\theta(v) \in C(v)$, 则有 $x(S) = \sum\limits_{j \in S} x_j^\theta(v) \geqslant v(S)$. 对于 $S \cap T \neq \varnothing$ 的情形, 根据实数 α 的定义和 $x^\theta(v) \in C(v)$ 可知

$$x(S \cap T) = y(S \cap T) + |S \cap T|\alpha \geqslant v(S \cap T),$$

$$\sum_{j \in S \setminus T} x_j^\theta(v) = \sum_{j \in S \cup T} x_j^\theta(v) - v(T) \geqslant v(S \cup T) - v(T).$$

将上述不等式相加可得

$$x(S) \geqslant v(S \cap T) + v(S \cup T) - v(T).$$

结合凸性条件 (4.3), 可推出 $x(S) \geqslant v(S)$. 进而 $x \in C(v)$. 因此, 存在一个联盟 $T \subseteq N$, $T \neq \varnothing$, 以及支付向量 $x \in R^n$ 使得 $x \in C(v)$, $x_i > y_i$, $\forall\, i \in T$, 且 $x(T) = v(T)$. 故而, (4.11) 式成立. $\qquad\square$

4.5 凸博弈的谈判集

首先我们研究三人凸博弈的谈判集与核心间的关系. 在 2.4 节中提到: 由于核心中的元素总是没有异议的, 因此核心总是包含于谈判集中. 事实上, 从下述例子中可得, 三人凸博弈的核心与谈判集一致.

例 4.8 考虑一个三人凸博弈 v. 其核心 $C(v)$ 为

$$C(v) = \{y \in I(v) \mid y_i \leqslant b_i^v, \ \forall\, i \in N\}.$$

令 $x \in I(v) \setminus C(v)$, $x_1 > b_1^v$. 由 (1.3) 式和 $x \in I^*(v)$ 可知

$$e(\{2,3\}, x) = v(\{2,3\}) - x(\{2,3\}) = v(\{2,3\}) - v(N) + x_1 = x_1 - b_1^v > 0.$$

因此, 参与者 2 可以通过联盟 $\{2,3\}$ 对参与者 1 关于分配 x 提出异议. 然而, 根据 $x_1 > b_1^v$, $x \in I(v)$ 和 (4.2) 式可得

$$e(\{1\}, x) = v(\{1\}) - x_1 < v(\{1\}) - b_1^v \leqslant 0,$$

$$e(\{1,3\}, x) = v(\{1,3\}) - x(\{1,3\}) < v(\{1,3\}) - v(\{3\}) - b_1^v \leqslant 0.$$

由此可知, 上述异议没有反异议. 所以, 当 $x \in I(v)$ 满足 $x_1 > b_1^v$ 时, $x \notin M(v)$. 类似地, 可以分别证明当 $x_2 > b_2^v$ 和 $x_3 > b_3^v$ 的情形. 由此可得, $I(v) \setminus C(v) \subseteq I(v) \setminus M(v)$ 成立, 即 $C(v) \supseteq M(v)$. 因此, 对于三人凸博弈 v, $M(v) = C(v)$ 成立.

1971 年 Maschler, Peleg 和 Shapley [28] 推断出凸博弈的谈判集和核心是一致的. 他们的证明本质上是基于博弈的单调覆盖的概念, 而根据下述引理, 博弈的凸性意味着相应的单调覆盖博弈的凸性.

引理 4.1　令 $v \in G^N$, 相应的单调覆盖博弈 $\acute{v} \in G^N$ 定义为

$$\acute{v}(S) = \max\{v(H)|\ H \subseteq S\}, \quad \forall\, S \subseteq N. \tag{4.12}$$

此外, 下述结论成立:

(1) $\acute{v}(S) \geqslant v(S), \forall\, S \subseteq N$;

(2) $\acute{v}(S) \leqslant \acute{v}(T), \forall\, S \subseteq T \subseteq N$;

(3) 若 $w \in G^N$ 满足 $v(S) \leqslant w(S) \leqslant w(T), \forall\, S \subseteq T \subseteq N$, 则 $w(S) \geqslant \acute{v}(S)$, $\forall\, S \subseteq N$;

(4) 若 $v \in C^N$, 则 $\acute{v} \in C^N$.

证明　(1) 和 (2) 可以由 (4.12) 式直接得到.

(3) 令 $w \in G^N$, $S_1 \subseteq S_2 \subseteq N$ 满足 $v(S_1) \leqslant w(S_1) \leqslant w(S_2)$. 令 $S \subseteq N$, 则 $v(H) \leqslant w(H) \leqslant w(S), \forall\, H \subseteq S$. 因此, $\acute{v}(S) = \max\{v(H)|\ H \subseteq S\} \leqslant w(S)$, (3) 成立.

(4) 令 $v \in C^N$, $S,\ T \subseteq N$, 由 (4.12) 式可得, 存在 $S_1 \subseteq S$, $T_1 \subseteq T$, 使得 $\acute{v}(S) = v(S_1)$ 且 $\acute{v}(T) = v(T_1)$. 根据 (1) 和 (2), 并应用博弈 v 的凸性条件 (4.3) 可得

$$\acute{v}(S) + \acute{v}(T) = v(S_1) + v(T_1) \leqslant v(S_1 \cup T_1) + v(S_1 \cap T_1)$$

$$\leqslant \acute{v}(S_1 \cup T_1) + \acute{v}(S_1 \cap T_1) \leqslant \acute{v}(S \cup T) + \acute{v}(S \cap T).$$

由此可见, 对于博弈 $\acute{v}$, 凸性条件 (4.3) 成立. 所以 $\acute{v} \in C^N$, (4) 成立.　□

定理 4.6　令 $v \in C^N$, $M(v) = C(v)$.

证明　令 $v \in C^N$, 只需证明 $I(v)\backslash C(v) \subseteq I(v)\backslash M(v)$. 令 $x \in I(v)\backslash C(v)$, 选择在分配 x 下具有最大超量的最大联盟 $T \subseteq N$, 即 T 满足

$$e(T, x) \geqslant e(S, x), \quad \forall\, S \subseteq N,$$

$$e(T, x) > e^v(S, x), \quad \forall\, S \subseteq N,\ T \subset S.$$

由于 $x \in I(v)\backslash C(v)$, 因此 $e(T, x) > 0$ 且 $2 \leqslant |T| \leqslant n - 1$. 令 $(T, w) \in G^T$, 其特征函数 w 满足

$$w(S) = v(S) - x(S) = e(S, x), \quad \forall\, S \subseteq T.$$

则与它相对应的单调覆盖博弈 $\acute{w}$ 满足

$$\acute{w}(T) = \max\{w(S)|S \subseteq T\} = e(T, x) > 0,$$

$$\acute{w}(\{i\}) \geqslant \acute{w}(\varnothing) = 0, \quad \forall\, i \in T.$$

显然, v 的凸性可以推出 w 的凸性, 结合本节的引理 4.1 (4) 可得, 单调覆盖博弈 $\acute{w}$ 是凸博弈. 因此, $C(\acute{w}) \neq \varnothing$. 存在 $z \in R^{|T|}$ 满足 $z \in C(\acute{w})$. 特别地, $z(T) = \acute{w}(T) > 0$, 且 $z_i \geqslant \acute{w}(\{i\}) \geqslant 0, \forall\, i \in T$. 因此, 存在 $i' \in T$ 满足 $z_{i'} > 0$. 令 $\hat{y} = (y_k)_{k \in T} \in R^{|T|}$ 满足

$$y_i = \begin{cases} x_i + z_i + \alpha, & i \in T,\, i \neq i', \\ x_i + z_i - (|T| - 1)\alpha, & i = i', \end{cases}$$

其中 $\alpha \in R$ 满足 $0 < \alpha < (|T| - 1)^{-1} z_{i'}$. 此外, 对任意的 $i \in T$, 有 $y_i > x_i$, 且

$$y(T) = x(T) + z(T) = x(T) + \acute{w}(T) = x(T) + e(T, x) = v(T).$$

由此可知, $(\hat{y}, T)$ 是参与者 i' 对 $N\backslash T$ 中的任意参与者关于分配 x 提出的一个异议, 但上述异议的反异议不存在. 事实上, 令 $H \subseteq N\backslash\{i'\}$ 且 $H \cap N\backslash T \neq \varnothing$, 由于 $H \cup T \neq T$, T 的具体选择使得 $e(H \cup T, x) < e(T, x)$. 结合博弈 v 的凸性可以推出

$$e(H, x) \leqslant e(H \cap T, x) + e(H \cup T, x) - e(T, x) < e(H \cap T, x),$$

此外, 由于 $z \in C(\acute{w})$, 因此

$$e(H \cap T, x) = w(H \cap T) \leqslant \acute{w}(H \cap T) \leqslant z(H \cap T).$$

于是

$$e^v(H, x) < e^v(H \cap T, x) \leqslant z(H \cap T)$$

$$= y(H \cap T) - x(H \cap T) - |H \cap T|\alpha$$

$$\leqslant y(H \cap T) - x(H \cap T).$$

由此可得, $v(H) = e(H, x) + x(H) < y(H \cap T) + x(H\backslash T)$. 根据 (2.4) 式, 最后一个严格不等式说明联盟 H 不能作为一个反异议. 由于 H 是一个包含 $N\backslash T$ 中至少一个参与者但不包含参与者 i' 的联盟, 因此对于上述参与者 i' 对 $N\backslash T$ 中任意参与者提出的关于分配 x 的异议 $(\hat{y}, T)$ 不存在反异议. 由此, $x \notin M(v)$ 得证. □

4.6　凸博弈的核与预核

由于预核可以看作是核的简化版本, 我们总是认为预核中的任何分配也都在核中. 尽管预核和核不同, 但预核仍然给了我们一些关于核的有用信息. 例如, 定理 2.6 表明核与预核在核心中的部分是一致的. 在这一节中我们将证明零单调性是核和预核一致的充分条件. 这里将定义在 N 上的零单调博弈的集合记为 M_0^N, 即

$$M_0^N = \left\{ v \in G^N \,\middle|\, v(S) + \sum_{j \in T \setminus S} v(\{j\}) \leqslant v(T), \ \forall\, S \subseteq T \subseteq N \right\}.$$

显然, 博弈的零单调性可以用有限个弱不等式的交来刻画, 这些不等式在博弈联盟的价值上是线性的. 因此, M_0^N 是线性空间 G^N 上的一个多面体锥. 此外, 由于凸性意味着零单调性, 根据定理 4.1 可知, M_0^N 是 G^N 上的一个全维锥.

推论 4.1　$C^N \subseteq M_0^N$ 且 $\dim M_0^N = 2^n - 1$.

接下来我们使用以下记号. 令 $n \geqslant 2$, $v \in G^N$ 且 $x \in I^*(v)$. 集合 $\Sigma_1(x)$ 由非平凡联盟中关于预分配 x 有最大超量的联盟组成. 此外, 用 $\mathfrak{p}(x)$ 表示属于所有关于 x 有最大超量的非平凡联盟的参与者的集合. 因此

$$\Sigma_1(x) = \{ S \in \Sigma^0 | \ e(S, x) \geqslant e(H, x), \ \forall\, H \in \Sigma^0 \},$$

$$\mathfrak{p}(x) = \bigcap \{ S | \ S \in \Sigma_1(x) \},$$

其中 $\Sigma^0 = \{ S \subseteq N | \ S \neq N, \ \varnothing \}$. 下述引理给出了联盟 $\mathfrak{p}(x)$ 的三个性质.

引理 4.2　令 $v \in M_0^N$, 其中 $n \geqslant 2$ 且 $x \in I^*(v)$,

(1) 若 $i \in N \setminus \mathfrak{p}(x)$, 则 $x_i \geqslant v(\{i\})$;

(2) 若存在 $T \in \Sigma_1(x)$ 满足 $x_i = v(\{i\})$, $\forall\, i \in N \setminus T$, 则 $\mathfrak{p}(x) = \varnothing$;

(3) 若 $i \in \mathfrak{p}(x)$ 且 $j \in N \setminus \mathfrak{p}(x)$, 则 $s_{ij}(x) > s_{ji}(x)$.

证明　(1) 假设 $i \in N \setminus \mathfrak{p}(x)$. 存在联盟 $T \in \Sigma_1(x)$ 满足 $i \notin T$. 根据 $v \in M_0^N$ 和 (2.1) 式可得

$$
\begin{aligned}
e(T \cup \{i\}, x) &= v(T \cup \{i\}) - x(T \cup \{i\}) \\
&\geqslant v(T) - x(T) + v(\{i\}) - x_i \\
&= e(T, x) + e(\{i\}, x).
\end{aligned}
\tag{4.13}
$$

若 $T \neq N \setminus \{i\}$, 则 $T \cup \{i\} \neq N, \ \varnothing$. 结合 $T \in \Sigma_1(x)$ 及 (4.13) 式可推出

$$e(\{i\}, x) \leqslant e(T \cup \{i\}, x) - e(T, x) \leqslant 0.$$

若 $T = N \setminus \{i\}$, 则由 (4.13) 式可得

$$0 = e(N, x) \geqslant e(T, x) + e(\{i\}, x) \geqslant 2e(\{i\}, x),$$

其中最后一个不等式可由 $T \in \Sigma_1(x)$ 和 $n \geqslant 2$ 推出. 由此可见, 在任一情况下均有 $e(\{i\}, x) \leqslant 0$, 这个不等式等价于 $x_i \geqslant v(\{i\})$, 故 (1) 成立.

(2) 假设存在联盟 $T \in \Sigma_1(x)$, 使得 $x_i = v(\{i\})$, $\forall i \in N \backslash T$. 由于 $v \in M_0^N$, 可推出

$$e(T, x) = v(T) - x(T) = v(T) + \sum_{j \in N \backslash T} v(\{j\}) - x(N)$$

$$\leqslant v(N) - x(N) = 0.$$

因此, $e(T, x) \leqslant 0 = e(\{i\}, x)$, $\forall i \in N \backslash T$, $T \in \Sigma_1(x)$. 由此可得, $T \in \Sigma_1(x)$ 且 $\{i\} \in \Sigma_1(x)$, $\forall i \in N \backslash T$. 所以, $\mathfrak{p}(x) = \bigcap \{S| \ S \in \Sigma_1(x)\} = \varnothing$, 故 (2) 成立.

(3) 假设 $i \in \mathfrak{p}(x)$ 且 $j \in N \backslash \mathfrak{p}(x)$, 则存在 $T \in \Sigma_1(x)$ 满足 $j \notin T$. 由于 $i \in \mathfrak{p}(x)$ 等价于 $i \in S$, $\forall S \in \Sigma_1(x)$, 因此可以得到 $i \in T$ 且 $S \notin \Sigma_1(x)$, $\forall S \subseteq N \backslash \{i\}$. 结合 T 在 x 上的最大超量可得

$$s_{ij}(x) = \max\{e(S, x)| \ S \in \Gamma_{ij}\} = e(T, x),$$

$$s_{ji}(x) = \max\{e(S, x)| \ S \in \Gamma_{ji}\} < e(T, x).$$

因此, $s_{ij}(x) = e(T, x) > s_{ji}(x)$, 故 (3) 成立. $\qquad \square$

定理 4.7 令 $v \in M_0^N$, $K(v) = K^*(v)$.

证明 对任意的单人博弈 v, $K(v) = I^*(v) = K^*(v)$ 显然成立. 令 $v \in M_0^N$, 其中 $n \geqslant 2$. 我们分别证明 $K^*(v) \subseteq K(v)$ 和 $K(v) \subseteq K^*(v)$.

(1) 假设 $x \in K^*(v)$. 根据 (2.6) 式可得, $x \in I^*(v)$ 且 $s_{ij}(x) = s_{ji}(x)$, $\forall i, j \in N$, $i \neq j$. 结合引理 4.2 (3) 和 $\mathfrak{p}(x) \neq N$ 可得, $\mathfrak{p}(x) = \varnothing$. 根据引理 4.2 (1) 可知, $x_i \geqslant v(\{i\})$, $\forall i \in N$, 因此 $x \in I(v)$. 综上所述, $x \in K^*(v) \cap I(v) \subseteq K(v)$, 所以 $K^*(v) \subseteq K(v)$.

(2) 假设 $x \in K(v)$, 首先证明 $\mathfrak{p}(x) = \varnothing$. 假设 $\mathfrak{p}(x) \neq \varnothing$, 选择 $i \in \mathfrak{p}(x)$ 且 $T \in \Sigma_1(x)$, 由引理 4.2 (2) 可推出, 存在 $j \in N \backslash T$ 使得 $x_j > v(\{j\})$. 特别地, 有 $j \in N \backslash \mathfrak{p}(x)$. 因此, 利用引理 4.2 (3) 可得, $s_{ij}(x) > s_{ji}(x)$. 从而, $(s_{ij}(x) - s_{ji}(x))(x_j - v(\{j\})) > 0$, 这与 $x \in K(v)$ 矛盾. 因此 $\mathfrak{p}(x) = \varnothing$.

接下来证明 $x \in K^*(v)$. 假设 $x \notin K^*(v)$, 由 (2.6) 式可知, 存在 $i, j \in N$, $i \neq j$ 使得 $s_{ij}(x) > s_{ji}(x)$. 结合 $x \in K(v)$ 有 $x_j = v(\{j\})$. 进一步, $\mathfrak{p}(x) = \varnothing$ 意味着存在 $T \in \Sigma_1(x)$, 且 $i \notin T$. 由此可得, $e(T, x) \geqslant \max\{e(S, x)| \ S \in \Gamma_{ij}\} > \max\{e(S, x)| \ S \in \Gamma_{ji}\}$, 该严格不等式表明 $T \notin \Gamma_{ji}$. 由 $T \notin \Gamma_{ji}$ 和 $i \notin T$ 可推出 $j \notin T$. 结合 $v \in M_0^N$ 可得

$$s_{ij}(x) > s_{ji}(x) \geqslant e(T \cup \{j\}, x)$$

$$= v(T \cup \{j\}) - x(T \cup \{j\})$$

$$\geqslant v(T) - x(T) + v(\{j\}) - x_j$$

$$= v(T) - x(T) = e(T, x).$$

然而, 不等式 $e(T,x) < s_{ij}(x)$ 与 $T \in \Sigma_1(x)$ 矛盾. 因此, $x \in K^*(v)$. 故 $K(v) \subseteq K^*(v)$. □

根据上述定理, 我们推出凸博弈的核与预核是一致的. 根据定理 2.5, 核总是包含在谈判集中, 而根据定理 4.6, 凸博弈的谈判集与核心是一致的. 因此可以直接推断出, 凸博弈的核是核心的子集. 事实上, Maschler, Peleg 和 Shapley [28] 已经证明了凸博弈的核是一个单点, 因此凸博弈的核与核子一致. 该结论的证明是相当详细的, 这里不再赘述.

定理 4.8　令 $v \in C^N$, $K(v) = K^*(v) = \{\eta(v)\}$.

最后, 我们举例说明例 4.4 和例 4.5 中两个凸博弈的唯一核元素相对于核心的几何位置. 对于例 4.4 的博弈 v, 核子等于核心顶点的重心, 即 $\eta(v) = (5, 8, 9)$. 此外, 核子与 Shapley 值也是一致的. 核子的几何位置如图 4.6 所示, 它反映了收益向量 $x = (5, 8, 9)$ 对于博弈 v 的核心的等分性. 由 (2.7) 式, 我们得到了各个方向上通过点 x 仍包含在核心中的最大直线段.

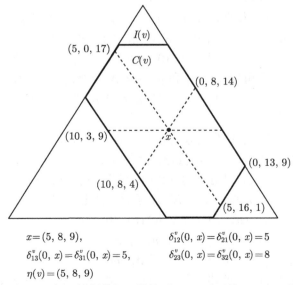

$$x = (5, 8, 9), \qquad\qquad \delta_{12}^v(0, x) = \delta_{21}^v(0, x) = 5$$
$$\delta_{13}^v(0, x) = \delta_{31}^v(0, x) = 5, \qquad \delta_{23}^v(0, x) = \delta_{32}^v(0, x) = 8$$
$$\eta(v) = (5, 8, 9)$$

图 4.6　例 4.4 中三人凸博弈 v 的核子 $\eta(v)$ 对于核心 $C(v)$ 的等分性

$$\delta_{12}^v(0,x) = 5, \quad R_{12}^v(0,x) = \mathrm{conv}\,\{(10,3,9),(0,13,9)\},$$

$$\delta_{13}^v(0,x) = 5, \quad R_{13}^v(0,x) = \mathrm{conv}\,\{(10,8,4),(0,8,14)\},$$

$$\delta_{23}^v(0,x) = 8, \quad R_{23}^v(0,x) = \mathrm{conv}\,\{(5,16,1),(5,0,17)\}.$$

显然, 给定的核心元素 x 是上述三条线段的中点, 因此, 根据定理 2.7 和定理 4.8 可知, $x = \eta(v)$.

对于例 4.5 中的博弈 v, 其核子对于核心的等分性如图 4.7 所示. 留给读者来验证强 ε-核心 $C_\varepsilon(v) \neq \varnothing$ 当且仅当 $\varepsilon \geqslant -1$. 特别地, 我们得到 $C_{-1}(v) = \{(1,1,1)\}$. 因此,

$$\eta(v) = (1,1,1), \quad \mathrm{Sh}(v) = \frac{1}{6}(8,5,5).$$

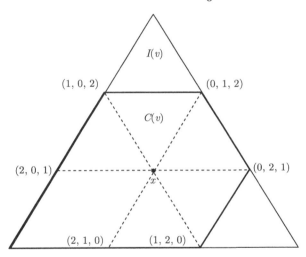

$$x = (1,1,1)$$

对任意的 $i,j \in N, i \neq j, \delta_{ij}^v(0,x) = 1$

$$\eta(v) = (1,1,1)$$

图 4.7　例 4.5 中三人凸博弈 v 的核子 $\eta(v)$ 对于核心 $C(v)$ 的等分性

第 5 章　准均衡博弈及其 τ 值

5.1　基 本 概 念

前述章节介绍的合作博弈解都是定义在整个博弈空间上, 即对任意的合作博弈, 相应的解概念都有意义. 本章主要介绍定义在特殊博弈空间上的单值解概念 τ 值. Tijs[50] 于 1981 年首次提出 τ 值并进行了深入的研究. τ 值与博弈核心中分配的上界以及对应于这个上界的超量有关, 核心的上界向量由大联盟和 $n-1$ 人联盟的价值所决定.

定义 5.1　令 $v \in G^N$, 博弈 v 的上界向量 $b^v \in R^n$ 和间隔函数 $g^v : 2^N \to R$ 为

$$b_i^v = v(N) - v(N \setminus \{i\}), \quad \forall i \in N, \tag{5.1}$$

$$g^v(S) = \sum_{j \in S} b_j^v - v(S) = -e(S, b^v), \quad \forall S \subseteq N. \tag{5.2}$$

b^v 的第 i 个分量 b_i^v 是参与者 i 的边际贡献 (相对于大联盟 N). 由下面的引理可知, 上界向量 b^v 是博弈核心中分配的上界.

引理 5.1　令 $v \in G^N$,

(1) 如果 $x \in C(v)$, 那么 $x_i \leqslant b_i^v$, $\forall i \in N$;

(2) 如果存在 $S \subseteq N$, 使得 $g^v(S) < 0$, 则 $C(v) = \varnothing$;

(3) $g^v(N \setminus \{i\}) = g^v(N)$, $\forall i \in N$.

证明　(1) 取 $x \in C(v)$, $i \in N$. 由 (5.1) 式和核心的定义,

$$b_i^v = v(N) - v(N \setminus \{i\}) = x(N) - v(N \setminus \{i\}) \geqslant x_i.$$

(2) 令 $S \subseteq N$ 满足 $g^v(S) < 0$. 假设 $C(v) \neq \varnothing$, 选取 $x \in C(v)$. 那么 $x(S) \geqslant v(S)$ 且 $x(S) \leqslant b^v(S)$. 因此就有 $b^v(S) \geqslant v(S)$, 等价于 $g^v(S) \geqslant 0$, 这与 $g^v(S) < 0$ 矛盾, 故 $C(v) = \varnothing$.

(3) 由 (5.1) 式和 (5.2) 式,

$$g^v(N \setminus \{i\}) = b^v(N \setminus \{i\}) - v(N \setminus \{i\}) = b^v(N) - v(N) = g^v(N), \quad \forall i \in N. \qquad \square$$

对任意联盟 S, $g^v(S)$ 表示 S 中的成员退出大联盟 N 组成自己的联盟时, 联盟 S 承担的损失或收益 (相较于上界向量 b^v). 从引理 5.1(2) 可知, 间隔函数非负是核心非空的必要条件, 当 $n = 2$ 时, 也是充分条件, 当 $n > 2$ 时, 一般不是充分条件. 核子的定义中涉及联盟的最大超量, 而上界向量的最大超量对应着最小的间隔函数值, 并由此导出了核心中分配的一个下界.

定义 5.2 令 $v \in G^N$, 博弈 v 的让步向量 $\lambda^v \in R^n$ 为

$$\lambda_i^v = \min\{g^v(S)|S \subseteq N, i \in S\}, \quad \forall i \in N. \tag{5.3}$$

引理 5.2 令 $v \in G^N$, $i \in N$, $x \in C(v)$, 则 $b_i^v - \lambda_i^v \leqslant x_i$.

证明 令 $v \in G^N, i \in N, x \in C(v)$. 由让步向量的定义, 存在联盟 $S \subseteq N$, 使得 $i \in S, g^v(S) = \lambda_i^v$. 因为 $x \in C(v)$, 有

$$\lambda_i^v = g^v(S) = b^v(S) - v(S) \geqslant (b^v - x)(S) \geqslant b_i^v - x_i,$$

最后一个不等式由引理 5.1(1) 得到. $\square$

由引理 5.2, $b^v - \lambda^v$ 是博弈核心中分配的一个下界. 对于任何均衡博弈 ($C(v) \neq \varnothing$), λ_i^v 是参与者 i 所能做出的最大让步 (在 b_i^v 的基础上). 下面不加证明地给出上界向量、间隔函数以及让步向量的一些性质.

引理 5.3 令 $v, w \in G^N, \alpha \in R, d \in R^n$. 那么
(1) $b^{v+w} = b^v + b^w, g^{v+w} = g^v + g^w, \lambda^{v+w} \geqslant \lambda^v + \lambda^w$;
(2) $b^{\alpha v + d} = \alpha b^v + d, g^{\alpha v + d} = \alpha g^v$. 如果 $\alpha \geqslant 0$, 则有 $\lambda^{\alpha v + d} = \alpha \lambda^v$.

5.2 准均衡博弈的 τ 值

如果一个博弈是超可加的, 则 $b_i^v = v(N) - v(N \setminus \{i\}) \geqslant v(\{i\})$, 等价于对所有 $i \in N$ 都有 $g^v(\{i\}) \geqslant 0$, 因此参与者更期望得到边际贡献 b_i^v. 而很多超可加博弈满足 $b^v(N) > v(N)$, 即 $g^v(N) > 0$, 意味着参与者不能按上界向量分配 $v(N)$. 当 $g^v(N) > 0$ 且 $g^v(\{i\}) \geqslant 0, \forall i \in N$ 时, 称 b^v 为理想向量. 此时, 大联盟 N 必须做出让步, 且让步量为 $g^v(N) = b^v(N) - v(N)$. 对于单个参与者来说, 从下面的角度来衡量其让步量: 考虑包含参与者 i 的联盟 S, i 允诺其他参与者获得其理想支付, i 得到 $v(S)$ 的剩余部分, 即

$$v(S) - \sum_{j \in S \setminus \{i\}} b_j^v = b_i^v - g^v(S).$$

当 $g^v(S)$ 取得最小值时 (即为 λ_i^v), 参与者 i 的收益最大. 所以 i 的最大让步量为 λ_i^v. 一般地, 有如下两个要求:

(1) $\lambda_i^v \geqslant 0$, 即 $g^v(S) \geqslant 0, \forall S \subseteq N$;

(2) $\lambda^v(N) \geqslant g^v(N)$.

上述两个条件引出了准均衡博弈的概念.

定义 5.3　准均衡博弈类 QB^N 定义为

$$QB^N = \left\{ v \in G^N | \lambda^v(N) \geqslant g^v(N), \text{且} g^v(S) \geqslant 0, \forall S \subseteq N \right\}$$

$$= \left\{ v \in G^N | \lambda_i^v \geqslant 0, \forall i \in N, \text{且} (b^v - \lambda^v)(N) \leqslant v(N) \leqslant b^v(N) \right\}. \quad (5.4)$$

对任意的准均衡博弈 v, λ_i^v 可以看作参与者 i 对总让步值 $g^v(N)$ 的最大贡献. 当 $\lambda^v(N) \geqslant g^v(N)$ 时, 每个参与者只需付出其最大贡献的一部分即可. 如果参与者按照他们最大让步量的占比分配 $g^v(N)$, 即可得 τ 值的定义.

定义 5.4　令 $v \in QB^N$, 博弈 v 的 τ 值为

$$\tau(v) = \begin{cases} b^v, & g^v(N) = 0, \\ b^v - g^v(N) \left(\sum_{j \in N} \lambda_j^v \right)^{-1} \lambda^v, & g^v(N) > 0. \end{cases} \quad (5.5)$$

Tijs 最早定义 τ 值和准均衡博弈时, 并没有用到间隔函数. 从几何的角度来看, τ 值是以 b^v 和 $b^v - \lambda^v$ 为端点的直线段上唯一满足有效性的点. 事实上, τ 值有如下的等价形式

$$\tau(v) = \left(1 - \frac{g^v(N)}{\lambda^v(N)} \right) b^v + \frac{g^v(N)}{\lambda^v(N)} (b^v - \lambda^v).$$

5.3　准均衡博弈的 τ 值属于核心的充要条件

本节介绍 τ 值属于核心的条件, 首先说明博弈均衡与准均衡的关系.

命题 5.1　$B^N \subseteq QB^N$.

证明　令 $v \in B^N$, 则 $C(v) \neq \varnothing$. 任取 $x \in C(v)$, 由引理 5.2, 得到 $b_i^v - \lambda_i^v \leqslant x_i, \forall i \in N$. 因此

$$\lambda^v(N) \geqslant b^v(N) - x(N) = b^v(N) - v(N) = g^v(N).$$

进一步由引理 5.1(2), $g^v(S) \geqslant 0, \forall S \subseteq N$, 因此 $v \in QB^N$. □

考虑线性空间 G^N 的一个子集 G, $v, w \in G, \alpha \in R_+$, 如果有 $v + w \in G, \alpha v \in G$, 则称 G 为 G^N 中的锥. 若 G 可用有限个与联盟特征值线性相关的弱不等式表示, 则称 G 为多面体锥.

命题 5.2 B^N, QB^N 是 G^N 中的多面体锥.

证明 (1) 定义在参与者集 N 上的均衡集的个数是有限的, 因此由定义 2.6 直接可得 B^N 是一个多面体锥.

(2) 由 (5.4) 式, $v \in QB^N \Leftrightarrow g^v(S) \geqslant 0, \forall S \subseteq N$ 且 $\lambda^v(N) \geqslant g^v(N)$. 由 (5.1) 式和 (5.2) 式知

$$g^v(S) = |S|v(N) - v(S) - \sum_{j \in S} v(N \setminus \{j\}), \quad \forall S \subseteq N.$$

由 (5.3) 式, $\lambda^v(N) \geqslant g^v(N)$ 等价于对所有满足 $i \in S_i \subseteq N, \forall i \in N$ 的 n 维向量 $(S_1, S_2, \cdots, S_n)$, 有

$$\sum_{j \in N} g^v(S_j) \geqslant g^v(N).$$

因此, $v \in QB^N$ 当且仅当

$$v(S) + \sum_{j \in S} v(N \setminus \{j\}) \leqslant |S|v(N), \quad \forall S \subseteq N,$$

且对所有满足 $i \in S_i \subseteq N, \forall i \in N$ 的 n 维向量 $(S_1, S_2, \cdots, S_n)$ 有

$$\sum_{j \in N} \left[v(S_j) + \sum_{k \in S_j \setminus \{j\}} v(N \setminus \{k\}) \right] \leqslant \left(1 - n + \sum_{j \in N} |S_j| \right) v(N).$$

□

B^N 和 QB^N 不仅是 G^N 的多面体锥, 同时都是满秩的.

定理 5.1 $\dim B^N = \dim QB^N = 2^n - 1$.

证明 任取 $T \subseteq N, T \neq \varnothing$. 对任意 $i \in T$, 相应的单位向量 $e^i \in C(u_T)$, 其中 u_T 为全体一致博弈. 这是因为

$$e^i(S) = 1 = u_T(S), \quad T \subseteq S,$$

$$e^i(S) \geqslant 0 = u_T(S), \quad 其他.$$

因此, $C(u_T) \neq \varnothing$. 根据推论 2.2 和命题 5.1 可得 $u_T \in QB^N$, $u_T \in B^N$, $\forall T \neq \varnothing$. 此外, 已知 $\{u_T \in G^N | T \subseteq N, T \neq \varnothing\}$ 构成了 G^N 的一组基, 由此可知 B^N, QB^N 是 G^N 上的全维锥. □

由 5.1 节知, 间隔函数非负是核心非空的必要但不充分条件, 下面的命题和定理进一步讨论了间隔函数与核心的关系. 如果博弈的间隔函数值都非负, 且大联盟的间隔函数值为 0, 那么该博弈的核心是由 τ 值构成的单点集.

命题 5.3 令 $v \in G^N$ 满足 $g^v(S) \geqslant 0, \forall S \subseteq N$, 且 $g^v(N) = 0$, 则 $C(v) = \{\tau(v)\} = \{b^v\}$.

证明 由间隔函数定义, 可得 $b^v(N) = v(N)$ 且 $b^v(S) \geqslant v(S), \forall S \subseteq N$, 显然 $b^v \in C(v)$. 由引理 5.1(1), 如果 $x \in C(v)$, $x_i \leqslant b_i^v, i \in N$. 而此时, $x(N) = b^v(N) = v(N)$, 可得当 $x \in C(v)$ 时, $x = b^v$, 即 $C(v) = \{b^v\} \neq \varnothing$. 这样就得到 $v \in B^N \subseteq QB^N$, 由 $g^v(N) = 0$ 得 $\tau(v) = b^v$. □

当准均衡博弈大联盟的间隔函数值为正时, 可以给出 τ 值属于博弈核心的充要条件.

定理 5.2 令 $v \in QB^N$, 且 $g^v(N) > 0$, 则 $\tau(v) \in C(v)$ 当且仅当对所有满足 $g^v(S) > 0$, $2 \leqslant s \leqslant n-2$ 的联盟 S, 下式成立

$$(g^v(N))^{-1} \lambda^v(N) \geqslant (g^v(S))^{-1} \lambda^v(S).$$

证明 令 $x = \tau(v)$, 则 $x(N) = v(N), b_i^v - \lambda_i^v \leqslant x_i \leqslant b_i^v, \forall i \in N$. 又由 (5.1) 式—(5.3) 式得

$$x(N \setminus \{i\}) = v(N) - x_i \geqslant v(N) - b_i^v = v(N \setminus \{i\}),$$

$$x_i \geqslant b_i^v - \lambda_i^v \geqslant b_i^v - g^v(\{i\}) = v(\{i\}), \quad \forall i \in N.$$

由此, $x \in C(v)$ 当且仅当

$$x(S) \geqslant v(S), \quad \forall S \subseteq N, 2 \leqslant |S| \leqslant n-2.$$

再由 (5.2) 式和 (5.5) 式得, $x \in C(v)$ 当且仅当

$$g^v(S) \geqslant (\lambda^v(N))^{-1} \lambda^v(S), \quad 2 \leqslant |S| \leqslant n-2. \tag{5.6}$$

由 (5.3) 式知, $g^v(S) = 0$ 可推出 $\lambda_i^v = 0$, $\forall i \in S$. 特别地, 只要 $g^v(S) = 0$, 就有 $\lambda^v(S) = 0$. 所以对所有 $S \subseteq N$, $g^v(S) = 0$, (5.6) 式中等式成立. 由 (5.6) 式移项得到 $\tau(v) \in C(v)$ 的等价条件. □

推论 5.1 令 $v \in QB^N$ 且 $|N| \leqslant 3$, 那么 $\tau(v) \in C(v)$.

这个推论是命题 5.3 和定理 5.2 的直接结果. 同时, 观察到任何不超过三人的准均衡博弈是均衡的. 结合 $B^N \subseteq QB^N$, 当 $|N| \leqslant 3$ 时, $B^N = QB^N$. 换句话说当 $|N| \leqslant 3$ 时, 准均衡和均衡是等价的. 当 $|N| \geqslant 4$ 时, $B^N \subset QB^N$ 是严格包含关系, 这是因为存在核心为空的准均衡博弈.

例 5.1 定义四人博弈 v:

$$v(\{1,2\}) = v(\{1,3\}) = v(\{2,3\}) = v(\{1,2,3\}) = v(N) = 3, \ v(S) = 0, \ \text{其他},$$

则 $b^v = (3,3,3,0)$, $g^v(\{4\}) = 0$. 当 $|S| \geqslant 3$ 时, $g^v(S) = 6$. 对所有其他 $S \neq \varnothing$, $g^v(S) = 3$. 由 (5.3) 式得 $\lambda^v = b^v = (3,3,3,0)$, 因此 $\lambda^v(N) = 9 \geqslant 6 = g^v(N)$. 分别由 (5.4) 式和 (5.5) 式得, $v \in QB^4$ 且 $\tau(v) = b^v/3 = (1,1,1,0)$. 核心为空的证明留给读者.

尽管 τ 值是核心中分配的上界向量 b^v 与下界向量 $b^v - \lambda^v$ 的有效妥协, 但 τ 值不一定属于核心. 当两个不同的博弈具有相同的核心时, 它们也可能有不同的 τ 值.

例 5.2 考虑四人博弈 v, $v(\{1,2\}) = v(\{1,3\}) = v(\{2,3\}) = v(\{1,2,3\}) = 2, v(S) = 0, v(N) = 3, v(S) = 0$, 其他, 该博弈不是超可加的. 考虑另一四人博弈 w, $w(\{1,2,4\}) = w(\{1,3,4\}) = w(\{2,3,4\}) = 2, w(S) = v(S)$, 其他. 可以验证这两个博弈的核心相同: $C(v) = C(w) = (\{1,1,1,0\})$. 为了计算 τ 值, 注意到 $b^v = (3,3,3,1), b^w = (1,1,1,1)$, 相应的间隔函数如表 5.1 所示.

表 5.1 各联盟的间隔函数

联盟 S	$\{1\}$	$\{2\}$	$\{3\}$	$\{4\}$	$\{1,2\}$	$\{1,3\}$	$\{1,4\}$	$\{2,3\}$	$\{2,4\}$	$\{3,4\}$	$|S| \geqslant 3$
$g^v(S)$	3	3	3	1	4	4	4	4	4	4	7
$g^w(S)$	1	1	1	1	0	0	2	0	2	2	1

由 (5.3) 式和 (5.5) 式, 得

$$\lambda^v = b^v = (3,3,3,1), \quad b^v - \lambda^v = (0,0,0,0), \quad \tau(v) = 0.3b^v = 0.3(3,3,3,1),$$

$$\lambda^w = (0,0,0,1), \quad b^w - \lambda^w = (1,1,1,0), \quad \tau(w) = (1,1,1,0).$$

可以看到, 尽管 $C(v) = C(w)$, 但 $\tau(v) \neq \tau(w)$, 并且有 $\tau(w) \in C(w), \tau(v) \notin C(v)$. 博弈 v 的 τ 值落在核心外, 这是因为 $b^v, b^v - \lambda^v$ 不是核心的确界, 这时的核心是单点集. 一般地, 当核心很大时, 即使上界向量和下界向量是核心的确界, τ 值也不一定落在核心中.

下面说明 $\tau(v) \notin M(v)$. 首先证明, 当 $x \in M(v)$ 时, $x_4 = 0$. 令 $x \in I(v)$ 且 $x_4 > 0$. 那么 $x(\{1,2,3\}) < 3$. 所以 $x(\{1,2\}) < 2$ 或 $x(\{1,3\}) < 2$ 或 $x(\{2,3\}) < 2$. 不妨设 $x(\{1,2\}) < 2$, 这与 $e(\{1,2\}, x) > 0$ 等价, 因此在分配 x 下, 参与者 1 可以通过联盟 $\{1,2\}$ 对参与者 4 提出异议. 但是 4 对 1 不存在反异议, 这是因为

$$e(T,x) = v(T) - x(T) = -x(T) \leqslant -x_4 < 0, \quad \forall T \subseteq N, 4 \in T, 1 \notin T.$$

因此, 当 $x \in I(v)$, $x_4 > 0$ 时, $x \notin M(v)$. 由此得到 $\tau(v) \notin M(v)$.

另一个判断 τ 值是否落在核心的方法是利用相关映射的不动点.

定义 5.5　令 $v \in G^N$, 博弈 v 的最大超量映射 $ME^v : R^n \to R^n$ 为: 对任意的 $x \in R^n$ 和 $i \in N$,

$$ME_i^v(x) = x_i + \max\{e(S, x) | S \subseteq N, i \in S\}$$
$$= \max\{v(S) - x(S \setminus \{i\}) | S \subseteq N, i \in S\}.$$

最大超量映射 ME^v 的第 i 个分量 $ME_i^v(x)$ 表示当参与者 i 退出大联盟, 试图寻找一个新的联盟进行合作, 同时该联盟中的其他参与者仍然获得 x 下的收益时, i 所能获得的最大收益. 根据定义, 不加证明地给出最大超量映射的如下性质.

引理 5.4　令 $v \in G^N$, $x \in R^n$,

(1) 取 $i \in N$, 那么 $ME_i^v(x) \geqslant x_i$ 当且仅当存在 $S \subseteq N$, $i \in S$ 使得 $e(S, x) \geqslant 0$;

(2) 如果 $e(N, x) \geqslant 0$, 那么 $ME_i^v(x) \geqslant x_i, \forall i \in N$;

(3) $ME_i^v(x) \leqslant x_i, \forall i \in N$ 当且仅当 $e(S, x) \leqslant 0, \forall S \subseteq N$.

命题 5.4　令 $v \in G^N$, $x \in R^n$, 则 $x \in C(v)$ 当且仅当 $e(N, x) = 0$ 且 $ME^v(x) = x$.

证明　由核心的定义, $x \in C(v)$ 等价于 $e(N, x) = 0, e(S, x) \leqslant 0, \forall S \subseteq N$. 由引理 5.4(2),(3) 知, 在 $e(N, x) = 0$ 的情况下, $e(S, x) \leqslant 0$ 等价于 $ME^v(x) = x$. □

满足 $ME^v(x) = x$ 的点 x 称为映射 ME^v 的不动点. 由命题 5.4 知, 博弈的核心由最大超量映射的有效不动点组成. 特别地, τ 值属于核心当且仅当 τ 值是博弈最大超量映射的不动点.

推论 5.2　令 $v \in QB^N$, 那么 $\tau(v) \in C(v)$ 当且仅当 $ME^v(\tau(v)) = \tau(v)$.

由命题 5.4, 博弈的核心为空集的充要条件是最大超量映射不存在有效不动点, 但可以证明任何博弈的最大超量映射都存在不动点.

定理 5.3　令 $v \in G^N$, $\{x \in R^n | ME^v(x) = x\} \neq \varnothing$.

证明　令 $v \in G^N$, 定义实数 α 如下:

$$\alpha = \max\{|S|^{-1} v(S) | S \subseteq N, S \neq \varnothing\}.$$

令 $x^{(0)} \in R^n, x_i^{(0)} = \alpha, \forall i \in N$. 对 $j = 1, 2, \cdots, r$, 递归定义

$$W_j = \{S \subseteq N | e(S, x^{(j-1)}) = 0\},$$
$$N_j = \{i \in N | i \notin S, \forall S \in W_j\}.$$

只要 $N_j \neq \varnothing$,

$$\rho^j = \min\{-|S \cap N_j|^{-1} e(S, x^{(j-1)}) | S \notin W_j, S \cap N_j \neq \varnothing\},$$

$$x^{(j)} \in R^n \text{ 满足 } x_i^{(j)} = \begin{cases} x_i^{(j-1)} - \rho^j, & i \in N_j, \\ x_i^{(j-1)}, & i \in N \setminus N_j, \end{cases}$$

其中 $r = \min\{j \mid j \geqslant 1, N_j = \varnothing\}$.

(1) 首先通过数学归纳法证明如下结论成立

$$e(S, x^{(j)}) \leqslant 0, \quad \forall S \subseteq N, j \geqslant 0. \tag{5.7}$$

由 α 的定义, $e(S, x^{(0)}) = v(S) - x^{(0)}(S) = v(S) - |S|\alpha \leqslant 0$, 这样就完成了 $j = 0$ 时的证明. 令 $j \geqslant 1$, 假设 $e(S, x^{(j-1)}) \leqslant 0, \forall S \subseteq N$. 由 $x^{(j)}$ 定义知

$$\begin{aligned} e(S, x^{(j)}) &= v(S) - x^{(j)}(S) \\ &= v(S) - x^{(j-1)}(S) + |S \cap N_j|\rho^j \\ &= e(S, x^{(j-1)}) + |S \cap N_j|\rho^j, \quad \forall S \subseteq N. \end{aligned}$$

如果 $S \cap N_j = \varnothing$, 那么由归纳假设, $e(S, x^{(j)}) = e(S, x^{(j-1)}) \leqslant 0$. 如果 $S \cap N_j \neq \varnothing$, 那么由 N_j 的定义, $S \notin W_j$, 因此 $e(S, x^{(j)}) = e(S, x^{(j-1)}) + |S \cap N_j|\rho^j \leqslant 0$, 这里的不等式由 ρ^j 的定义得到, 这样就完成了 (5.7) 式的证明.

(2) 下证 r 是有限的. 显然, 如果 $N_1 = \varnothing$, 那么 $r = 1$. 若 $N_1 \neq \varnothing$, 下证

$$N_j \neq \varnothing \Rightarrow N_{j+1} \subseteq N_j, N_{j+1} \neq N_j. \tag{5.8}$$

为了证明 (5.8) 式, 假设 $N_j \neq \varnothing$. 如果 $S \in W_j$, 那么 $S \cap N_j = \varnothing$, 因此

$$e(S, x^{(j)}) = e(S, x^{(j-1)}) + |S \cap N_j|\rho^j = e(S, x^{(j-1)}) = 0.$$

所以, $S \in W_j$ 可推出 $S \in W_{j+1}$, 那么 $W_j \subseteq W_{j+1}$, 由此可知 $N_{j+1} \subseteq N_j$. 下证 $N_{j+1} \neq N_j$. 注意到 $\{i\} \notin W_j, \forall i \in N_j$, 因此 ρ^j 是良定的. 选取联盟 T 使得 $T \notin W_j, T \cap N_j \neq \varnothing, e(T, x^{(j-1)}) = -|T \cap N_j|\rho^j$. 那么, 对所有 $i \in T \cap N_j$ 有 $i \notin N_{j+1}$. 因此, $N_{j+1} \neq N_j$, 由此可知 (5.8) 式成立. 由 (5.8) 式中的严格包含关系可知 r 是有限的.

(3) 令 $i \in N$, 由于 $N_r = \varnothing$, 存在 $T \in W_r$ 使得 $i \in T$. 也就是说, 存在 $T \subseteq N$ 使得 $i \in T$ 且 $e(T, x^{(r-1)}) = 0$. 此外, 由 (5.7) 式, $e(S, x^{(r-1)}) \leqslant 0, \forall S \subseteq N$. 由引理 5.4 (1) 和 (3) 可得, $ME_i^v(x^{(r-1)}) = x_i^{r-1}$. 所以 $x^{(r-1)}$ 是 ME^v 的不动点. $\qquad \square$

为了说明命题 5.4 和推论 5.2, 重新考虑例 5.1 和例 5.2 中的四人博弈. 例 5.1 中最大超量映射的不动点集合为

$$\{(\alpha, \alpha, 3 - \alpha, 0), (\alpha, 3 - \alpha, \alpha, 0), (3 - \alpha, \alpha, \alpha, 0) \,|\, 2/3 \leqslant \alpha \leqslant 3\}.$$

但其中没有有效的不动点, 因此核心为空. 例 5.2 中最大超量映射的不动点为

$$\{(\alpha, \alpha, 2 - \alpha, 0), (\alpha, 2 - \alpha, \alpha, 0), (2 - \alpha, \alpha, \alpha, 0) \,|\, 1 \leqslant \alpha \leqslant 2\}.$$

此外, $\tau(v) = 0.3\,(3, 3, 3, 1), \tau(w) = (1, 1, 1, 0)$. 博弈 w 的 τ 值是唯一的有效不动点, 因此 $\tau(w) \in C(w)$. 但由于 $\tau_4(v) \neq 0$, 所以博弈 v 的 τ 值不是不动点, 故 $\tau(v) \notin C(v)$.

5.4　准均衡博弈中 τ 值的公理化

本节介绍准均衡博弈上 τ 值的公理化刻画, 首先证明 τ 值满足之前讨论的一些标准性质, 包括可替代性.

定理 5.4　令 $v \in QB^N$, 其 τ 值满足如下性质: 个体理性、对称性、哑元性、S-均衡下的相对不变性以及可替代性.

证明　令 $v \in QB^N$, 则 $b_i^v - \lambda_i^v \leqslant \tau_i(v) \leqslant b_i^v, \forall i \in N$.

(1) 取 $i \in N$, 由让步向量定义和间隔函数定义知

$$\lambda_i^v \leqslant g^v(\{i\}) = b_i^v - v(\{i\}),$$

所以 $\tau_i(v) \geqslant b_i^v - \lambda_i^v \geqslant v(\{i\})$. 也就是说, τ 值满足个体理性.

(2) 设 $\theta : N \to N$ 是一个置换, 由 (5.1) 式—(5.3) 式,

$$b_{\theta(i)}^{\theta v} = b_i^v, \quad \forall i \in N,$$

$$g^{\theta v}(\theta S) = g^v(S), \quad \forall S \subseteq N,$$

$$\lambda_{\theta(i)}^{\theta v} = \lambda_i^v, \quad \forall i \in N.$$

由上式知, $\theta v \in QB^N$ 当且仅当 $v \in QB^N$, 故有 $\tau_{\theta(i)}(\theta v) = \tau_i(v)$, 即 τ 值满足对称性.

(3) 设 $i \in N$ 为博弈 v 中的哑元, 那么 $\tau_i(v) \leqslant b_i^v = v(N) - v(N \setminus \{i\}) = v(\{i\})$. 由个体理性知 $\tau_i(v) \geqslant v(\{i\})$. 则 $\tau_i(v) = v(\{i\})$, 即 τ 值满足哑元性.

(4) 取 $\alpha \in (0, \infty), d \in R^n$, 由引理 5.3(2),

$$b^{\alpha v + d} = \alpha b^v + d, \quad g^{\alpha v + d} = \alpha g^v, \quad \lambda^{\alpha v + d} = \alpha \lambda^v.$$

所以 $\alpha v + d \in QB^N$ 当且仅当 $v \in QB^N$. 进一步, $\tau(\alpha v + d) = \alpha \tau(v) + d$, 即 τ 值满足 S-均衡下的相对不变性.

(5) 设 $i, j \in N$ 在博弈 v 中可替代，那么对任意的 $S \subseteq N \setminus \{i, j\}$，

$$b_i^v = v(N) - v(N \setminus \{i\}) = v(N) - v(N \setminus \{j\}) = b_j^v,$$

$$g^v(S \cup \{i\}) = b^v(S \cup \{i\}) - v(S \cup \{i\})$$

$$= b^v(S \cup \{j\}) - v(S \cup \{j\})$$

$$= g^v(S \cup \{j\}).$$

因此 $\lambda_i^v = \lambda_j^v$. 由 τ 值定义, $\tau_i(v) = \tau_j(v)$, 即 τ 值满足可替代性. □

由 τ 值定义可知, 在博弈 v 中, 当任意参与者 i 的最大让步量 λ_i^v 和其上界分配 b_i^v 相同时, 博弈的 τ 值与上界向量 b^v 成比例. 这个性质以及 S-均衡下的相对不变性完全刻画了准均衡博弈的 τ 值.

定理 5.5 τ 值是 QB^N 上唯一满足以下两个性质的有效解:

(1) S-均衡下的相对不变性;

(2) 如果博弈 $v \in QB^N$ 满足 $\lambda^v = b^v$, 那么博弈的解与 b^v 成比例.

证明 τ 值显然满足上述性质, 只需证明唯一性. 假设 $\psi : QB^N \to R^n$ 满足上述两个性质, 证明 $\psi = \tau$. 任取 $v \in QB^N$, 定义 $d = b^v - \lambda^v, w = v - d$. 由于 ψ 和 τ 值均满足 S-均衡下的相对不变性, 则有 $\psi(w) = \psi(v) - d, \tau(w) = \tau(v) - d$. 为了证明 $\psi(v) = \tau(v)$, 只需证明 $\psi(w) = \tau(w)$. 由引理 5.3(2),

$$b^w = b^v - d, \ g^w = g^v, \ \lambda^w = \lambda^v.$$

$$\lambda^w = \lambda^v = b^v - d = b^w.$$

由 $v \in QB^N$ 可推出 $w \in QB^N$. 又因为 $\lambda^w = b^w$, 所以 $\psi(w), \tau(w)$ 与 b^w 成比例. 即存在实数 α, β, 使得

$$\psi(w) = \alpha b^w, \quad \tau(w) = \beta b^w.$$

注意到, $b_i^w = \lambda_i^w \geqslant 0, \forall i \in N$. 如果 $b^w(N) = 0$, 那么 $b_i^w = 0, \forall i \in N$, 因此有 $\psi(w) = \tau(w)$. 如果 $b^w(N) > 0$, 由 ψ 和 τ 值的有效性, 可得 $\alpha b^w(N) = w(N) = \beta b^w(N)$, 即有 $\alpha = \beta$. 综上所述, $\psi(w) = \tau(w)$. □

当上界向量为零向量时, 解与让步向量成比例. 再结合 S-均衡下的相对不变性, 也可以实现对准均衡博弈的 τ 值的刻画. 相应的证明与定理 5.5 类似, 只需将其中的 $d = b^v$ 换做 $d = b^v - \lambda^v$.

定理 5.6 τ 值是 QB^N 上唯一满足以下两个性质的有效解:

(1) S-均衡下的相对不变性;

(2) 如果博弈 $v \in QB^N$ 满足 $b_i^v = 0, \forall i \in N$, 那么博弈的解与 λ^v 成比例.

5.5 1-凸博弈的 τ 值

对任意 $i \in N$, 其让步量 λ_i^v 是所有包含该参与者的联盟的间隔函数的最小值, 如果最小值在大联盟处取到, 对应的博弈即为 1-凸博弈.

定义 5.6 1-凸博弈类 C_1^N 定义为

$$C_1^N = \left\{ v \in G^N | 0 \leqslant g^v(N) \leqslant g^v(S), \forall S \subseteq N, S \neq \varnothing \right\}. \tag{5.9}$$

1-凸条件 (5.9) 主要取决于间隔函数, 它等价于 $b^v(N) \geqslant v(N)$, 且

$$v(S) \leqslant v(N) - b^v(N \setminus S), \quad \forall S \subseteq N, \ S \neq \varnothing. \tag{5.10}$$

(5.10) 式表明, 对任意联盟 S, 当联盟外的参与者按上界向量 b^v 获得相应的上界分配时, 给 S 剩余的部分不少于 $v(S)$. 此外, 1-凸博弈核心的联盟限制条件可以极大地简化.

命题 5.5 令 $v \in C_1^N$, $x \in I^*(v)$, 那么 $x \in C(v)$ 当且仅当 $x_i \leqslant b_i^v, \forall i \in N$.

证明 假设 $x_i \leqslant b_i^v$, $\forall i \in N$. 由 (5.10) 式得

$$v(S) \leqslant v(N) - b(N \setminus S) \leqslant v(N) - x(N \setminus S) = x(S), \quad \forall S \subseteq N, \ S \neq \varnothing.$$

所以 $x \in C(v)$. 此外, 由引理 5.1(1), 此命题的逆命题也成立. $\qquad\square$

定理 5.7 令 $v \in C_1^N, 1_n = (1, 1, \cdots, 1) \in R^n$, 那么

$$v \in QB^n, \quad \tau(v) = b^v - n^{-1}g^v(N)1_n \in C(v).$$

证明 由 (5.9) 式和 (5.3) 式, $\lambda_i^v = g^v(N)$, $\forall i \in N$. 由于 $g^v(N) \geqslant 0$, 所以 $\lambda^v(N) = ng^v(N) \geqslant g^v(N)$. 分别由 (5.4) 式和 (5.5) 式, 可得 $v \in QB^N$, $\tau(v) = b^v - n^{-1}g^v(N)1_n$. 再由命题 5.5 以及 $g^v(N) \geqslant 0$, 易知 $\tau(v) \in C(v)$. $\qquad\square$

考虑 1-凸博弈 v 的 τ 值, 可知参与者对于大联盟总让步量的贡献相等, 这是由于任意参与者 i 关于其上界支付 b_i^v 的最大让步量 λ_i^v 相同. 根据上述定理, 由于 τ 值在核心中, 所以 1-凸博弈的核心非空. 事实上, 1-凸性可以用核心和一些适当选择的有效支付向量来刻画.

定理 5.8 $v \in C_1^N$ 当且仅当 $b^v - g^v(N)e^i \in C(v)$, $\forall i \in N$.

证明 任取 $v \in G^N$, 记 $x^{(i)} = b^v - g^v(N)e^i, \forall i \in N$. 假设 $x^{(i)} \in C(v), \forall i \in N$. 下证 (5.9) 式成立. 选取 $S \subseteq N, S \neq \varnothing$, 则存在 $j \in S$. 由 $x^{(j)} \in C(v)$ 可推出 $v(S) \leqslant x^{(j)}(S) = b^v(S) - g^v(N)$, 等价于 $g^v(N) \leqslant g^v(S)$. 此外由引理 5.1(1) 以及 $x^{(j)} \in C(v)$, 可得 $b_j^v \geqslant x_j^{(j)} = b_j^v - g^v(N)$ 或者 $g^v(N) \geqslant 0$. 所以, (5.9) 式成立. 因此, 只要 $x^{(i)} \in C(v), \forall i \in N$, 就有 $v \in C_1^N$. 此外, 此命题的逆命题是命题 5.5 的直接推论. $\qquad\square$

由定理 5.8, 博弈 v 为 1-凸的充要条件是所有的 $b^v - g^v(N)e^i$ 属于该博弈的核心. 在上界向量的基础上, 只让某一分量减少 $g^v(N)$, 即可得到向量 $b^v - g^v(N)e^i$, 因此用到了前缀 1.

例 5.3 考虑如下的三人博弈 v:

$$v(\{i\}) = 0, \quad \forall i \in N, \quad v(N) = 18, \quad v(\{1,2\}) = v(\{1,3\}) = 9, \quad v(\{2,3\}) = 15.$$

那么 $b^v = (3,9,9)$, $g^v(\{2\}) = g^v(\{3\}) = 9$, $g^v(S) = 3$, 对所有其他的 $S \neq \varnothing$. 由 (5.9) 式, v 是 1-凸博弈. 因此, 由定理 5.7, $\tau(v) = (2,8,8) \in C(v)$. 根据核心的定义可得

$$C(v) = \left\{ x \in R_+^3 \mid x_1 + x_2 + x_3 = 18, x_1 \leqslant 3, x_2 \leqslant 9, x_3 \leqslant 9 \right\}$$

$$= \operatorname{conv} \left\{ (0,9,9), (3,6,9), (3,9,6) \right\}.$$

5.6 半凸博弈的 τ 值

当所有参与者的最大让步值在单人联盟处取到时, 对应的博弈称为半凸博弈.

定义 5.7 半凸博弈类 SC^N 定义为

$$SC^N = \left\{ v \in G^N \mid 0 \leqslant g^v(\{i\}) \leqslant g^v(S), \forall i \in S, S \subseteq N \right\}. \tag{5.11}$$

半凸条件 (5.11) 等价于

$$b_i^v \geqslant v(\{i\}), \quad v(S) - b^v(S \setminus \{i\}) \leqslant v(\{i\}), \quad \forall i \in S, S \subseteq N. \tag{5.12}$$

条件 (5.12) 表明, 博弈中的任意参与者 i 更倾向于 b_i^v, 而非 $v(\{i\})$. 考虑联盟 S, 当除 i 之外的成员均得到他们的最大支付时 (即上界值), 那么剩余的部分不会超过 $v(\{i\})$. 下面分析半凸博弈的 τ 值.

定理 5.9 令 $v \in SC^N$, 且 $I(v) \neq \varnothing$, $g^v(N) > 0$, 那么

(1) $v \in QB^N$;

(2) $\tau(v) = b^v - g^v(N) \left(\sum\limits_{j \in N} g^v(\{j\}) \right)^{-1} (g^v(\{1\}), \cdots, g^v(\{n\}))$;

(3) 如果 $v(\{i\}) = 0, \forall i \in N$, 则 $\tau(v) = v(N)(b^v(N))^{-1} b^v$;

(4) 令 $v(\{i\}) = 0, \forall i \in N$, 则 $\tau(v) \in C(v)$ 当且仅当对所有满足 $g^v(S) > 0$, $2 \leqslant s \leqslant n-2$ 的 $S \subseteq N$, 都有

$$g^v(N)^{-1} b^v(N) \geqslant g^v(S)^{-1} b^v(S).$$

证明　由 (5.3) 式以及 (5.11) 式, 可得　$\lambda_i^v = g^v(\{i\}), \forall i \in N$.

为了证明准均衡条件 (5.4), 只需证 $\lambda^v(N) \geqslant g^v(N)$. 有

$$\lambda^v(N) = \sum_{j \in N} g^v(\{j\}) = b^v(N) - \sum_{j \in N} v(\{j\}) \geqslant b^v(N) - v(N) = g^v(N),$$

上述不等式由 $I(v) \neq \varnothing$ 得到, 因此 $v \in QB^N$. (2) 可由 (5.5) 式和 $\lambda_i^v = g^v(\{i\}), \forall i \in N$ 直接推出.

为了证明 (3) 和 (4), 令 $v(\{i\}) = 0, \forall i \in N$, 那么 $g^v(\{i\}) = b_i^v - v(\{i\}) = b_i^v, \forall i \in N$. 由 (2) 可得

$$\tau(v) = b^v - g^v(N)(b^v(N))^{-1}b^v = v(N)(b^v(N))^{-1}b^v.$$

τ 值属于核心的充要条件可由定理 5.2 以及 $\lambda_i^v = g^v(\{i\}) = b_i^v,\ i \in N$ 得到.　□

由定理 5.9(3) 可知, 一个零规范的半凸博弈的 τ 值与上界向量是成比例的.

定理 5.10　令 $n = 4$, 如果 $v \in SC^N$ 是零单调的, 那么 $\tau(v) \in C(v)$.

证明　令 $n = 4$, 如果 $v \in SC^N$ 是零单调的, 定义向量 $d \in R^4$ 以及四人博弈 w: $d_i = v(\{i\}), \forall i \in N$, $w = v - d$. 由引理 5.3(2) 可得, $g^w = g^v$. 又 $v \in SC^N$, 因此 $w \in SC^N$, 并且 $w(\{i\}) = 0, \forall i \in N$. 此外由 v 的零单调性, 当 $S \subseteq T \subseteq N$ 时, $0 \leqslant w(S) \leqslant w(T)$. 特别地, $w(N) \geqslant 0$, 因此 $I(w) \neq \varnothing$. 下面利用定理 5.9 证明 $\tau(w) \in C(w)$.

如果 $g^w(N) = 0$, 由命题 5.3 知 $\tau(w) \in C(w)$. 只需证 $g^w(N) > 0$ 的情形. 回顾定理 5.9(4), $\tau(w) \in C(w)$ 要求

$$g^w(S)b^w(N) \geqslant g^w(N)b^w(S), \quad \forall S \subseteq N, s = 2.$$

取 $S \subseteq N, s = 2$, 那么

$$b_i^w = g^w(\{i\}) \geqslant 0, \quad \forall i \in N,$$

$$b^w(S) = \sum_{j \in S} g^w(\{j\}) \leqslant 2g^w(S) = 2b^w(S) - 2w(S),$$

$$b^w(N \setminus S) = 2w(N) - \sum_{j \in N \setminus S} w(N \setminus \{j\}) \leqslant 2w(N) - 2w(S),$$

其中最后两个不等式分别由 w 的半凸性和单调性得出. 进一步,

$$b^w(S) \geqslant 2w(S) \geqslant 0,$$

$$2(w(N) - w(S)) \geqslant b^w(N \setminus S) \geqslant 0.$$

因此,

$$\left(w\left(N\right)-w\left(S\right)\right)b^{w}\left(S\right)\geqslant w(S)b^{w}\left(N\setminus S\right),$$

$$g^{w}\left(S\right)b^{w}\left(N\right)\geqslant g^{w}\left(N\right)b^{w}\left(S\right).$$

由此可得, $\tau\left(w\right)\in C\left(w\right)$. 此外, 由于 τ 值满足 S-均衡下的相对不变性, 因此 $\tau(w)=\tau(v)-d$, 进而易得 $\tau(w)\in C(w)$ 当且仅当 $\tau(v)\in C(v)$. 因此 $\tau\left(v\right)\in C(v)$. □

需要注意的是, 如果半凸博弈的参与者个数超过四人, 那么零单调性一般不是 τ 值属于核心的充分条件.

由于任意凸博弈的间隔函数都是单调的, 因此凸博弈一定是半凸博弈.

命题 5.6 令 $v\in C^{N}$, 则 $g^{v}(S)\leqslant g^{v}(S\cup\{i\})$, $\forall\,i\in N$, $S\subseteq N\setminus\{i\}$. 特别地, $C^{N}\subseteq SC^{N}$.

证明 令 $v\in C^{N}$, $i\in N$ 且 $S\subseteq N\setminus\{i\}$. 由 (4.2) 式可得, $v(S\cup\{i\})-v(S)\leqslant v(N)-v(N\setminus\{i\})$. 基于 (5.1) 式和 (5.2) 式, 该不等式等价于 $g^{v}(S)\leqslant g^{v}(S\cup\{i\})$. 此外

$$0=g^{v}(\varnothing)\leqslant g^{v}(\{i\})\leqslant g^{v}(T),\quad\forall\,T\subseteq N,\,i\in T.$$

由此可见, $v\in C^{N}$ 意味着 $v\in SC^{N}$. □

由 (5.1) 式和 (5.12) 式易知, n 人半凸博弈的集合 SC^{N} 是线性空间 G^{N} 上的一个多面体锥, 且由于它包含 $2^{n}-1$ 维锥 C^{N}, 因此它也是 G^{N} 上的一个全维锥.

推论 5.3 $\dim SC^{N}=2^{n}-1$.

由凸性条件 (4.3) 可得, 凸性意味着超可加性和零单调性. 结合 $C^{N}\subseteq SC^{N}$, 凸博弈的 τ 值同时满足定理 5.9 和定理 5.10 中的结论. 注意到当 $n\leqslant 2$ 时, $C^{N}=SC^{N}$. 当 $n\geqslant 3$ 时, $C^{N}\subset SC^{N}$. 例如, 例 5.1 中的四人半凸博弈不是凸的, 因为它不是零单调的.

最后, 我们注意到任意凸博弈 $v\in C^{N}$ 的 τ 值表示该博弈核心的上界 b^{v} 和下界 $b^{v}-\lambda^{v}$ 的一个有效妥协. 由命题 5.6, 凸博弈 v 的间隔函数是单调的. 由此可知, 相应的让步向量 λ^{v} 是由单人联盟的间隙函数所确定的. 因此, 博弈 v 的凸性意味着

$$b^{v}_{i}-\lambda^{v}_{i}=b^{v}_{i}-g^{v}(\{i\})=v(\{i\}),\quad\forall\,i\in N.$$

n 人凸博弈 v 中, 边际价值向量 $x^{\theta}(v)$, $\theta\in\Theta^{N}$ 在核心中的位置满足

$$若\ \theta(i)=1,\quad 则\ x^{\theta}_{i}(v)=v(\{i\})-v(\varnothing)=v(\{i\}),$$

$$若\ \theta(i)=n,\quad 则\ x^{\theta}_{i}(v)=v(N)-v(N\setminus\{i\})=b^{v}_{i}.$$

由此可见, 如果博弈 v 是凸的, 那么 b^v 和 $b^v - \lambda^v$ 是核心的严格边界. 然而, 凸博弈的 τ 值却可能落在核心之外.

例 5.4　考虑一个需要满足三种不同类型的五架飞机着陆的机场成本博弈 (N, c), 其中

$$|N_1| = 1, \quad |N_2| = |N_3| = 2, \quad c_1 = 8, \quad c_2 = 10, \quad c_3 = 36.$$

这个机场成本博弈的 τ 值 $\tau(c)$ 为: $\tau_i(c) = 0.36 c_j, \ \forall i \in N_j$. 所以

$$\sum_{j \in N_1 \cup N_2} \tau_j(c) = 10.08 > 10 = c(N_1 \cup N_2).$$

令 (N, v) 为相应的节约博弈. 根据例 4.3, v 是凸博弈, 而上述严格不等式等价于

$$\sum_{j \in N_1 \cup N_2} \tau_j(v) < v(N_1 \cup N_2).$$

因此, 尽管博弈 v 是凸的, 但 $\tau(v) \notin C(v)$.

由于凸博弈一定是半凸博弈, 因此凸博弈的 τ 值可以借助定理 5.9 和定理 5.10 来确定. 特别地, 零规范凸博弈的 τ 值与博弈的上界向量成比例. 从而, 例 4.4 和例 4.5 中两个凸博弈的 τ 值分别为 $(5,8,9)$ 和 $3/7(3,2,2)$.

5.7　简单均衡博弈的 τ 值

在简单博弈中, 如果一个参与者的存在与否决定了某一联盟是否为获胜联盟, 则称该参与者为否决参与者. 事实上, 简单博弈中所有否决参与者的集合就是所有获胜联盟的交集.

命题 5.7　令 $v \in S^N$, $J^v = \bigcap \{S | S \subseteq N, v(S) = 1\}$.

证明　令 $v \in S^N$, 定义 $W = \{S | S \subseteq N, v(S) = 1\}$, 取 $i \in N$. 该命题等价于证明 $i \notin J^v$ 当且仅当存在 $S \in W$ 使得 $i \notin S$. 如果 $i \notin J^v$, 则 $v(N \setminus \{i\}) = 1$. 因此, $N \setminus \{i\} \in W$. 接下来证明充分性. 假设存在 $S \in W$ 且 $i \notin S$, 那么 $S \subseteq N \setminus \{i\}$ 且 $v(S) = 1$. 由简单博弈的单调性, 可得 $v(N \setminus \{i\}) = 1$, 因此 $i \notin J^v$.　　　□

下面的引理给出了简单博弈的间隔函数、让步向量、上界向量的形式, 并且简单博弈是准均衡的充要条件为存在否决参与者.

引理 5.5　令 $v \in S^N$, 那么

(1) $b_i^v = \begin{cases} 1, & i \in J^v, \\ 0, & i \in N \setminus J^v. \end{cases}$

(2) $g^v(S) = \begin{cases} |J^v| - 1, & v(S) = 1, \\ |S \cap J^v|, & v(S) = 0. \end{cases}$

特别地, $J^v \neq \varnothing$ 当且仅当 $g^v(S) \geqslant 0, \forall S \subseteq N$.

(3) 如果 $J^v \neq \varnothing$, 那么 $g^v(\{i\}) = 0, \forall i \in N \setminus J^v$. 如果 $|J^v| \geqslant 2$, 那么 $g^v(\{i\}) = 1, \forall i \in J^v$.

(4) 如果 $|J^v| = 1$, 那么 $g^v(N) = 0$ 并且 $\lambda_i^v = 0, \forall i \in N$. 如果 $|J^v| \geqslant 2$, 那么 $g^v(N) = |J^v| - 1$ 并且 $\lambda_i = g^v(\{i\}), \forall i \in N$.

(5) $v \in QB^N$ 当且仅当 $J^v \neq \varnothing$.

证明 (1) $b_i^v = v(N) - v(N \setminus \{i\}) = 1 - v(N \setminus \{i\}), \forall i \in N$. 因此, 如果 $i \in J^v$, 则 $b_i^v = 1$, 如果 $i \in N \setminus J^v$, 则 $b_i^v = 0$.

(2) 由 (1) 可知, $g^v(S) = b^v(S) - v(S) = |S \cap J^v| - v(S), \forall S \subseteq N$. 当 $v(S) = 0$ 时, $g^v(S) = |S \cap J^v| \geqslant 0$. 由命题 5.7, 若 $v(S) = 1$, 则 $J^v \subseteq S$, 因此 $g^v(S) = |J^v| - 1$.

(3) 假设 $J^v \neq \varnothing$. $\forall i \in J^v$, 有 $v(N \setminus \{i\}) = 0$, 因此 $v(\{j\}) = 0, \forall j \in N \setminus \{i\}$. 特别地, $v(\{j\}) = 0, \forall j \in N \setminus J^v$. 此外当 $|J^v| \geqslant 2$ 时, $v(\{j\}) = 0, \forall j \in N$. 则 $J^v \neq \varnothing$ 可推出

$$g^v(\{j\}) = b_j^v - v(\{j\}) = b_j^v = 0, \quad \forall j \in N \setminus J^v.$$

当 $|J^v| \geqslant 2$ 时, $g^v(\{j\}) = b_j^v - v(\{j\}) = b_j^v = 1, \forall j \in J^v$.

(4) 假设 $J^v \neq \varnothing$, 由 (2) 得, $g^v(N) = |J^v| - 1, g^v(S) \geqslant 0, \forall S \subseteq N$. 由 (5.3) 式以及 (3), 有 $\lambda_i^v = g^v(\{i\}) = 0, \forall i \in N \setminus J^v$. 如果 $|J^v| = 1$, 那么 $g^v(N) = 0$, 因此 $\lambda_i^v = 0, \forall i \in N$. 下面考虑 $|J^v| \geqslant 2, i \in J^v$ 的情况. 由 $|J^v| \geqslant 2$ 以及 (2) 和 (3), 对所有的 $S \subseteq N, i \in S$, 有 $g^v(S) \geqslant 1 = g^v(\{i\})$. 由此, 当 $|J^v| \geqslant 2$ 时, $\lambda_i^v = g^v(\{i\}) = 1, \forall i \in J^v$.

(5) 由 (5.4) 式和 (2), $v \in QB^N$ 当且仅当 $J^v \neq \varnothing$ 且 $\lambda^v(N) \geqslant g^v(N)$. 而 (4) 可推出: 当 $|J^v| = 1$ 时, $\lambda^v(N) = 0 = g^v(N)$, 当 $|J^v| \geqslant 2$ 时, $\lambda^v(N) = |J^v| > |J^v| - 1 = g^v(N)$. 因此, $v \in QB^N$ 当且仅当 $J^v \neq \varnothing$. $\qquad\square$

根据引理 5.5(4), 当简单博弈有唯一的否决参与者时, 其间隔函数非负且 $g^v(N) = 0$, 因此该博弈是 1-凸的, 且 $C(v) = \{\tau(v)\} = \{b^v\}$. 如果简单博弈至少有两个否决参与者, 该博弈是半凸的且是零规范的, 因此由定理 5.9(3), 此时 τ 值与上界向量成比例. 在简单博弈中, 如果按照 τ 值进行分配, 那么所有的否决参与者将会平分总收益.

定理 5.11 令 $v \in S^N$ 且 $J^v \neq \varnothing$, 那么

$$\tau_i(v) = \begin{cases} |J^v|^{-1}, & i \in J^v, \\ 0, & i \in N \setminus J^v. \end{cases}$$

特别地, $\tau(v) \in C(v)$.

证明 只需证明 $\tau(v) \in C(v)$. 令 $x = \tau(v), S \subseteq N$. 当 $v(S) = 0$ 时, $x(S) \geqslant v(S)$. 由命题 5.7, 当 $v(S) = 1$ 时, $J^v \subseteq S$. 因此 $x(S) = 1 = v(S)$. 由核心定义, $x \in C(v)$. $\square$

根据目前的结论, 简单博弈的均衡性与准均衡性等价, 并且都取决于是否存在否决参与者.

推论 5.4 令 $v \in S^N$, 以下几个条件等价:

(1) $C(v) \neq \varnothing$; (2) $v \in QB^N$; (3) $J^v \neq \varnothing$.

5.8 分配集非空博弈的 τ 值

前面介绍了准均衡博弈下的 τ 值, 本节将 τ 值的定义推广到更一般的博弈类: 分配集非空的博弈类 I^N. τ 值的推广是基于对参与者的合作进行征税, 基本的过程如下: 任给博弈 $v \in G^N$, 非平凡联盟 S 以及实数 $\varepsilon \in (0, 1)$. 如果联盟 S 的成员之间没有合作, 每个成员 i 独自行动, 赚得 $v(\{i\})$. 若组成合作联盟 S, $v(S)$ 可看作合作带来的共同奖励. 所以 S 中的参与者由于合作获得的额外收益为 $v(S) - \sum_{j \in S} v(\{j\})$. 现在针对该收益征收一定比例的税, 税率为 ε, 即税额为 $\varepsilon\left(v(S) - \sum_{j \in S} v(\{j\})\right)$(当税额非正时, 可看作是补贴).

由上述过程, 对任意非平凡联盟 S 的特征函数值都进行了重新评估和衡量, 导出了如下新的博弈.

定义 5.8 令 $v \in G^N, 0 \leqslant \varepsilon \leqslant 1$. ε 乘税博弈 $v^\varepsilon \in G^N$ 定义为 $v^\varepsilon(N) = v(N)$,

$$v^\varepsilon(S) = \sum_{j \in S} v(\{j\}) + (1 - \varepsilon)\left(v(S) - \sum_{j \in S} v(\{j\})\right), \quad \forall S \subseteq N, S \neq N. \quad (5.13)$$

如果博弈 v 零规范且 $0 \leqslant \varepsilon \leqslant 1$, 那么对联盟 S 的征税额为 $\varepsilon v(S)$, 因此 $v^\varepsilon(S) = (1 - \varepsilon)v(S)$. 如果 $\varepsilon = 0, v^0 = v$. 如果 $\varepsilon = 1$, 那么

$$v^1(N) = v(N), \quad v^1(S) = \sum_{j \in S} v(\{j\}), \quad \forall S \subseteq N, S \neq N. \quad (5.14)$$

如果 $v \in I^N$ 且 $n \geqslant 2$, 则有 $I(v^1) = I(v) = C(v^1)$. 由此可得, v^1 一定是均衡的, 尽管原博弈 $v \in I^N$ 不一定均衡. 为了将 τ 值从 QB^N 扩展到 I^N 上, 考虑 $v \in I^N$ 的最小准均衡乘税博弈. 对任何博弈 $v \in I^N$, 首先定义临界值

$$\varepsilon^{qb}(v) = \min\{\varepsilon | \varepsilon \geqslant 0, v^\varepsilon \in QB^N\}. \tag{5.15}$$

引理 5.6 令 $v \in I^N$,

(1) 临界值 $\varepsilon^{qb}(v)$ 是良定的;

(2) $0 \leqslant \varepsilon^{qb}(v) \leqslant 1$, $\varepsilon^{qb}(v) = 0 \Leftrightarrow v \in QB^N$.

证明 由 (5.13) 式以及 (5.14) 式知, $v^\varepsilon = v^1 + (1 - \varepsilon)(v - v^1), 0 \leqslant \varepsilon \leqslant 1$. 此外由命题 5.2 知, QB^N 是一个多面体锥, 那么 QB^N 是一个闭凸集. 注意到 $v^1 \in QB^N$, 故 $\varepsilon^{qb}(v)$ 是良定的. 由 $v^1 \in QB^N, v^0 = v$, 易知 (2) 成立. □

最小准均衡乘税博弈可以用来定义无哑元博弈的 τ 值. 对任意至少有一个哑元的博弈, 为了保证哑元性, 可以先把哑元移除. 用 D^v 表示博弈 v 中所有哑元的集合, 即 $D^v = \{i \in N | v(S \cup \{i\}) - v(S) = v(\{i\}), \forall S \subseteq N \setminus \{i\}\}$. $(N \setminus D^v, v_{N \setminus D^v})$ 表示剔除博弈 v 中的哑元后得到的子博弈.

引理 5.7 令 $v \in G^N$. 那么

$$(1) \quad v(S) = v(S \setminus D^v) + \sum_{j \in S \cap D^v} v(\{j\}), \quad \forall S \subseteq N; \tag{5.16}$$

(2) 如果 $D^v = N$, 那么 $v(S) = \sum_{j \in S} v(\{j\}), \forall S \subseteq N$, 且

$$v \in QB^N, \quad \tau_i(v) = v(\{i\}), \quad i \in N.$$

证明 (1) 令 $S \subseteq N$, 当 $S \cap D^v = \varnothing$ 时, (5.16) 式自然成立. 假设 $S \cap D^v \neq \varnothing$, 记 $S \cap D^v = \{i_1, i_2, \cdots, i_k\}, k \geqslant 1$. 令 $T = S \setminus D^v, [i_0] = \varnothing, [i_j] = \{i_1, i_2, \cdots, i_j\}, 1 \leqslant j \leqslant k$. 那么

$$\begin{aligned} v(S) - v(S \setminus D^v) &= \sum_{j=1}^{k} (v(T \cup [i_j]) - v(T \cup [i_{j-1}])) \\ &= \sum_{j=1}^{k} (v(T \cup [i_{j-1}] \cup \{i_j\}) - v(T \cup [i_{j-1}])) \\ &= \sum_{j=1}^{k} v(\{i_j\}) = \sum_{j \in S \cap D^v} v(\{j\}). \end{aligned}$$

所以 (1) 成立. (2) 可由 (1) 以及 QB^N 上 τ 值的哑元性直接推出. □

引理 5.8   令 $v \in G^N$ 且满足 $D^v \neq N$, 令 $w = v_{N \setminus D^v}$. 则

(1) $b_i^v = v(\{i\}), \forall i \in D^v$; $b_i^v = b_i^w, \forall i \in N \setminus D^v$.

(2) $g^v(S) = g^w(S \setminus D^v), \forall S \subseteq N$.

(3) $\lambda_i^v \leqslant 0, \forall i \in D^v$; $\lambda_i^v = \lambda_i^w, \forall i \in N \setminus D^v$.

证明   令 $M = N \setminus D^v$.

(1) 当 $i \in D^v$ 时, $b_i^v = v(N) - v(N \setminus \{i\}) = v(\{i\})$. 对所有的 $j \in M$, 由 (5.16) 式和 $(N \setminus \{j\}) \cap D^v = D^v$, 得

$$b_j^v = v(N) - v(N \setminus \{j\}) = v(M) - v(M \setminus \{j\}) = w(M) - w(M \setminus \{j\}) = b_j^w.$$

(2) 由 (5.16) 式及 (1) 得, 对所有的 $S \subseteq N$,

$$g^v(S) = b^v(S) - v(S) = b^w(S \setminus D^v) + \sum_{j \in S \cap D^v} v(\{j\}) - v(S)$$

$$= b^w(S \setminus D^v) - v(S \setminus D^v)$$

$$= b^w(S \setminus D^v) - w(S \setminus D^v) = g^w(S \setminus D^v).$$

(3) 由 (5.2) 式, (5.3) 式及 (1) 得, 对所有的 $i \in D^v$, $\lambda_i^v \leqslant g^v(\{i\}) = b_i^v - v(\{i\}) = 0$. 令 $j \in M$, 由 $\{S \subseteq M | j \in S\} \subseteq \{S \subseteq N | j \in S\}$ 及 (2) 可得

$$\lambda_j^v = \min\{g^v(S) | S \subseteq N, j \in S\}$$

$$\leqslant \min\{g^v(S) | S \subseteq M, j \in S\}$$

$$= \min\{g^w(S) | S \subseteq M, j \in S\} = \lambda_j^w.$$

此外, 选择 $T \subseteq N$, 使得 $j \in T, g^v(T) = \lambda_j^v$. 那么 $j \in T \setminus D^v$ 和 (2) 能够推出

$$\lambda_j^w \leqslant g^w(T \setminus D^v) = g^v(T) = \lambda_j^v.$$

综上, $\lambda_j^v = \lambda_j^w, \forall j \in M$.   □

对于准均衡博弈, 如果按照 τ 值进行分配, 那么在原博弈中剔除哑元参与者对非哑元参与者的收益不会产生影响.

定理 5.12   令 $v \in QB^N$ 且满足 $D^v \neq N$, 那么子博弈 $(N \setminus D^v, v_{N \setminus D^v}) \in QB^N$ 且

$$\tau_i(v_{N \setminus D^v}) = \tau_i(v), \quad \forall i \in N \setminus D^v.$$

证明   令 $w = v_{N \setminus D^v}, M = N \setminus D^v$, 因 $v \in QB^N$, 所以 $\lambda_i^v \geqslant 0, \forall i \in N$. 由引理 5.8, 可得

$$g^v(N) = g^w(M), \quad g^v(S) = g^w(S), \quad \forall S \subseteq M,$$

$$b_i^v = b_i^w, \quad \lambda_i^v = \lambda_i^w, \quad \forall i \in M,$$

$$\lambda_i^v = 0, \quad \forall i \in D^v.$$

特别地, $\lambda^w(M) = \lambda^v(N)$. 由 (5.4) 式和 $v \in QB^N$, 显然 w 也是准均衡博弈. 对所有的 $j \in M$, 从 (5.5) 式可得

当 $g^v(N) = 0$ 时, $\tau_j(w) = b_j^w = b_j^v = \tau_j(v)$.

当 $g^v(N) > 0$ 时,

$$\begin{aligned} \tau_j(w) &= b_j^w - g^w(M)(\lambda^w(M))^{-1}\lambda_j^w \\ &= b_j^v - g^v(N)(\lambda^v(N))^{-1}\lambda_j^v \\ &= \tau_j(v). \end{aligned} \qquad \square$$

下面, 将 τ 值从 QB^N 扩展到分配集非空的博弈类 I^N.

定义 5.9 令 $v \in I^N$ 且满足 $D^v = \varnothing$, 则 v 的 τ 值定义为相应的最小准均衡乘税博弈 $v^{\varepsilon^{qb(v)}} \in QB^N$ 的 τ 值, 即

$$\tau(v) = \tau(v^{\varepsilon^{qb(v)}}).$$

如果 $D^v \neq N, \varnothing$, 则 $v \in I^N$ 的 τ 值为

$$\tau_i(v) = \begin{cases} v(\{i\}), & \forall i \in D^v, \\ \tau_i(v_{N \setminus D^v}), & \forall i \in N \setminus D^v. \end{cases}$$

上述扩展后的 τ 值同样保持了原始 τ 值的标准性质.

定理 5.13 I^N 上的 τ 值具有以下五个性质: (1) 个体理性; (2) 对称性; (3) 哑元性; (4) S-均衡下的相对不变性; (5) 可替代性.

证明 令 $v \in I^N$. 由引理 5.7(2), 当 $D^v = N$ 时, $v \in QB^N$. 假设 $D^v \neq N$, 令 $w = v^{\varepsilon^{qb(v)}}$, 则 $w \in QB^N$, 因此 QB^N 上关于 τ 值的性质可以应用到 w 上.

首先证明 τ 值的有效性. 如果 $D^v \neq \varnothing$, 那么 $\tau(v) = \tau(w)$, 因此

$$\sum_{j \in N} \tau_j(v) = \sum_{j \in N} \tau_j(w) = w(N) = v(N).$$

如果 $D^v \neq N, \varnothing$, 那么

$$\sum_{j\in N}\tau_j(v) = \sum_{j\in N\setminus D^v}\tau_j(v_{N\setminus D^v}) + \sum_{j\in D^v}v(\{j\})$$

$$= v_{N\setminus D^v}(N\setminus D^v) + \sum_{j\in D^v}v(\{j\})$$

$$= v(N\setminus D^v) + \sum_{j\in D^v}v(\{j\})$$

$$= v(N),$$

其中第二个等式是由无哑元博弈中 τ 值的有效性所得, 第四个等式是由 (5.16) 式所得. 所以 I^N 上的 τ 值满足有效性.

(1) 当 $D^v=\varnothing$ 时, 有 $\tau_i(v)=\tau_i(w)\geqslant w(\{i\})=v(\{i\})$, $\forall i\in N$. 当 $D^v\neq N,\varnothing$ 时, 有

$$\tau_i(v)=v(\{i\}),\quad \forall i\in D^v.$$

$$\tau_i(v)=\tau_i(v_{N\setminus D^v})\geqslant v_{N\setminus D^v}(\{i\})=v(\{i\}),\quad \forall i\in N\setminus D^v.$$

(2) 令 $\theta:N\to N$ 是 N 的一个置换, 那么 $i\in D^v$ 当且仅当 $\theta(i)\in D^{\theta v}$. 由 (5.13) 式和 (5.15) 式,

$$(\theta v)^\varepsilon = \theta(v^\varepsilon),\quad \forall\varepsilon\in[0,1].$$

因此 $\varepsilon^{qb}(\theta v)=\varepsilon^{qb}(v)$.

如果 $D^v=\varnothing$, 那么 $D^{\theta v}=\varnothing$, 对所有的 $i\in N$,

$$\tau_{\theta(i)}(\theta v)=\left((\theta v)^{\varepsilon^{qb(\theta v)}}\right)=\tau_{\theta(i)}\left((\theta v)^{\varepsilon^{qb(v)}}\right)$$

$$= \tau_{\theta(i)}(\theta(v^{\varepsilon^{qb(v)}}))=\tau_{\theta(i)}(\theta w)$$

$$= \tau_i(w)=\tau_i(v).$$

若 $D^v\neq N,\varnothing$, 那么 $D^{\theta v}\neq N,\varnothing$, 且有

$$\tau_{\theta(i)}(\theta v)=(\theta v)(\{\theta(i)\})=v(\{i\})=\tau_i(v),\quad \forall i\in D^v.$$

$$\tau_{\theta(i)}(\theta v)=\tau_{\theta(i)}((\theta v)_{N\setminus D^{\theta v}})=\tau_{\theta(i)}(\theta(v_{N\setminus D^v}))$$

$$= \tau_i(v_{N\setminus D^v})=\tau_i(v),\quad \forall i\in N\setminus D^v.$$

因此 I^N 上的 τ 值满足对称性.

(3) I^N 上 τ 值的哑元性是显然的, 这是因为 $\tau_i(v) = v(\{i\}), \forall i \in D^v$.

(4) 令 $\alpha \in (0,\infty), d \in R^n$, 那么 $i \in D^v$ 当且仅当 $i \in D^{\alpha v + d}$. 此外, 由 (5.13) 式以及 (5.15) 式, $(\alpha v + d)^\varepsilon = \alpha v^\varepsilon + d, 0 \leqslant \varepsilon \leqslant 1$, 因此 $\varepsilon^{qb}(\alpha v + d) = \varepsilon^{qb}(v)$.

如果 $D^v = \varnothing$, 那么 $D^{\alpha v + d} = \varnothing$,

$$\tau(\alpha v + d) = \tau\left((\alpha v + d)^{\varepsilon^{qb}(\alpha v + d)}\right) = \tau\left((\alpha v + d)^{\varepsilon^{qb}(v)}\right)$$
$$= \tau\left(\alpha v^{\varepsilon^{qb}(v)} + d\right) = \tau(\alpha w + d)$$
$$= \alpha\tau(w) + d = \alpha\tau(v) + d.$$

如果 $D^v \neq N, \varnothing$, 那么 $D^{\alpha v + d} \neq N, \varnothing$,

$$\tau_i(\alpha v + d) = (\alpha v + d)(\{i\}) = \alpha v(\{i\}) + d_i = \alpha\tau_i(v) + d_i, \quad \forall i \in D^v,$$

同时, $\forall i \in N \setminus D^v$,

$$\tau_i(\alpha v + d) = \tau_i\left((\alpha v + d)_{N \setminus D^{\alpha v + d}}\right)$$
$$= \tau_i\left((\alpha v + d)_{N \setminus D^v}\right) = \tau_i\left(\alpha v_{N \setminus D^v} + d\right)$$
$$= \alpha\tau_i(v_{N \setminus D^v}) + d_i = \alpha\tau_i(v) + d_i.$$

所以 I^N 上的 τ 值满足 S-均衡下的相对不变性.

(5) 令 $i, j \in N$ 在 v 中可替代, 即 $v(S \cup \{i\}) = v(S \cup \{j\}), \forall S \subseteq N \setminus \{i, j\}$. 特别地, $v(\{i\}) = v(\{j\})$. 在乘税博弈 w 中, i, j 同样是可替代的, 且 $i \in D^v$ 与 $j \in D^v$ 等价.

当 $D^v \neq \varnothing$ 时,

$$\tau_i(v) = \tau_i(w) = \tau_j(w) = \tau_i(v).$$

当 $D^v \neq N, \varnothing$ 时, 若 $i \in D^v$, 则 $\tau_i(v) = v(\{i\}) = v(\{j\}) = \tau_j(v)$. 若 $i \in N \setminus D^v$, 则 $\tau_i(v) = \tau_i(v_{N \setminus D^v}) = \tau_j(v_{N \setminus D^v}) = \tau_j(v)$. 所以 I^N 上的 τ 值满足可替代性. $\quad\square$

最后, 通过下述例子说明非准均衡博弈 τ 值.

例 5.5 考虑三人零规范博弈 v: $v(\{1,2\}) = 75, v(\{1,3\}) = 85, v(\{2,3\}) = 90$, $v(N) = 100$, 那么 $D^v \neq \varnothing$, $b^v = (10, 15, 25)$. 注意到 $v \notin QB^N$, 这是因为 $g^v(N) = -50 < 0$. 对任意 $0 \leqslant \varepsilon \leqslant 1$, 相应的三人零规范化乘税博弈 v^ε 如下:

$$v^\varepsilon(\{1,2\}) = 75(1-\varepsilon), v^\varepsilon(\{1,3\}) = 85(1-\varepsilon), v^\varepsilon(\{2,3\}) = 90(1-\varepsilon), v^\varepsilon(N) = 100.$$

特别地, v^1 如下:

$$v^1(N) = 100, \quad v^1(S) = 0, \quad \forall S \subseteq N, S \neq N.$$

有 $b^{v^\varepsilon} = (10 + 90\varepsilon, 15 + 85\varepsilon, 25 + 75\varepsilon)$, $g^{v^\varepsilon}(N) = 250\varepsilon - 50$. 当 $0.2 \leqslant \varepsilon \leqslant 1$ 时, 有 $g^{v^\varepsilon}(N) \geqslant 0$. 由此可得

$$\varepsilon^{qb}(v) = 0.2, \quad \tau(v) = \tau(v^{0.2}) = (28, 32, 40).$$

此外, 该博弈的 Shapley 值与核子分别为

$$\mathrm{Sh}(v) = \frac{1}{2}(60, 65, 75), \quad \eta(v) = \frac{1}{3}(80, 95, 125).$$

第 6 章　具有联盟结构的合作博弈及其值

前述章节涉及的合作博弈, 参与者可以自由结合形成联盟并获得相应的联盟价值, 通常称此类博弈为经典合作博弈, 相关博弈模型及其解得到了广泛研究. 然而, 人与人间的交往越来越频繁且呈现复杂化的趋势, 使得参与者之间的合作也愈发受到各种主客观因素的影响和限制, 比如个人偏好、亲缘关系、利益冲突、地理环境、政治、法律等. 此时, 部分参与者之间无法进行合作, 并且为了提高自身收益往往会形成某些优先联盟, 并通过制定相应的规则对各参与者的行动进行规范. 为了更准确地描述联盟形成受限制的合作情形, 具有联盟结构的合作博弈应运而生. 本章主要探讨具有联盟结构的合作博弈, 包括具有划分结构的合作博弈和具有图结构的合作博弈, 以及相应的合作博弈解及其公理化.

6.1　具有划分结构的合作博弈

在很多实际问题中, 参与者无法自由合作, 而是形成多个互不相交的优先联盟, 导致合作划分结构的出现. 企业、军事团体和政治党派等社会团体的形成, 都是参与者事先形成优先联盟的实例, 优先联盟内部参与者间的联系在某种程度上要甚于优先联盟外部. 优先联盟的本质就是对所有参与者的一个划分, 下面介绍具有划分结构的合作博弈的基本概念.

定义 6.1　给定一个有限参与者集合 $N = \{1, 2, \cdots, n\}$, 若 $C = \{C_1, C_2, \cdots, C_m\}$ 满足

(1) $\bigcup_{h \in M} C_h = N$, 其中 $M = \{1, 2, \cdots, m\}$;

(2) $C_h \neq \varnothing, \forall h \in M$;

(3) $C_h \cap C_r = \varnothing, \forall h, r \in M, h \neq r$,

则称 C 是 N 上的一个划分结构.

方便起见, 通常将划分结构简记为 C, 其中 $C_h \ (h = 1, 2, \cdots, m)$ 为一个优先联盟, M 表示优先联盟下标的集合. 给定 $S \subseteq N$, 将划分结构 C 限制在 S 上所形成的子划分结构记为 C_S, 即 $C_S = \{C_h \cap S | \ C_h \in C, \ C_h \cap S \neq \varnothing\}$.

定义 6.2　一个具有划分结构的 n 人合作博弈为三元组 (N, v, C), 其中 $(N, v) \in G^N$ 是 n 人经典合作博弈, C 是 N 上的一个划分结构.

记 CG^N 为所有定义在 N 上具有划分结构的合作博弈的集合. 给定 (N, v, C)

$\in CG^N$, 对任意非空联盟 $H \subseteq N$, 记 (N, v, C) 限制在 H 上的子博弈为 (H, v_H, C_H), 其中

$$v_H(S) = \begin{cases} v(S), & S \subseteq H, \\ 0, & \text{其他}. \end{cases}$$

定义 6.3　给定具有划分结构的 n 人合作博弈空间 CG^N, 若 ψ 是从 CG^N 到 R^n 上的一个映射, 即 $\psi: CG^N \to R^n$, 称 ψ 为定义在 CG^N 上的一个解, 亦称为划分值.

在具有划分结构的合作博弈中, 刻画联盟价值时经常将每个优先联盟视为一个整体并相应地抽象为一个参与者. 为此, Owen[51] 引入了商博弈的概念.

定义 6.4　令 $(N, v, C) \in CG^N$, 其商博弈 (M, v^C) 定义为

$$v^C(Q) = v\left(\bigcup_{h \in Q} C_h\right), \quad \forall Q \subseteq M.$$

在商博弈中, 各优先联盟 C_h $(h = 1, 2, \cdots, m)$ 均可视为单个参与者 h, 从而将 (N, v, C) 转化为定义在有限参与者集 $M = \{1, 2, \cdots, m\}$ 上的经典合作博弈 (M, v^C). 令 $(N, v, C) \in CG^N$ 和 $C_h \in C$, 若 h 是商博弈 (M, v^C) 的一个零元, 则称 C_h 为 (N, v, C) 的一个零元联盟; 对任意的 $C_h, C_r \in C$, 若 h 和 r 是商博弈 (M, v^C) 的对称参与者, 则称 C_h 和 C_r 为 (N, v, C) 的对称联盟.

6.2　Owen 值

具有划分结构的合作博弈解的研究源于 Aumann 和 Drèze[31]. 在他们所提出的模型中优先联盟之间不存在合作的可能性, 基于 Shapley 值的思想, 他们定义了参与者关于其所在优先联盟的 Shapley 值函数, 通常称为 A-D 值. 1977 年, Owen[51] 打破了各优先联盟间无合作的假设, 允许一个优先联盟的部分参与者可以和一个或多个完整的优先联盟合作, 由此开启了具有划分结构的合作博弈解研究的新时代. 此外, Owen 将经典合作博弈下的 Shapley 值拓展至具有划分结构的合作博弈上, 提出了 Owen 值. 该划分值基于两阶段的分配方法确定:

(1) 在优先联盟之间, 基于商博弈分配大联盟的价值 $v(N)$;

(2) 各优先联盟将所得支付再分配给联盟内部各个参与者.

定义 6.5　令 $(N, v, C) \in CG^N$, 其 Owen 值为

$$\text{Ow}_i(N, v, C) = \sum_{Q \subseteq M \setminus \{h\}} \sum_{S \subseteq C_h \setminus \{i\}} \frac{|Q|!(|M| - |Q| - 1)!}{|M|!} \frac{|S|!(|C_h| - |S| - 1)!}{|C_h|!}$$

$$\cdot \left[v\left(\bigcup_{q \in Q} C_q \cup S \cup \{i\} \right) - v\left(\bigcup_{q \in Q} C_q \cup S \right) \right], \quad \forall\, i \in C_h \in C.$$

$$(6.1)$$

作为 Shapley 值在具有划分结构的合作博弈模型下的扩展, Owen 值同样强调各参与者对联盟的边际贡献. 假设各参与者按一定的顺序先后随机到达并依次加入从而形成大联盟, 虽然大联盟的价值 $v(N)$ 不变, 但在不同的顺序下, 各参与者的边际贡献不同.

定义 6.6 令 $\theta \in \Theta^N$ 和 $i,\ j,\ k \in N$ 满足 $\theta(i) < \theta(k) < \theta(j)$, 若有 $i,\ j \in C_h \in C$ 当且仅当 $k \in C_h$ 成立, 则称 θ 与 C 一致.

记 $\Theta^N(C)$ 为 Θ^N 中所有与 C 一致的置换的集合, 即在划分结构 C 的限制下, 有限参与者 N 可能形成的顺序. 根据参与者随机到达的顺序, 可以得到 Owen 值的另一种表达式. 令 $(N, v, C) \in CG^N$, 其 Owen 值可表示为

$$\mathrm{Ow}_i(N, v, C) = \frac{1}{|\Theta^N(C)|} \sum_{\theta \in \Theta^N(C)} x_i^\theta(v), \quad \forall\, i \in N, \tag{6.2}$$

其中 x_i^θ 由 (4.7) 式给出.

(6.1) 式和 (6.2) 式分别从不同角度刻画了参与者边际贡献的期望, 在应用中可根据实际情况进行选择. Owen 值的公理化体系与 Shapley 值类似. 下面介绍具有划分结构的合作博弈解的一些基本公理.

令 ψ 是定义在 CG^N 上的一个划分值,

● 可加性: $\forall\, (N, v_1, C),\ (N, v_2, C) \in CG^N$, 若 $\psi(N, v_1 + v_2, C) = \psi(N, v_1, C) + \psi(N, v_2, C)$, 则称 ψ 满足可加性.

● 有效性: $\forall\, (N, v, C) \in CG^N$, 若 $\sum_{i \in N} \psi_i(N, v, C) = v(N)$, 则称 ψ 满足有效性.

● 零元性: $\forall\, (N, v, C) \in CG^N$, 若 (N, v) 中的任意零元 $i \in N$ 有 $\psi_i(N, v, C) = 0$, 则称 ψ 满足零元性.

● 联盟对称性: $\forall\, (N, v, C) \in CG^N$ 及对称联盟 $C_h,\ C_r \in C$, 若 $\sum_{i \in C_h} \psi_i(N, v, C) = \sum_{i \in C_r} \psi_i(N, v, C)$, 则称 ψ 满足联盟对称性.

● 联盟内部对称性: $\forall (N, v, C) \in CG^N$ 及 (N, v) 中任意两个对称参与者 $i,\ j \in C_h \in C$, 若 $\psi_i(N, v, C) = \psi_j(N, v, C)$, 则称 ψ 满足联盟内部对称性.

定理 6.1 Owen 值是 CG^N 上唯一满足可加性、有效性、零元性、联盟对称性以及联盟内部对称性的划分值.

证明　根据 (6.1) 式, 容易验证 Owen 值满足上述 5 个公理, 存在性得证. 下证唯一性. 令 ψ 为满足可加性、有效性、零元性、联盟对称性和联盟内部对称性的划分值, 需验证 $\psi = \text{Ow}$ 成立.

已知所有的全体一致博弈 $\{(N, u_T)\}_{T \subseteq N, T \neq \varnothing}$ 构成了博弈空间 G^N 的一组基. 因此, 任意的 $v \in G^N$ 可表示为 $v = \sum\limits_{T \subseteq N, T \neq \varnothing} c_T u_T$, 其中 $c_T = \sum\limits_{S \subseteq T} (-1)^{|T|-|S|} v(S)$. 由可加性, $\psi(N, v, C) = \sum\limits_{T \subseteq N, T \neq \varnothing} \psi(N, c_T u_T, C)$, 故只需证明 $\forall\, T \subseteq N, T \neq \varnothing$, $\psi(N, c_T u_T, C)$ 可根据有效性、零元性、联盟对称性和联盟内部对称性唯一确定. 令 $(N, c_T u_T, C) \in CG^N$, $C = \{C_1, C_2, \cdots, C_m\}$, 不妨设

$$T' = \{h \in M \mid T \cap C_h \neq \varnothing,\ C_h \in C\} \quad \text{且} \quad T_h = T \cap C_h.$$

$(N, c_T u_T, C)$ 的商博弈 $(M, (c_T u_T)^C)$ 为: $\forall\, H \subseteq M$,

$$(c_T u_T)^C(H) = c_T u_T \left(\bigcup_{h \in H} C_h \right) = c_T u_{T'}(H) = \begin{cases} c_T, & T' \subseteq H, \\ 0, & \text{其他.} \end{cases}$$

由上式知, 任意的 $h \notin T'$ 为商博弈 $(M, (c_T u_T)^C)$ 的零元, 且 T' 中的所有参与者均为对称的. 故由零元性、联盟对称性及有效性可得

$$\sum_{i \in C_h} \psi_i(N, c_T u_T, C) = \begin{cases} c_T/|T'|, & h \in T', \\ 0, & h \in M \setminus T'. \end{cases}$$

类似地, 由零元性得 $\psi_i(N, c_T u_T, C) = 0$, $\forall\, i \notin T$. 此外, 任意的 $i, j \in T$ 为对称参与者, 由联盟内部对称性及有效性得, $\forall\, h \in M$ 和 $i \in C_h \subseteq N$,

$$\psi_i(N, c_T u_T, C) = \begin{cases} c_T/(|T'||T_h|), & i \in T_h, \\ 0, & i \in C_h \setminus T_h. \end{cases}$$

定理得证.　　　　　　　　　　　　　　　　　　　　　　　　　　　　　　　□

对比 Owen 值和 Shapley 值的公理化, 主要区别在于对称性的不同. 由于划分结构的存在, Owen 值要求在优先联盟之间和联盟内部都满足对称性. 显然, 对于两类特殊的划分结构, 即 $C = \{N\}$ 及 $C = \{\{i\} \mid i \in N\}$, Owen 值与 Shapley 值等价.

除上述公理化之外, 学者们对 Owen 值进行了大量的研究. 如 Peleg 和 Sudhölter[52] 用联盟有效性代替联盟对称性, 实现了对 Owen 值的刻画; Winter[53] 将 Shapley 值的一致性公理和势函数这两种公理化体系推广到了具有划分结构

的合作博弈上, 给出了 Owen 值的两种新的公理化方法; Vidal-Puga 和 Bergan-tiños[54] 基于非合作框架, 通过构建竞标机制实现了 Owen 值. 此外, 对 Owen 值的其他公理化刻画还有很多, 有兴趣的读者可阅读文献 [55–59] 等, 这里不再赘述.

6.3 Banzhaf-Owen 值

1978 年, Owen[38] 在优先联盟之间和联盟内部都运用 Banzhaf 值进行分配, 得到了具有划分结构的合作博弈的另一个划分值, 即 Banzhaf-Owen 值.

定义 6.7 令 $(N, v, C) \in CG^N$, 其 Banzhaf-Owen 值为

$$
\mathrm{BO}_i(N, v, C) = \sum_{Q \subseteq M \setminus \{h\}} \sum_{S \subseteq C_h \setminus \{i\}} \frac{1}{2^{|M|-1}} \frac{1}{2^{|C_h|-1}}
$$
$$
\cdot \left[v \left(\bigcup_{q \in Q} C_q \cup S \cup \{i\} \right) - v \left(\bigcup_{q \in Q} C_q \cup S \right) \right], \quad \forall i \in C_h \in C.
$$

$$(6.3)$$

下面介绍由 Alonso-Meijide 等[60] 提出的 Banzhaf-Owen 值的公理化刻画, 首先将经典合作博弈中的一些经典公理扩展到具有划分结构的合作博弈中. 博弈 (N, v^{ij}) 为博弈 (N, v) 的缩减博弈, 由定义 3.4 给出.

设 ψ 是定义在 CG^N 上的一个划分值, 令 $C^n = \{\{1\}, \{2\}, \cdots, \{n\}\}$, 则

• 2-有效性: $\forall (N, v) \in G^N$ 及 $i, j \in N$, 若 $\psi_i(N, v, C^n) + \psi_j(N, v, C^n) = \psi_{ij}(N^{ij}, v^{ij}, C^{n-1})$, 则称 ψ 满足 2-有效性.

• 哑元性: $\forall (N, v) \in G^N$ 及 (N, v) 的一个哑元 $i \in N$, 若 $\psi_i(N, v, C^n) = v(\{i\})$, 则称 ψ 满足哑元性.

• 对称性: $\forall (N, v) \in G^N$ 及 (N, v) 中任意两个对称参与者 $i, j \in N$, 若 $\psi_i(N, v, C^n) = \psi_j(N, v, C^n)$, 则称 ψ 满足对称性.

• 边缘性: $\forall (N, v), (N, w) \in G^N, S \subseteq N$ 及 $i \notin S$, 使得 $v(S \cup \{i\}) - v(S) = w(S \cup \{i\}) - w(S)$, 若 $\psi_i(N, v, C^n) = \psi_i(N, w, C^n)$, 则称 ψ 满足边缘性.

• 个体出局中立性: $\forall (N, v, C) \in CG^N$ 及 $i, j \in C_h \in C$, 若 $\psi_i(N, v, C) = \psi_i(N, v, C_{-j})$, 则称 ψ 满足个体出局中立性, 这里 $C_{-j} = \{C_r \in C \mid r \neq h\} \cup \{C_h \setminus \{j\}, \{j\}\}$.

• 1-商博弈性: $\forall (N, v, C) \in CG^N, C_h \in C$ 及 $i \in N$, 使得 $\{i\} = C_h$, 若 $\psi_i(N, v, C) = \psi_i(M, v^C, C^m)$, 则称 ψ 满足 1-商博弈性.

下述引理对于 Banzhaf-Owen 值的公理化刻画至关重要, 引理的证明请参考文献 [44].

引理 6.1　令 $(N, v, C) \in CG^N$, 划分值 ψ 满足 2-有效性、哑元性、对称性和等边际贡献性当且仅当 $\psi(N, v, C^n) = \mathrm{Ba}(N, v)$.

定理 6.2　Banzhaf-Owen 值是 CG^N 上唯一满足 2-有效性、哑元性、对称性、边缘性、个体出局中立性和 1-商博弈性的划分值.

证明　令 $(N, v) \in G^N$, $i \in N$, $C = C^n$, 则 $M = N$, $C_i = \{i\}$, 代入 (6.3) 式, 有

$$\mathrm{BO}_i(N, v, C^n) = \sum_{Q \subseteq N \setminus \{i\}} \frac{1}{2^{n-1}} \left[v(Q \cup \{i\}) - v(Q) \right]$$
$$= \beta_i(N, v).$$

由定理 3.7, Banzhaf-Owen 值满足 2-有效性、哑元性、对称性和边缘性.

令 $(N, v, C) \in CG^N$, $C_h \in C$ 及 i, $j \in C_h$, 记 $C_{-j} = \{C_1', C_2', \cdots, C_{m+1}'\}$, 其中 $\forall r \in M \setminus \{h\}$, 有 $C_r' = C_r$, $C_h' = C_h \setminus \{j\}$, $C_{m+1}' = \{j\}$. 因此, 对于划分结构 C_{-j}, $M' = \{1, 2, \cdots, m+1\}$, $|C_h'| = |C_h| - 1$. 根据 (6.3) 式可得

$$\mathrm{BO}_i(N, v, C_{-j}) = \sum_{Q \subseteq M' \setminus \{h\}} \sum_{S \subseteq C_h' \setminus \{i\}} \frac{1}{2^{|M'|-1}} \frac{1}{2^{|C_h'|-1}}$$
$$\cdot \left[v\left(\bigcup_{q \in Q} C_q \cup S \cup \{i\} \right) - v\left(\bigcup_{q \in Q} C_q \cup S \right) \right]$$
$$= \sum_{Q \subseteq M \setminus \{h\}} \sum_{S \subseteq C_h \setminus \{i\}} \frac{1}{2^{|M|-1}} \frac{1}{2^{|C_h|-1}}$$
$$\cdot \left[v\left(\bigcup_{q \in Q} C_q \cup S \cup \{i\} \right) - v\left(\bigcup_{q \in Q} C_q \cup S \right) \right]$$
$$= \mathrm{BO}_i(N, v, C),$$

因此, Banzhaf-Owen 值满足个体出局中立性.

令 $(N, v, C) \in CG^N$ 及 $\{i\} = C_h \in C$, 则 $|C_h| = 1$, 代入 (6.3) 式,

$$\mathrm{BO}_i(N, v, C) = \sum_{Q \subseteq M \setminus \{h\}} \frac{1}{2^{|M|-1}} \left[v\left(\bigcup_{q \in Q} C_q \cup \{i\} \right) - v\left(\bigcup_{q \in Q} C_q \right) \right]$$
$$= \sum_{Q \subseteq M \setminus \{h\}} \frac{1}{2^{|M|-1}} \left[v^C(Q \cup \{h\}) - v^C(Q) \right]$$
$$= \mathrm{Ba}_h(M, v^C)$$
$$= \mathrm{BO}_i(M, v^C, C^m).$$

因此, Banzhaf-Owen 值满足 1-商博弈性. 综上, 存在性得证, 下证唯一性.

假设在 CG^N 上存在两个不同的值 f 和 g, 且都满足个体出局中立性和 1-商博弈性. 令 $(N,v) \in G^N$, 并记 $C = \{C_1, C_2, \cdots, C_m\}$ 为使得 $f \neq g$ 且具有最多优先联盟个数的划分结构, 即当 $C = \{C_1, C_2, \cdots, C_{m+1}\}$ 时, 有 $f = g$. 因为 $f \neq g$, 故存在 $i \in C_h \in C$ 满足 $f_i(N,v,C) \neq g_i(N,v,C)$, 下面分两种情况讨论:

(1) 当 $|C_h| = 1$ 时, 由 1-商博弈性得, $f_i(N,v,C) = \mathrm{Ba}_h(M, v^C) = g_i(N,v,C)$, 与假设矛盾;

(2) 当 $|C_h| > 1$ 时, 由个体出局中立性知, $\forall j \in C_h \backslash \{i\}$,

$$f_i(N,v,C) = f_i(N,v,C_{-j}),$$
$$g_i(N,v,C) = g_i(N,v,C_{-j}).$$

则由假设可得, $f_i(N,v,C_{-j}) = g_i(N,v,C_{-j})$. 从而, $f_i(N,v,C) = g_i(N,v,C)$, 与假设矛盾, 定理得证. □

6.4 两步 Shapley 值

由 6.2 节可知, Owen 值作为 Shapley 值在具有划分结构的合作博弈上的直接拓展形式, 强调从参与者边际贡献的角度进行收益分配, 所以如果一个参与者对任何联盟都没有贡献, 则其收益为 0. 然而在划分结构下, 优先联盟内部的参与者往往具有更亲密的关系. 如果由于优先联盟的形成而产生了收益盈余, 参与者往往会照顾优先联盟内部的其他参与者, 使得没有边际贡献的参与者也能获得一定收益.

基于上述考虑, Kamijo[61] 于 2009 年提出了两步 Shapley 值. 各优先联盟之间首先进行谈判, 各自获得在商博弈下对应参与者的 Shapley 值. 也就是说, 对于任意优先联盟 $C_h \in C$, 其通过优先联盟间谈判所获得的收益为 $\mathrm{Sh}_h(M, v^C)$. 将优先联盟的支付盈余 (即优先联盟在商博弈中的收益与该联盟价值的差值) 在优先联盟内部均分. 其次通过优先联盟子博弈的 Shapley 值对联盟本身的价值进行分配. 上述两部分之和定义了具有划分结构的合作博弈的两步 Shapley 值.

定义 6.8 令 $(N,v,C) \in CG^N$, 其两步 Shapley 值为

$$\mathrm{TSh}_i(N,v,C) = \mathrm{Sh}_i(C_h, v_{C_h}) + \frac{\mathrm{Sh}_h(M, v^C) - v(C_h)}{|C_h|}, \quad \forall i \in C_h \in C. \quad (6.4)$$

两步 Shapley 值的公理化方法与 Owen 值类似, 区别在于对待零元及对称参与者的方式不同. Kamijo[61] 引入了如下两个新公理.

设 ψ 是 CG^N 上的一个划分值, 则

● 联盟零元性: $\forall (N, v, C) \in CG^N$, 商博弈 (M, v^C) 的一个哑元 $h \in M$ (即 C_h 是一个哑元联盟) 及博弈 (N, v) 上的一个零元 $i \in C_h$, 若 $\psi_i(N, v, C) = 0$, 则称 ψ 满足联盟零元性.

● 联盟内部等价性: $\forall (N, v, C) \in CG^N$ 及 $i, j \in C_h \in C$, 使得 i, j 是 (N, v) 限制在 C_h 上的子博弈 (C_h, v_{C_h}) 中的两个对称参与者, 若 $\psi_i(N, v, C) = \psi_j(N, v, C)$, 则称 ψ 满足联盟内部等价性.

定理 6.3　两步 Shapley 值是 CG^N 上唯一满足有效性、可加性、联盟零元性、联盟对称性和联盟内部等价性的划分值.

证明　由经典合作博弈 Shapley 值的性质及 (6.4) 式, 容易验证两步 Shapley 值满足有效性、可加性、联盟零元性、联盟对称性和联盟内部等价性, 故存在性得证. 下证唯一性.

令 ψ 是一个满足有效性、可加性、联盟零元性、联盟对称性和联盟内部等价性的划分值. 类似于 Owen 值的唯一性证明, 根据可加性, 只需证明 $\forall T \subseteq N, T \neq \varnothing$, $\psi(N, c_T u_T, C)$ 可由有效性、联盟零元性、联盟对称性和联盟内部等价性唯一确定. 不妨记 $T' = \{h \mid T \cap C_h \neq \varnothing,\ C_h \in C\}$, 且有 $T' \subseteq M$. 显然, $(N, c_T u_T, C)$ 的商博弈 $(M, (c_T u_T)^C)$ 等价于全体一致博弈 $(M, c_T u_{T'})$. 因此, 根据联盟对称性和联盟零元性, $\psi_i(N, c_T u_T, C) = 0$, $\forall h \in M \backslash T'$, $i \in C_h$. 此外, $\sum_{i \in C_h} \psi_i(N, c_T u_T, C) = c_T / |T'|$, $\forall h \in T'$.

对于优先联盟 C_h $(h \in T')$, 对联盟内各参与者进行收益再分配时, 考虑以下两种情况:

(1) 当 $|T'| \geqslant 2$ 时, 给定 $h \in T'$, 任意的 $i, j \in C_h$ 在子博弈 $(C_h, (c_T u_T)_{C_h})$ 中是对称参与者, 则由联盟内部等价性可得

$$\psi_i(N, c_T u_T, C) = \frac{c_T}{|C_h||T'|}, \quad \forall i \in C_h,\ h \in T'.$$

(2) 当 $|T'| = 1$ 时, 不失一般性, 不妨设 $T' = \{h\}$. 由于 h 是商博弈 $(M, (c_T u_T)^C)$ 的哑元, 且 $i \in C_h \backslash T$ 为博弈 (N, v) 的零元, 故由联盟零元性可得, $\psi_i(N, c_T u_T, C) = 0$. 此外, 任意的 $i, j \in T$ 在子博弈 $(C_h, (c_T u_T)_{C_h})$ 上是对称的, 则由联盟内部等价性可得, $\psi_i(N, c_T u_T, C) = c_T / |T|$, $\forall i \in T$, 定理得证.　□

6.5　具有图结构的合作博弈

除划分结构外, 图结构是刻画参与者间的不完全合作关系的另一个重要结构. 1977 年, Myerson[62] 首次提出了具有图结构的合作博弈模型. 在该模型下, 参与

者之间的合作关系可以抽象为一个无向图. 图的节点代表参与者, 若两点之间存在边, 则表示对应参与者之间可以进行直接合作. 下面介绍具有图结构的合作博弈的一些基本概念.

给定一个有限参与者集合 $N = \{1, 2, \cdots, n\}$, 定义在 N 上的图结构可以用一个无向图 (N, L) 来描述, 其中 $L \subseteq L^N = \{\{i, j\} | i, j \in N, i \neq j\}$ 为连接点的边集. 顶点对应参与者, 边 $\{i, j\} \in L$ 表示参与者 i 和 j 之间可以直接进行合作, 并称 i 和 j 是相邻的. 在不引起混淆的情况下, 将 (N, L) 简记为 L, 将 $\{i, j\}$ 简记为 ij. 令 $\mathcal{L}^N$ 表示定义在 N 上的所有图结构的集合.

给定 $L \in \mathcal{L}^N$ 和 $i \in N$, 将 L 中所有与 i 相邻的边的集合记为 L_i, 即 $L_i = \{\{i, j\} \mid \{i, j\} \in L, j \in N \setminus \{i\}\}$, 并记 $L_{-i} = L \setminus L_i$. $i \in N$ 在图结构 (N, L) 中的度是 (N, L) 中与 i 相邻的顶点的数目, 记为 $d_i(N, L)$.

对于任意 $S \subseteq N$, L 限制在 S 上生成的子图记为 $L_{|S}$, 即 $L_{|S} = \{ij \in L | i, j \in S\}$. 对于任意 $i, j \in S$, 如果存在一个包含于 S 的序列 $(i_1, i_2, \cdots, i_k)$, $k \in \mathbb{N}$, $k > 1$, 使得 $i_1 = i$, $i_k = j$, 且对于任意 $l \in \{1, 2, \cdots, k - 1\}$, 有 $i_l i_{l+1} \in L_{|S}$, 则称 i 和 j 关于 S 是连通的. 如果 S 中的任何两个参与者都是连通的, 则称 S 是连通的. 相应地, 称 $L_{|S}$ 为连通图. 对于 $T \subseteq S$, 如果对于任意 $i \in S \setminus T$, $T \cup \{i\}$ 不连通, 即 T 是 S 的一个最大连通子集, 则称 T 为 S 的一个分支. 将 S 的所有分支的集合记为 $S/L_{|S}$, 通常简记为 S/L. 特别地, N/L 表示 N 的所有分支的集合. 对于任意 $i \in N$, 令 $C(i)$ 表示 N/L 中包含 i 的分支.

定义 6.9　一个具有图结构的 n 人合作博弈为三元组 (N, v, L), 其中 $(N, v) \in G^N$ 是 n 人经典合作博弈, $L \in \mathcal{L}^N$ 是一个定义在 N 上的图结构.

记 $\mathcal{LG}^N$ 为所有定义在 N 上具有图结构的合作博弈集合. 特别地, 令 $(N, v, L) \in \mathcal{LG}^N$, 如果 L 是一个连通图, 则称 (N, v, L) 为一个具有连通图结构的合作博弈.

针对具有图结构的合作博弈, Myerson[62] 引入了图限制博弈来描述一个联盟在图结构限制下可以实现的联盟价值.

定义 6.10　令 $(N, v, L) \in \mathcal{LG}^N$, 其图限制博弈 (N, v^L) 定义为

$$v^L(S) = \sum_{T \in S/L} v(T), \quad \forall S \subseteq N.$$

根据上述定义, 一个联盟 S 在图结构限制下所能实现的价值是其所有分支的联盟价值之和, 这也表明只有连通的参与者之间可以形成联盟.

定义 6.11　给定具有图结构的 n 人合作博弈空间 $\mathcal{LG}^N$, 若 ψ 是从 $\mathcal{LG}^N$ 到 R^n 上的一个映射, 即 $\psi : \mathcal{LG}^N \to R^n$, 则称 ψ 为定义在 $\mathcal{LG}^N$ 上的一个解, 亦称为图值.

当今世界, 存在多种多样的国际合作组织, 如上海合作组织、亚太经济合作组

织、区域全面经济伙伴关系协定 (RCEP)、欧盟、北大西洋公约组织、博鳌亚洲论坛等, 这些组织内部以及组织间构成了错综复杂的国际关系, 如何建立健全利益分配机制、促进稳定合作是各国际合作组织的核心目标, 具有联盟结构的合作博弈为分析此类问题提供了有效的分析工具.

6.6　Myerson 值

具有图结构的合作博弈解的研究源于 Myerson[62], 通过图限制博弈的 Shapley 值定义了一个图值, 称为 Myerson 值.

定义 6.12　令 $(N, v, L) \in \mathcal{LG}^N$, 其 Myerson 值为

$$\mathrm{My}_i(N, v, L) = \mathrm{Sh}_i(N, v^L), \quad \forall i \in N. \tag{6.5}$$

Myerson 值是 Shapley 值在具有图结构的合作博弈模型上的扩展, 下面的例子可以更好地理解 Myerson 值的含义.

例 6.1　给定 $(N, v, L) \in \mathcal{LG}^N$, 其中 $N = \{1, 2, 3\}$, $v(\{1\}) = v(\{2\}) = v(\{3\}) = 0$, $v(\{1, 3\}) = v(\{2, 3\}) = 6$, $v(\{1, 2\}) = v(\{1, 2, 3\}) = 12$. $L = \{\{1, 2\}, \{2, 3\}\}$. 图结构 (N, L) 如图 6.1 所示.

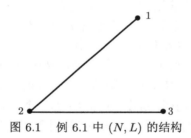

图 6.1　例 6.1 中 (N, L) 的结构

该博弈的图限制博弈 (N, v^L) 为

$$v^L(\{i\}) = v(\{i\}) = 0, \ \forall i \in N, \quad v^L(\{1, 2\}) = v(\{1, 2\}) = 12,$$

$$v^L(\{2, 3\}) = v(\{2, 3\}) = 6, \quad v^L(\{1, 3\}) = v(\{1\}) + v(\{3\}) = 0,$$

$$v^L(\{1, 2, 3\}) = v(\{1, 2, 3\}) = 12.$$

因此, 博弈 (N, v, L) 的 Myerson 值为 $\mathrm{My}(N, v, L) = (4, 7, 1)$.

下面介绍具有图结构的合作博弈解的一些基本公理. 令 ψ 是定义在 $\mathcal{LG}^N$ 上的一个图值, 则

- 有效性: $\forall (N, v, L) \in \mathcal{LG}^N$, 若 $\sum_{i \in N} \psi_i(N, v, L) = v(N)$, 则称 ψ 满足有效性.

● 分支有效性: $\forall (N, v, L) \in \mathcal{LG}^N$ 和 $S \in N/L$, 若 $\sum_{i \in S} \psi_i(N, v, L) = v(S)$, 则称 ψ 满足分支有效性.

● 公平性: $\forall (N, v, L) \in \mathcal{LG}^N$, 若对于任意 $ij \in L$, 有 $\psi_i(N, v, L) - \psi_i(N, v, L \setminus ij) = \psi_j(N, v, L) - \psi_j(N, v, L \setminus ij)$, 则称 ψ 满足公平性.

● 稳定性: $\forall (N, v, L) \in \mathcal{LG}^N$, 若对于任意 $ij \in L$, 有 $\psi_i(N, v, L) \geqslant \psi_i(N, v, L \setminus ij)$ 且 $\psi_j(N, v, L) \geqslant \psi_j(N, v, L \setminus ij)$, 则称 ψ 满足稳定性.

不同于有效性, 分支有效性表明 N 的每个分支将其联盟价值分配给其联盟内部的所有参与者. 公平性要求除去一条边对其连接的两个参与者的支付影响相同. 这两个公理唯一确定了 Myerson 值.

定理 6.4 Myerson 值是 $\mathcal{LG}^N$ 上唯一满足分支有效性和公平性的图值.

证明 根据 (6.5) 式, 容易验证 Myerson 值满足分支有效性和公平性, 故存在性得证. 下证唯一性.

假设 ψ^1 和 ψ^2 为定义在 $\mathcal{LG}^N$ 上满足分支有效性和公平性的两个不同的图值. 令 $(N, v) \in G^N$, $(N, L) \in \mathcal{L}^N$ 为满足 $\psi^1(N, v, L) \neq \psi^2(N, v, L)$ 且具有最少边的图结构, 其中 $L \neq \varnothing$. 则对任意的 $i, j \in N$, 若 $ij \in L$, 则 $\psi^1(N, v, L \setminus ij) = \psi^2(N, v, L \setminus ij)$. 根据公平性,

$$\psi_i^1(N, v, L) - \psi_j^1(N, v, L) = \psi_i^1(N, v, L \setminus ij) - \psi_j^1(N, v, L \setminus ij)$$
$$= \psi_i^2(N, v, L \setminus ij) - \psi_j^2(N, v, L \setminus ij) = \psi_i^2(N, v, L) - \psi_j^2(N, v, L).$$

由于 $ij \in L$, 所以 ij 在 L 的同一个分支中. 记 S 为 ij 所在的分支, 且 $d_S(L) = \psi_i^1(N, v, L) - \psi_i^2(N, v, L)$, $\forall i \in N$. 根据分支有效性,

$$\sum_{i \in S} \psi_i^1(N, v, L) = \sum_{i \in S} \psi_i^2(N, v, L).$$

那么

$$0 = \sum_{i \in S} (\psi_i^1(N, v, L) - \psi_i^2(N, v, L)) = |S| d_S(L).$$

由此可得, $d_S(L) = 0$, 进而 $\psi^1(N, v, L) = \psi^2(N, v, L)$, 与假设矛盾. 因此, Myerson 值是满足分支有效性和公平性的唯一图值. □

命题 6.1 令 $(N, v, L) \in \mathcal{LG}^N$ 且 (N, v) 为超可加博弈, 则该博弈的 Myerson 值满足稳定性.

证明 令 $(N, v, L) \in \mathcal{LG}^N$ 且 (N, v) 为超可加博弈. 对任意的 $S \subseteq N$, $S/(L \setminus ij)$ 和 S/L 均是对 S 的划分且 $S/(L \setminus ij)$ 比 S/L 更细化. 此外, 若 $i \notin S$,

则 $S/(L\backslash ij) = S/L$. 因此, 由于 (N,v) 是超可加博弈, 则可得

$$v^L(S) = \sum_{T \in S/L} v(T) \geqslant \sum_{T \in S/(L\backslash ij)} v(T) = v^{L\backslash ij}(S),$$

且若 $i \notin S$, 上式不等式成为等式. 令 $(N,w) \in G^N$ 满足 $w = v^L - v^{L\backslash ij}$. 对任意的 $S \subseteq N$ 有 $w(S) \geqslant 0$, 若 $i \notin S$ 有 $w(S) = 0$. 对任意的 $S \subseteq N$, $w(S \cup \{i\}) \geqslant w(S)$, 所以 $\mathrm{Sh}_i(N,w) \geqslant 0$. 故而 $\mathrm{Sh}_i(N,v^L) - \mathrm{Sh}_i(N,v^{L\backslash ij}) \geqslant 0$, 即 $\mathrm{My}_i(N,v,L) \geqslant \mathrm{My}_i(N,v,L\backslash ij)$. Myerson 值满足稳定性.   □

6.7　Position 值

Meessen[63] 将边看作参与者, 提出了具有图结构的合作博弈的 Position 值. 本节研究零规范博弈的 Position 值. 不同于 Myerson 值, Meessen 提出了边博弈的概念, 以度量每个边的集合在合作中的交流能力.

定义 6.13　令 $(N,v,L) \in \mathcal{LG}^N$, 其图限制下的边博弈 (L,v^N) 定义为

$$v^N(A) = \sum_{T \in N/A} v(T), \quad \forall A \subseteq L.$$

记 v^N 为 N 上所有边博弈的集合. 定义 (L,v^N) 在联盟 $T \subseteq N$ 上的限制博弈 $(L_{|T},v^T)$ 为

$$v^T(A) = v^N(A \cap L_{|T}), \quad \forall A \subseteq L_{|T}.$$

定义 6.14　令 $(N,v,L) \in \mathcal{LG}^N$, 其 Position 值定义为

$$\mathrm{Po}_i(N,v,L) = \sum_{l \in L_i} \frac{1}{2} \mathrm{Sh}_l(L,v^N).$$

边的 Shapley 值可以看作是边在图限制情形下的平均交流能力, 即该边对联盟价值产生的影响, 在 Position 值中, 边的 Shapley 值在它的两个端点间平均分配.

下面给出一个例子以更好地理解 Position 值.

例 6.2　给定 $(N,v,L) \in \mathcal{LG}^N$, 其中 $N = \{1,2,3\}$, $L = \{\{1,3\},\{2,3\}\}$, $v = u_{\{1,2\}}$. 这种情形如图 6.2 所示.

$$v^N(A) = \begin{cases} 1, & a \in A = L, \\ 0, & \text{其他}. \end{cases}$$

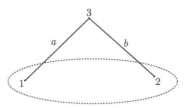

图 6.2　例 6.2 中 (N, L) 的结构

因此, $a = \{1, 3\}, b = \{2, 3\}$.

$$\mathrm{Sh}_a(L, v^N) = \mathrm{Sh}_b(L, v^N) = \frac{1}{2},$$

$$\mathrm{Po}_1(N, v, L) = \frac{1}{2}\mathrm{Sh}_a(L, v^N) = \frac{1}{4},$$

$$\mathrm{Po}_2(N, v, L) = \frac{1}{2}\mathrm{Sh}_b(L, v^N) = \frac{1}{4},$$

$$\mathrm{Po}_3(N, v, L) = \frac{1}{2}\mathrm{Sh}_a(L, v^N) + \frac{1}{2}\mathrm{Sh}_b(L, v^N) = \frac{1}{2}.$$

注意, 对于例 6.2 中的博弈, 每个参与者 $i \in N$ 的 Position 值与其在图 (N, L) 中对应点的度 $d_i(N, L)$ 的比值相同, 换句话说, Position 值在某种意义上度量了参与者在图中的重要性. Position 值与度之间的关系, 将在 Position 值的公理化刻画中起到重要作用.

下面例子表明, 即使在完全没有图限制的情形下, 即 $L = L^N$, Myerson 值与 Position 值仍是不同的.

例 6.3　令 $(N, v, L) \in \mathcal{LG}^N$, 其中 $N = \{1, 2, 3\}$, $v = u_{\{1,2\}}$, $L = \{\{1, 2\}, \{1, 3\}, \{2, 3\}\}$, 这种情形如图 6.3 所示. 令 $v^L = v$ 且 $a = \{1, 3\}, b = \{2, 3\}, c = \{1, 2\}$.

$$v^N(A) = \begin{cases} 1, & a \in A \text{ 或 } \{b, c\} \subseteq A, \\ 0, & \text{其他}. \end{cases}$$

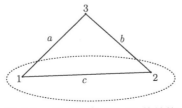

图 6.3　例 6.3 中 (N, L) 的结构

因此,

$$\text{My}(N,v,L) = \text{Sh}(N,u_{\{1,2\}}) = \left(\frac{1}{2},\frac{1}{2},0\right), \quad \text{Sh}_a(L,v^N) = \frac{2}{3},$$

$$\text{Sh}_b(L,v^N) = \text{Sh}_c(L,v^N) = \frac{1}{6}, \quad \text{Po}(N,v,L) = \left(\frac{5}{12},\frac{5}{12},\frac{2}{12}\right).$$

定理 6.4 表明 Myerson 值是唯一满足分支有效性和公平性的图值, 而下面的例子表明 Position 值不满足公平性.

例 6.4 考虑例 6.2, 那么

$$\text{Po}_1(N,v,L) - \text{Po}_1(N,v,L\setminus\{\{1,3\}\}) = \frac{1}{4} - 0 = \frac{1}{4},$$

$$\text{Po}_3(N,v,L) - \text{Po}_3(N,v,L\setminus\{\{1,3\}\}) = \frac{1}{2} - 0 = \frac{1}{2}.$$

在 $(N,v,L) \in \mathcal{LG}^N$ 中, 对于边 $l \in L$, $\forall A \subseteq L$, 若 $v^N(A) = v^N(A \cup l)$, 则称边 l 是冗余的, 这意味着在每个图中, 冗余边的出现不会影响大联盟中参与者的收益.

- 边冗余性: $\forall (N,v,L) \in \mathcal{LG}^N$ 以及冗余边 $l \in L$, 若 $\psi(N,v,L) = \psi(N,v,L\setminus\{l\})$, 则称规则 ψ 满足边冗余性.

引理 6.2 Myerson 值和 Position 值都满足分支有效性、可加性和边冗余性.

证明 对于 Myerson 值和 Position 值, 可加性可由 Shapley 值的可加性得到. Myerson 值的分支有效性由定理 6.4 已知. 令 $(N,v,L) \in \mathcal{LG}^N, S \in N/L$, 下证 Position 值满足分支有效性.

$$\sum_{i \in S} \text{Po}_i(N,v,L) = \sum_{i \in S}\sum_{l \in L_i}\frac{1}{2}\text{Sh}_l(L,v^N) = \sum_{l \in L_{|S}}\text{Sh}_l(L,v^N)$$

$$= \sum_{l \in L_{|S}}\text{Sh}_l(L_{|S},v^N) = v^N(L_{|S}) = v(S).$$

令 $l \in L$ 是 $(N,v,L) \in \mathcal{LG}^N$ 的一个冗余边, 要证 Myerson 值满足边冗余性, 只需证明 $v^L = v^{L\setminus\{l\}}$ 即可. 令 $S \subseteq N$, 那么

$$v^L(S) = \sum_{T \in S/L} v(T) = \sum_{T \in S/L_{|S}} v(T) = \sum_{T \in N/L_{|S}} v(T) = v^N(L_{|S}),$$

其中, 第三个等号由 v 是零规范得到, 类似可以得到

$$v^{L\setminus\{l\}}(S) = v^N(L_{|S}\setminus\{l\}).$$

因此可得 $v^L(S) = v^{L\setminus\{l\}}(S)$.

下证 Position 值满足边冗余性. 由 Myerson 值的边冗余性可得, 边 l 在博弈 (L, v^N) 中是一个零元参与者, 并且 $\mathrm{Sh}_l(L, v^N) = 0$. 那么

$$\mathrm{Sh}_b(L, v^N) = \mathrm{Sh}_b(L\setminus\{l\}, v^N), \quad \forall b \in L\setminus\{l\}.$$

因此,

$$\mathrm{Po}(N, v, L) = \mathrm{Po}(N, v, L\setminus\{l\}). \qquad \square$$

令 $(N, v, L) \in \mathcal{LG}^N$, 若存在函数 $f: \{0, 1, \cdots, |L|\} \to R$ 满足

$$v^N(A) = f(|A|), \quad \forall A \subseteq L, \tag{6.6}$$

则称 (N, v, L) 满足边匿名性.

由于在边匿名性图限制情形下, 所有边具有同等重要性, 每个节点 (参与者) 的重要性可以由它的度来衡量, 因此按照节点的度的比例来分配大联盟的收益是合理的, 节点度性的正式陈述如下:

• 节点度性: 对任意具有边匿名性的图限制博弈 $(N, v, L) \in \mathcal{LG}^N$, 存在 $\alpha \in R$ 使得

$$\psi(N, v, L) = \alpha d(N, L),$$

其中度向量 $d(N, L) = (d_i(N, L))_{i \in N}$.

在以下例子中可以看到 Myerson 值不满足节点度性.

例 6.5 对于例 6.2 中的图博弈 (N, v, L) 而言, 存在 $f: \{0, 1, 2\} \to R$, 其中 $f(0) = f(1) = 0, f(2) = 1$, 使得 (6.6) 式成立, 因此 (N, v, L) 满足边匿名性. 此外, $d(N, L) = (1, 1, 2)$, $\mathrm{Po}(N, v, L) = (1/4, 1/4, 1/2) = 1/4 d(N, A)$, 但 $\mathrm{My}(N, v, L) = (1/3, 1/3, 1/3)$ 并不是 $d(N, L)$ 的倍数.

引理 6.3 Position 值满足节点度性.

证明 令 $(N, v, L) \in \mathcal{LG}^N$ 满足边匿名性. 若 $L = \varnothing$, 则 $\mathrm{Po}_i(N, v, L) = 0 = d_i(N, L)$, $\forall i \in N$. 因此假设 $L \neq \varnothing$. 令 f 如 (6.6) 式中所述, $l \in L$. 由于 (L, v^N) 是对称博弈 (即所有边是可替代的), 有

$$\mathrm{Sh}_l(L, v^N) = \frac{1}{|L|} v^N(L) = \frac{1}{|L|} f(|L|). \qquad \square$$

因此, 对任意的 $i \in N$,

$$\mathrm{Po}_i(N, v, L) = \sum_{l \in L_i} \frac{1}{2} \mathrm{Sh}_l(L, v^N)$$

$$= \sum_{l \in L_i} \frac{1}{2} \frac{f(|L|)}{|L|} = \frac{1}{2} \frac{f(|L|)}{|L|} |L_i| = \frac{1}{2} \frac{f(|L|)}{|L|} d_i(N, L).$$

对于任意的图 (N, L), 若序列 $(i_1, i_2, \cdots, i_m)$ 的起止顶点 i_1 和 i_m 相同, 且 $i_k i_{k+1} \in L$, $\forall k \in \{1, 2, \cdots, m-1\}$ 各不相同, 则称该序列为环. 没有环的图称为无环图. 现在给出了无环图限制下的博弈 $\mathcal{LG}_*^N$ 的 Position 值的公理化.

定理 6.5　Position 值是 LG_*^N 上唯一满足分支有效性、可加性、边冗余性和节点度性的图值.

证明　假设 ψ 是定义在 LG_*^N 上的满足分支有效性、可加性、边冗余性和节点度性的图值. 由引理 6.2 和引理 6.3 可知, Position 值满足上述四个公理, 存在性得证.

唯一性. 由可加性以及 $\{u_S| |S| \geqslant 2\}$ 是零规范博弈 G_0^N 的基, 即证明

$$\psi(N, \beta u_S, L) = \mathrm{Po}(N, \beta u_S, L), \quad \forall \beta \in R, S \in 2^N, |S| \geqslant 2. \qquad (6.7)$$

取定 $\beta \in R$, $S \in 2^N$, 定义 $w = \beta u_S$. 下面分两种情况证明 (6.7) 式成立.

情形 1　没有分支 $S \in N/L$ 满足 $T \subseteq S$, 则

$$v^N(A) = 0, \quad \forall A \subseteq L,$$

$$\mathrm{Sh}_l(L, w^N) = 0, \quad \forall l \in L,$$

$$\mathrm{Po}_i(N, v, L) = 0, \quad \forall i \in N.$$

在这种情况下每条边都是冗余的, 由边冗余性可知

$$\psi(N, w, L) = \psi(N, w, \varnothing).$$

显然, $(N, w, \varnothing)$ 满足边匿名性和节点度性, 这表明存在 $\alpha \in R$ 使得

$$\psi_i(N, w, L) = \alpha d_i(N, \varnothing) = 0, \quad \forall i \in N.$$

从而, $\mathrm{Po} = \psi$.

情形 2　令 $S \in N/L$ 满足 $T \subseteq S$, 那么 $(S, L_{|S})$ 是一个树, 且存在唯一集合 $H(Q) = \bigcap \{Q | T \subseteq Q \subseteq S, (Q, L_{|Q}) \text{ 是连通子图}\}$. 那么

$$w^N(A) = \begin{cases} \beta, & L_{|H(T)} \subseteq A, \\ 0, & \text{其他}. \end{cases} \qquad (6.8)$$

因此, 对任意的 $l \in L$,

$$
\mathrm{Sh}_l(L, w^N) = \begin{cases} \dfrac{\beta}{|L_{|H(T)|}}, & l \in L_{|H(T)}, \\[3mm] 0, & \text{其他}. \end{cases}
$$

据此, 对任意的 $i \in N$,

$$
\begin{aligned}
\mathrm{Po}_i(N, w, L) &= \sum_{l \in L_i \cap L_{|H(T)}} \frac{1}{2} \frac{\beta}{|L_{|H(T)|}} \\
&= \frac{d_i(N, L_{|H(T)})}{2|L_{|H(T)|}} \beta \\
&= \frac{d_i(N, L_{|H(T)})}{\sum\limits_{j \in N} d_j(N, L_{|H(T)})} \beta.
\end{aligned}
$$

(6.8) 式表明任意 $l \notin L_{|H(T)}$ 是冗余的, 由边冗余性有

$$
\psi(N, w, L) = \psi(N, w, L_{|H(T)}).
$$

由于对任意的 $A \subseteq L_{|H(T)}, a, b \in A, w^N(A \setminus \{a\}) = w^N(A \setminus \{b\}) = 0$, 可知 $(N, w, L_{|H(T)})$ 满足边匿名性. 因此, 由节点度性可知存在 $\alpha \in R$ 使得

$$
\psi_i(N, w, L_{|H(T)}) = \alpha d_i(N, L_{|H(T)}), \quad \forall i \in N. \tag{6.9}
$$

特别地, $\psi_i(N, w, L_{|H(T)}) = 0, \forall i \in N \setminus H(T)$. 由分支有效性, 可得

$$
\sum_{i \in S} \psi_i(N, w, L_{|H(T)}) = \sum_{i \in H(T)} \psi_i(N, w, L_{|H(T)}) = w(S) = \beta.
$$

由 (6.9) 式可得

$$
\alpha = \frac{\beta}{\sum\limits_{i \in H(T)} d_i(N, L_{|H(T)})}.
$$

综上可知, $\mathrm{Po} = \psi$. $\square$

第 7 章　破产问题及其博弈

破产是现代经济活动中的一种现象, 是指债务人因不能偿债或者资不抵债时, 由债权人或债务人诉请法院宣告破产并依破产程序偿还债务的一种法律制度. 在破产清算过程中, 如何对破产财产进行合理地分配, 事关股东以及广大债权人的合法权益. 因此, 对破产问题的研究具有十分重要的意义.

在这一章中, 我们将主要介绍破产问题的相关概念. 首先, 7.1 节介绍了破产问题的基本概念. 7.2 节介绍了几种常见的破产规则, 如: 比例规则、限制性相等奖励规则、限制性相等亏损规则、塔木德规则. 7.3 节介绍了这些破产规则的性质和公理化特征. 7.4 节介绍了破产规则与合作博弈的解之间的关系. 7.5 节介绍了多目标破产问题的情形. 7.6 节将破产问题拓展为双边配给问题. 7.7 节进一步给出了双边配给问题的应用, 即博物馆通票问题.

7.1　破　产　问　题

破产问题 [5], 也称资产分配问题或索求问题. 在破产问题中, 一定数量的资产需要分配给参与者 (债权人), 每个参与者都对资产有一定数量的债务索求, 并且参与者的债务总索求超过了总资产, 导致无法得到满足所有参与者需求的分配方案. 破产问题的分配规则 (简称破产规则) 将资产按照一定的方式分配给参与者, 保证每个参与者得到不超过他自身索求的分配, 它是解决破产问题最常见的方法.

下面正式给出破产问题及破产规则的定义.

定义 7.1　设 $N = \{1, \cdots, n\}$ 是参与者组成的集合, $E \in R_{++}$ 是需要分配给参与者的资产, $d = (d_1, \cdots, d_n) \in R_{++}^n$ 是参与者对资产的索求向量. 若资产 E 满足 $\sum_{i \in N} d_i \geqslant E$, 则称三元组 (N, E, d) 是一个破产问题.

记所有定义在 N 上的破产问题的集合为 $\mathcal{B}^N$. 如果参与者集合明确, 在不引起混淆的情况下, 将 $(N, E, d) \in \mathcal{B}^N$ 简记为 $(E, d) \in \mathcal{B}^N$.

O'Neill 在 1982 年首次通过合作博弈理论分析了破产问题 [5]. 其关键是如何刻画联盟的特征函数. 在破产问题中, 一旦某些参与者形成合作联盟, 联盟之外的参与者希望尽可能多地得到资产 (但不能超过其总索求), 自然可以将剩余资产定义为联盟收益, 从而构建了破产 (合作) 博弈模型.

定义 7.2 令 $(E, d) \in \mathcal{B}^N$, 若对任意的联盟 $S \subseteq N$, 都有

$$v(S) = \max \left\{ 0, E - \sum_{i \in N \setminus S} d_i \right\},$$

则称博弈 v 是破产问题 (E, d) 对应的破产博弈, 记为 $v_{E,d}$.

破产博弈中每个联盟的特征值体现了其最坏情况下的分配, 即在保证非负性的条件下, 联盟外所有参与者都满足自身索求后剩余的资产.

7.2 破 产 规 则

破产规则的研究最早可以追溯到《塔木德》[64]. 书中记载了这样一种情形: 一位丈夫去世后留下一定数量的遗产给三位妻子, 遗嘱规定给三位妻子的数额分别为 100, 200 和 300. 如果遗产的总额分别为 100, 200 和 300 时, 那么相应的分配方案如表 7.1.

表 7.1　《塔木德》中破产问题的分配方案

索求/资产	100	200	300
100	$\dfrac{100}{3}$	$\dfrac{100}{3}$	$\dfrac{100}{3}$
200	50	75	75
300	50	100	150

一直以来, 诸多学者都致力于寻找能够将表 7.1 中三种分配方案统一的破产规则. 1985 年, Aumann 和 Maschler 提出了塔木德规则 [65]. 此外, 在破产问题的研究中, 还有一些其他重要的破产规则包括比例规则、限制性相等奖励规则、限制性相等亏损规则以及随机到达规则等 [66].

下面将给出破产规则的定义.

定义 7.3 令 $(E, d) \in \mathcal{B}^N$, 若映射 $\varphi : \mathcal{B}^N \to R_+^n$ 满足

$$\sum_{i \in N} \varphi_i(E, d) = E, \tag{7.1}$$

以及对所有的 $i \in N$, 都有

$$0 \leqslant \varphi_i(E, d) \leqslant d_i, \tag{7.2}$$

则称映射 φ 是破产问题 (E, d) 的一个破产规则.

一般称条件 (7.1) 和 (7.2) 分别为有效性条件和个体理性条件. 有效性意味着一个破产规则将资产全部分配给参与者, 个体理性则保证了参与者获得的分配不会为负数, 但也不会超过其自身的索求.

例 7.1   设 $N = \{1, 2, 3, 4\}$, $E = 60$, $d = (d_1, d_2, d_3, d_4)$, 其中 $d_1 = 10, d_2 = 20, d_3 = 30, d_4 = 40$. 因为 $d_1 + d_2 + d_3 + d_4 = 100 > 60 = E$, 所以 $(E, d) \in \mathcal{B}^N$ 是一个破产问题. 对此破产问题而言, 破产规则 φ 需满足 $\sum_{i \in N} \varphi_i(E, d) = 60$, $0 \leqslant \varphi_1(E, d) \leqslant 10$, $0 \leqslant \varphi_2(E, d) \leqslant 20$, $0 \leqslant \varphi_3(E, d) \leqslant 30$, 以及 $0 \leqslant \varphi_4(E, d) \leqslant 40$.

接下来介绍几个重要的破产规则.

定义 7.4   令 $(E, d) \in \mathcal{B}^N$, 若存在 $\lambda \in R$ 使得对任意的 $i \in N$ 都有 $\varphi_i(E, d) = \lambda d_i$, 并且 $\sum_{i \in N} \varphi_i(E, d) = E$ 成立, 则称 φ 是比例规则, 记作 φ^{PRO}.

比例规则是最基本的一种破产规则, 它将资产按照参与者的索求等比例地分配给参与者.

例 7.2   设 $(E, d) \in \mathcal{B}^N$ 是例 7.1 中的破产问题. 则

$$\varphi^{\mathrm{PRO}}(E, d) = 60 \left(\frac{10}{100}, \frac{20}{100}, \frac{30}{100}, \frac{40}{100} \right) = (6, 12, 18, 24).$$

下面在比例规则的基础上, 介绍一种新的比例规则, 称之为调整比例规则. 在调整比例规则中, 参与者 i 应至少获得其最小赢得 $m_i(E, d)$, 其中 i 的最小赢得是指在非负条件下, $N \backslash \{i\}$ 中所有参与者获得其索求后剩余的资产.

$$m_i(E, d) = \max \left\{ 0, E - \sum_{j \in N \backslash \{i\}} d_j \right\}.$$

注意到对于所有的 $i \in N$, 有 $0 \leqslant m_i(E, d) \leqslant d_i$ 且满足

$$m(N) = \sum_{j \in N} m_j(E, d) \leqslant E.$$

对任意的 $i \in N$, 定义调整索求向量 $d^* \in R^n$ 为

$$d_i^* = \min \left\{ d_i - m_i(E, d), \ E - m(N) \right\}, \quad \forall i \in N,$$

则调整比例规则定义如下.

定义 7.5   令 $(E, d) \in \mathcal{B}^N$, 若存在 $\lambda \in R$ 使得对任意的 $i \in N$ 都有 $\varphi_i(E, d) = m_i(E, d) + \lambda d_i^*$, 并且 $\sum_{i \in N} \varphi_i(E, d) = E$ 成立, 则称 φ 是调整比例规则, 记作 φ^{AP}.

调整比例规则要求每个参与者首先得到他们的最小赢得, 剩余资产则按照调整后的索求等比例地分配给参与者.

例 7.3   设 $(E, d) \in \mathcal{B}^N$ 是例 7.1 中的破产问题. 计算可得 $m_1(E, d) = m_2(E, d) = m_3(E, d) = m_4(E, d) = 0$, 则

$$\varphi^{\mathrm{AP}}(E, d) = (6, 12, 18, 24).$$

定义 7.6 令 $(E, d) \in \mathcal{B}^N$, 若存在 $\lambda \in R$ 使得对任意的 $i \in N$ 都有 $\varphi_i(E, d) = \min\{d_i, \lambda\}$, 并且 $\sum\limits_{i \in N} \varphi_i(E, d) = E$ 成立, 则称 φ 是限制性相等奖励规则, 记作 φ^{CEA}.

在保证参与者得到的收益不超过其索求的前提下, 限制性相等奖励规则尽可能地将资产平均分配给参与者.

例 7.4 设 $(E, d) \in \mathcal{B}^N$ 是例 7.1 中的破产问题. 则 $\lambda = 50/3$,

$$\varphi^{\mathrm{CEA}}(E, d) = \left(10, \frac{50}{3}, \frac{50}{3}, \frac{50}{3}\right).$$

定义 7.7 令 $(E, d) \in \mathcal{B}^N$, 若存在 $\lambda \in R$ 使得对任意的 $i \in N$ 都有 $\varphi_i(E, d) = \max\{d_i - \lambda, 0\}$, 并且 $\sum\limits_{i \in N} \varphi_i(E, d) = E$ 成立, 则称 φ 是限制性相等亏损规则, 记作 φ^{CEL}.

在保证参与者得到非负收益的前提下, 限制性相等亏损规则将亏损尽可能平均地分配给参与者.

例 7.5 设 $(E, d) \in \mathcal{B}^N$ 是例 7.1 中的破产问题. 则 $\lambda = 10$,

$$\varphi^{\mathrm{CEL}}(E, d) = (0, 10, 20, 30).$$

定义 7.8 令 $(E, d) \in \mathcal{B}^N$, 若存在 $\lambda \in R$ 使得对任意的 $i \in N$, 都有

$$\varphi_i(E, d) = \begin{cases} \min\{d_i/2, \lambda\}, & \sum\limits_{i \in N} d_i \geqslant 2E, \\ \max\{d_i/2, d_i - \lambda\}, & \sum\limits_{i \in N} d_i < 2E, \end{cases}$$

且 $\sum\limits_{i \in N} \varphi_i(E, d) = E$ 成立, 则称 φ 是塔木德规则, 记作 φ^{TAL}.

塔木德规则是限制性相等奖励规则和限制性相等亏损规则的组合, 当总资产小于总索求的一半时, 采取限制性相等奖励规则进行分配, 当总资产超过总索求的一半时, 每个参与者先得到一半索求的资产, 然后将剩余的资产根据剩余索求按照限制性相等亏损规则进行分配.

例 7.6 设 $(E, d) \in \mathcal{B}^N$ 是例 7.1 中的破产问题. 则 $\lambda = 25/2$,

$$\varphi^{\mathrm{TAL}}(E, d) = \left(5, 10, \frac{35}{2}, \frac{55}{2}\right).$$

定义 7.9 令 $(E, d) \in \mathcal{B}^N$, $\hat{d}_i = \min\{E, d_i\}$, $\forall i \in N$. 若

$$\varphi_i(E,d) = \frac{1}{|N|!} \sum_{\theta \in \Theta^N} \min\left\{\hat{d}_i, \max\left\{E - \sum_{\theta^{-1}(j)<\theta^{-1}(i)} \hat{d}_j, 0\right\}\right\}, \quad \forall i \in N$$

则称 φ 是随机到达规则, 记作 φ^{RA}.

随机到达规则假设参与者按顺序到达, 在任意的到达顺序下, 先到参与者在不超过他索求的情况下尽可能多地得到资产, 在这个顺序下所有参与者得到的资产组成了一个边际价值向量. 计算所有顺序下边际价值向量的平均即为随机到达规则.

例 7.7 设 $(E,d) \in \mathcal{B}^N$ 是例 7.1 中的破产问题. 则

$$\varphi^{\mathrm{RA}}(E,d) = \left(\frac{130}{24}, \frac{320}{24}, \frac{410}{24}, \frac{580}{24}\right).$$

可以看到, 基于不同的分配原则, 学者们提出了相应的破产规则, 在实际操作中, 还要考虑许多现实因素. 例如,《中华人民共和国企业破产法》第一百一十三条规定, 破产财产在优先清偿破产费用和共益债务后, 应优先偿还职工工资、医疗、伤残补助等费用.

7.3 破产规则的性质与公理化

7.2 节介绍了六种常见的破产规则, 本节将通过一些合意的性质来说明上述破产规则的公平合理性.

- 同等对待性: $\forall(E,d) \in \mathcal{B}^N$, 若 $d_i = d_j$, 有 $\varphi_i(E,d) = \varphi_j(E,d)$, 则称破产规则 φ 满足同等对待性.

如果两个参与者的索求相同, 同等对待性要求分配给他们的资产也相同.

- 资产可分性: $\forall(E,d) \in \mathcal{B}^N$, 取 $E_1, E_2 \in R_+$ 满足 $E_1 + E_2 = E$, 若 $\varphi_i(E,d) = \varphi_i(E_1,d) + \varphi_i(E_2,d)$, 则称破产规则 φ 满足资产可分性.

资产可分性表明, 如果把总资产分为几部分, 每部分按相同的规则分给参与者, 那么参与者的最终所得和在原始总资产下的一次分配相同.

- 路径独立性: $\forall(E,d) \in \mathcal{B}^N$, 若 $E' > E$, 有 $\varphi_i(E,d) = \varphi_i(E, \varphi(E',d))$, 则称破产规则 φ 满足路径独立性.

路径独立性表明, 参与者的最终分配只和其索求的大小有关, 独立于破产问题中的总资产.

- 一致性: $\forall(E,d) \in \mathcal{B}^N$, $S \subseteq N$, 若 $\varphi_i(N,E,d) = \varphi_i\left(S, \sum_{i \in S} \varphi_i(N,E,d), d\right)$, 则称破产规则 φ 满足一致性.

无论是原破产问题还是考虑部分参与者的局部破产问题, 一致性表明参与者在这两个破产问题下的分配相同.

- 自对偶性: $\forall (E,d) \in \mathcal{B}^N$, 若 $\varphi_i(E,d) = d_i - \varphi_i(D-E,d)$, 其中 $D = \sum\limits_{i\in N} d_i$, 则称破产规则 φ 满足自对偶性.

自对偶性是指无论从奖励还是损失的角度进行分配, 参与者所获得的资产是一样的.

- 豁免性: $\forall (E,d) \in \mathcal{B}^N$, 若 $d_i \leqslant E/n$, 有 $\varphi_i(E,d) = d_i$, 则称破产规则 φ 满足豁免性.

破产问题中, 对于索求较小 (可以理解为较弱势的债权人) 的参与者, 豁免性保证此类参与者恰好获得其索求.

- 排斥性: $\forall (E,d) \in \mathcal{B}^N$, 若 $d_i \leqslant D - E/n$, 有 $\varphi_i(E,d) = 0$, 则称破产规则 φ 满足排斥性.

排斥性是豁免性的对偶性质, 此时索求较小参与者的最终分配为零.

- 索赔独立性: $\forall (E,d) \in \mathcal{B}^N$, 若 $\varphi_i(E,d) = \varphi_i(E,d^T)$, 其中 $d_i^T = \min\{E, d_i\}$, 则称破产规则 φ 满足索赔独立性.

破产规则的公理化与合作博弈解的公理化类似, 是指利用一些较为合意的性质来唯一确定该破产规则. 通常一个破产规则可以满足很多性质, 一个破产规则也可能有不同的公理化方法, 比如限制性相等奖励规则可以用同等对待性、资产可分性、豁免性和索赔独立性进行公理化, 也可以用路径独立性、一致性、自对偶性进行公理化. 表 7.2 列出了不同破产规则的公理化性质, 当然还可能有其他的公理化方法.

对于塔木德规则, 当资产超过索求的一半时, 那么每个参与者都至少得到一半的索求. 如果不从参与者收益的角度看, 而考虑每个参与者相对于他们索求的损失, 那么当每个人的损失足够小, 每个参与者均分总的损失. 假设参与者的索求由小到大排序, 当所有参与者的损失都达到 $d_1/2$ 时, 不再继续均分损失. 资产超过这个点后, 参与者 1 便不再承担损失, 剩余的损失由其余的 $n-1$ 个参与者均分. 如果参与者 2 的损失达到 $E = d_2/2$, 参与者 2 不承担损失, 并且剩余的损失由其余的 $n-2$ 个参与者均分. 按照上述方法继续分配, 直到每个人的损失达到各自索求的一半, 此时 $E = \dfrac{1}{2}\sum\limits_{i\in N} d_i$. 如果总资产至多 (至少) 为 $\dfrac{1}{2}\sum\limits_{i\in N} d_i$, 那么每个参与者至多 (至少) 拿到一半的索求. 因此, 参与者 i 的收益 x_i 对应的损失为 $d_i - x_i$. 破产规则的自对偶条件要求: 在原始的破产问题 (E,d) 中, 参与者的收益等于相关破产问题 $\left(\sum\limits_{i\in N} d_i - E, d\right)$ 中的损失, 其中 $\sum\limits_{i\in N} d_i - E$ 表示参与者的总损失. 显然, 塔木德规则满足自对偶性.

表 7.2　破产规则的公理化

性质 ＼ 规则	φ^{PRO}	φ^{AP}	φ^{CEA}	φ^{CEL}	φ^{TAL}
同等对待性	+		+		
资产可分性			+	+	
路径独立性	+			+	
一致性				+	+
自对偶性	+	+			+
豁免性			+		
排斥性				+	
索赔独立性		+	+		+

　　下面定理将证明随机到达规则也满足自对偶性. 这个定理的证明基于这样的事实: 随机到达规则和相应破产博弈的 Shapley 值一致, 用相似的方法也可以证明调整比例规则也满足自对偶性. 记 $d(S) = \sum\limits_{i \in S} d_i,\ S \subseteq N$.

　　定理 7.1　令 $(E, d) \in \mathcal{B}^N$, 若对于所有的 $i \in N$, 有 $d_i \leqslant E \leqslant \sum\limits_{j \in N \setminus \{i\}} d_j$, 那么 $\varphi^{\mathrm{RA}}(E, d) = d - \varphi^{\mathrm{RA}}(d(N) - E, d)$.

　　证明　令 $(E, d) \in \mathcal{B}^N$, 则 $(d(N) - E, d) \in \mathcal{B}^N$. 记 (E, d) 和 $(d(N) - E, d)$ 对应的破产博弈分别为 (N, v) 和 (N, w). 进一步, 用 S^c 来替代 $N \setminus S$, 那么对任意的 $S \subseteq N$, $v(S) = \max\{0, E - d(S^c)\}$, $w(S) = \max\{0, d(S) - E\}$, 则

$$v(S) = w(S^c) + E - d(S^c).$$

从上式可得, 对任意的 $i \in N$ 和 $S \subseteq N \setminus \{i\}$, 有 $v(S \cup \{i\}) - v(S) = w(S^c \setminus \{i\}) - w(S^c) + d_i$. 令 $\gamma_n(S) = (n!)^{-1}|S|!(n - |S| - 1)! = \gamma_n(S^c \setminus \{i\})$, 于是, $\forall i \in N$,

$$
\begin{aligned}
\mathrm{Sh}_i(v) &= \sum_{S \subseteq N \setminus \{i\}} \gamma_n(S)\left(v(S \cup \{i\}) - v(S)\right) \\
&= \sum_{S \subseteq N \setminus \{i\}} \gamma_n(S^c \setminus \{i\})\left(w(S^c \setminus \{i\}) - w(S^c) + d_i\right) \\
&= \sum_{T \subseteq N \setminus \{i\}} \gamma_n(T)\left(w(T) - w(T \cup \{i\}) + d_i\right) \\
&= \sum_{T \subseteq N \setminus \{i\}} \gamma_n(T)\, d_i - \mathrm{Sh}_i(w) = d_i - \mathrm{Sh}_i(w).
\end{aligned}
$$

因此, 等式 $\mathrm{Sh}(v) = d - \mathrm{Sh}(w)$ 成立. 进一步, $\varphi^{\mathrm{RA}}(E, d) = \mathrm{Sh}(v) = d - \mathrm{Sh}(w) = d - \varphi^{\mathrm{RA}}(d(N) - E, d)$. $\qquad\square$

定理 7.2 令 $(E, d) \in \mathcal{B}^N$, 则 $\varphi^{\mathrm{AP}}(E, d) = d - \varphi^{\mathrm{AP}}(d(N) - E, d)$.

证明 令 $(E, d) \in \mathcal{B}^N$, 则 $(d(N) - E, d) \in \mathcal{B}^N$. 记 (E, d) 和 $(d(N) - E, d)$ 对应的破产博弈分别为 (N, v) 和 (N, w). 对于所有的 $i \in N$,

$$b_i^w = w(N) - w(N \backslash \{i\}) = d(N) - E - w(N \backslash \{i\}) = d_i - v(\{i\}),$$

$$w(\{i\}) = v(N \backslash \{i\}) - E + d_i = v(N \backslash \{i\}) - v(N) + d_i = d_i - b_i^v.$$

由于博弈 w 和 v 是凸的, 且任何凸博弈 u 的 τ 值是 b^u 和 $b^u - \lambda^u$ 的线性组合, 并且对于所有的 $i \in N$, $b_i^u - \lambda_i^u = u(\{i\})$. 由凸博弈 τ 值的定义可知, $\tau(w) = d - \tau(v)$ 成立. 于是 $\varphi^{\mathrm{AP}}(E, d) = \tau(v) = d - \tau(w) = d - \varphi^{\mathrm{AP}}(d(N) - E, d)$. $\qquad \square$

目前, 我们已经证明了塔木德规则、随机到达规则、调整比例规则满足自对偶性. 下面将通过自对偶性和其他性质对塔木德规则和调整比例规则进行刻画. 首先从限制等奖励的角度介绍如下性质.

- 限制等奖励性: $\forall (E, d) \in \mathcal{B}^N$, $i \in N$, 若存在 $\alpha \in R$ 使得 $\varphi_i(E, d) = \min\{d_i, \alpha\}$, 则称破产规则 φ 满足限制等奖励性.

下一个引理说明, 每个破产问题都有唯一的限制等奖励分配方案.

引理 7.1 令 $(E, d) \in \mathcal{B}^N$ 且 $d(N) > E$, 那么存在唯一的实数 α 使得 $\sum\limits_{j \in N} \min\{d_j, \alpha\} = E$.

证明 定义实值函数 $h^i : R \to R$, $i \in N$ 以及 $h : R \to R$ 如下:

$$\text{对所有的 } \alpha \in R, \quad h^i(\alpha) = \min\{d_i, \alpha\},$$

$$\text{对所有的 } \alpha \in R, \quad h(\alpha) = \sum_{j \in N} h^j(\alpha) = \sum_{j \in N} \min\{d_j, \alpha\}.$$

函数 h^i 连续且非减. 如果 $k \in N$ 满足 $d_i \leqslant d_k$, $i \in N$, 那么函数 h^k 在 $[0, d_k]$ 上单调增加. 函数 h 在 $[0, d_k]$ 上连续且单调增加, 同时满足 $h([0, d_k]) = [0, d(N)]$. 于是存在唯一实数 $\alpha \in [0, d_k]$, 使得 $h(\alpha) = E$. 进一步, 如果 $\alpha < 0$, $h(\alpha) = n\alpha < 0$; 如果 $\alpha > d_k$, $h(\alpha) = d(N) > E$. 因此, 存在唯一的 $\alpha \in R$, 使得 $h(\alpha) = E$. $\qquad \square$

- 限制均分性: $\forall (E, d) \in \mathcal{B}^N$, $E \leqslant 0.5 d(N)$, $i \in N$, 若存在 $\alpha \in R$ 有 $\varphi_i(E, d) = \min\{d_i/2, \alpha\}$, 则称破产规则 φ 满足限制均分性.

显然, 塔木德规则满足限制均分性. 事实上, 塔木德规则可以被这个性质和自对偶性公理化.

定理 7.3 塔木德规则是唯一满足自对偶性和限制均分性的破产规则.

证明 只需证明唯一性. 假设 g 和 h 是满足上述两个性质的破产规则. 证明对任意的 $(E, d) \in \mathcal{B}^N$, 有 $g(E, d) = h(E, d)$. 如果 $E \leqslant 0.5 d(N)$, 由于 g 和 h 的

限制均分性, $g(E,d)$ 和 $h(E,d)$ 与相应的破产问题 $(E,0.5d)$ 的限制等奖励分配方案一致, 于是 $g(E,d) = h(E,d)$; 如果 $E \geqslant 0.5d(N)$, 那么 $d(N)-E \leqslant 0.5d(N)$, 因此, $g(E,d) = d - g(d(N)-E,d) = d - h(d(N)-E,d) = h(E,d)$. 这里第一个和第三个等式是由于 g 和 h 的自对偶性, 第二个等式是由于 g 和 h 的限制均分性. 于是, 对于所有的破产问题 (E,d), $g(E,d) = h(E,d)$. □

• 缩减索求比例性: $\forall(E,d) \in \mathcal{B}^N, E \leqslant 0.5d(N)$, 若 $\varphi(E,d)$ 与被缩减的索求 d' 成比例, 其中 d' 为

$$d_i' = \begin{cases} d_i, & d_i \leqslant E, \\ E, & E \leqslant d_i \leqslant d(N) - E, \\ 2E - d(N\backslash\{i\}), & d_i \geqslant d(N) - E, \end{cases}$$

则称破产规则 φ 满足缩减索求比例性.

例 7.8　考虑破产问题 (E,d), 其中 $N = \{1,2,3\}$, $d_1 = 100$, $d_2 = 200$, $d_3 = 300$, 资产 $0 < E \leqslant 300$. 可以求得对于所有的 $i \in N$, $m_i = 0$, 调整比例规则和可调整的索求 d^* 成比例, 且满足对于所有的 $i \in N$, $d_i^* = \min\{d_i, E\}$, 显然, $d^* = d'$. 根据调整比例规则, 资产的分配和缩减的索求 d^* 成比例.

命题 7.1　调整比例规则满足缩减索求比例性.

证明　设 (E,d) 为一个破产问题且 $E \leqslant 0.5d(N)$, 选择参与者 $k \in N$ 使得 $d_i \leqslant d_k$, $\forall i \in N$.

(1) 若 $E \leqslant d(N \backslash \{k\})$, 那么对任意的 $i \in N$, $E \leqslant d(N \backslash \{k\}) \leqslant d(N \backslash \{i\})$. 因此, $d_i' = \min\{d_i, E\}$ 且 $m_i = 0$. 进一步可得, 对于所有的 $i \in N$,

$$d_i^* = \min\{d_i - m_i, E - m(N)\} = \min\{d_i, E\} = d_i'.$$

于是可得, $m_i = 0$ 和 $d_i^* = d_i'$. 由调整比例规则定义可以看出, 调整比例规则可以表示为最小赢得向量 m 和向量 $m + d^*$ 之间的一个有效妥协. 即分配结果 $\varphi^{\mathrm{AP}}(E,d)$ 和向量 d' 成比例.

(2) 若 $E \geqslant d(N \backslash \{k\})$, 对于所有的 $i \neq k$, $d_i \leqslant d(N \backslash \{k\}) \leqslant E \leqslant d(N)-E$. 因此, $d_k' = 2E - d(N \backslash \{k\})$, $m_k = E - d(N \backslash \{k\})$, 且对于所有的 $i \in N \backslash \{k\}$, $d_i' = d_i$, $m_i = 0$. 又因为 $E - m(N) = E - m_k = d(N \backslash \{k\})$, 故得到

$$d_k^* = \min\{d_k - m_k, E - m(N)\} = \min\{d(N) - E, d(N \backslash \{k\})\} = d(N \backslash \{k\}),$$

$$d_i^* = \min\{d_i - m_i, E - m(N)\} = \min\{d_i, d(N \backslash \{k\})\} = d_i.$$

因此, $(m + d^*/2)(N) = m(N) + d^*/2(N) = m_k + d(N \backslash \{k\}) = E$.

由于向量 $m + d^*/2$ 是在最小赢得向量 m 和向量 $m + d^*$ 之间的有效妥协, 可得 $\varphi^{\mathrm{AP}}(E,d) = m + d^*/2$. 因此, 对于所有的 $i \in N \setminus \{k\}$, $m_k + d_k^*/2 = E - d(N \setminus \{k\})/2 = d_k'/2$, $m_i + d_i^*/2 = d_i/2 = d_i'/2$. 于是, $\varphi^{\mathrm{AP}}(E,d) = m + d^*/2 = d'/2$. 故调整比例规则的分配结果与缩减的索求成比例. $\square$

定理 7.4 调整比例规则是唯一满足自对偶性和缩减索求比例性的破产规则.

证明 只需证明唯一性. 假设 g 和 h 是满足上述两个性质的破产规则. 证明对于所有的破产问题 (E,d), 有 $g(E,d) = h(E,d)$.

如果 $E \leqslant 0.5d(N)$, 由于 g 和 h 满足缩减索求比例性, 可得 $g(E,d) = \alpha d'$ 和 $h(E,d) = \beta d'$, 其中 $\alpha, \beta \in R$. 由于规则 g 和 h 满足有效性, 可得 $\alpha d'(N) = E = \beta d'(N)$. 因此, $\alpha = \beta$ 或者 $d'(N) = 0$, 对于所有的 $i \in N$, $d_i' = 0$. 于是, 可以得到当 $E \leqslant 0.5d(N)$, $g(E,d) = \alpha d' = \beta d' = h(E,d)$. 当 $E \geqslant 0.5d(N)$ 时, $g(E,d) = d - g(d(N)-E,d) = d - h(d(N)-E,d) = h(E,d)$. 这里第一个和第三个等式由 g 和 h 的自对偶性得到, 第二个等式由 g 和 h 的缩减索求比例性得到. 因此, 对于所有的破产问题 (E,d), $g(E,d) = h(E,d)$. $\square$

例 7.9 考虑破产问题 (E,d), 其中 $d_1 = 30, d_2 = 40, d_3 = 60, d_4 = 120$, 资产 $E = 120$. 因为这个破产问题是简单的且 $E \leqslant 0.5d(N)$, 所以缩减的索求和原始的索求相等, 因此, 资产的调整比例分配结果和索求成比例, 即 $\varphi^{\mathrm{AP}}(E,d) = 0.48(30, 40, 60, 120) = (14.4, 19.2, 28.8, 57.6)$.

7.4 破 产 博 弈

定义 7.2 给出了一般破产问题 (E,d) 对应的破产博弈 $(N, v_{E,d})$. 本节介绍随机到达规则、塔木德规则和调整比例规则在此博弈模型下对应的合作博弈解.

首先, 我们讨论随机到达规则与 Shapley 值之间的对应关系. 从随机到达规则的动态分配过程可以看出, Shapley 值中参与者的边际贡献对应随机到达规则中的边际分配, 下例直观地说明了这一观察.

例 7.10 考虑一个三人的破产问题, 总资产 $E = 400$, 参与者的索求为 $d_1 = 100, d_2 = 200, d_3 = 300$. 该破产问题对应的三人破产博弈为 $v(\{1\}) = v(\{2\}) = 0, v(\{3\}) = 100, v(N) = 400, v(\{12\}) = 100, v(\{13\}) = 200, v(\{23\}) = 300$. 该博弈的边际价值向量 $x^\theta(v), \theta \in \Theta^3$ 如表 7.3 所示.

随机到达规则可以描述为: 参与者依次在法庭上陈述自己的索求, 然后法官根据到达的顺序给参与者相应的支付, 给定一个参与者的排序 θ, 如果参与者 i 第一个到达, 则有 $\theta(i) = n$. 换句话说, 由参与者提出索求的所有可能顺序所得到的向量可以看作具有相反顺序的边际价值向量. 根据上面对随机到达规则的动态解释, 可以得到博弈 (N,v) 的 Shapley 值 $\mathrm{Sh}(N,v)$ 和由随机到达规则得到的分配结

果一致, 即

$$\mathrm{Sh}(N,v) = (3!)^{-1} \sum_{\theta \in \Theta^3} x^\theta(v) = \frac{1}{6}(400, 700, 1300) = \varphi^{\mathrm{RA}}(E, d).$$

上例中的结论可以推广到更一般的情形, 对任意破产问题, 由随机到达规则得到的分配方案与相应合作博弈的 Shapley 值一致.

表 7.3   例 7.10 中边际价值向量与支付向量的比较

参与者的到达顺序	支付向量	边际价值向量 $x^\theta(v)$	序列 θ
123	(100,200,100)	(100,200,100)	321
132	(100,0,300)	(100,0,300)	231
213	(100,200,100)	(100,200,100)	312
231	(0,200,200)	(0,200,200)	132
312	(100,0,300)	(100,0,300)	213
321	(0,100,300)	(0,100,300)	123

定理 7.5   令 $(E, d) \in \mathcal{B}^N$, 则 $\varphi^{\mathrm{RA}}(E, d) = \mathrm{Sh}(N, v_{E,d})$.

证明   令 $i \in N, \sigma \in \Theta^N$. 根据给定的参与者提出索求的顺序 σ, 给参与者 i 的支付 y_i^σ 依赖于他的索求 d_i 和他前面的参与者 j $(j \in P_i^\sigma)$ 分完之后资产的剩余量. 资产的剩余部分等于 $E - d(P_i^\sigma)$ 和 0 中的最大值. 于是有

$$y_i^\sigma = \begin{cases} d_i, & E - d(P_i^\sigma) \geqslant d_i, \\ E - d(P_i^\sigma), & 0 \leqslant E - d(P_i^\sigma) \leqslant d_i, \\ 0, & E - d(P_i^\sigma) \leqslant 0. \end{cases}$$

令 $\theta \in \Theta^N$ 是顺序 σ 的倒序, 即对所有的 $j \in N$, $\theta(j) = n + 1 - \sigma(j)$. 那么 $P_i^\theta \cup \{i\} = \{j \in N | \, \theta(j) \leqslant \theta(i)\} = \{j \in N | \, \sigma(j) \geqslant \sigma(i)\} = N \setminus P_i^\sigma$. 令 $w = v_{E,d}$, 并且对于任何 $S \subseteq N$, 用 S^c 代替 $N \setminus S$. 因 $d_i \geqslant 0$, 可推出对于所有的 $S \subseteq N \setminus \{i\}$, 有

$$w(S^c) - w(S^c \setminus \{i\}) = \begin{cases} d_i, & E - d(P_i^\sigma) \geqslant d_i, \\ E - d(S), & 0 \leqslant E - d(P_i^\sigma) \leqslant d_i, \\ 0, & E - d(P_i^\sigma) \leqslant 0. \end{cases}$$

由上式可得 $y_i^\sigma = w(S^c) - w(S^c \setminus \{i\})$, 其中 $S = P_i^\sigma$. 又因为 $N \setminus P_i^\sigma = P_i^\theta \cup \{i\}$, 则

$$y_i^\sigma = w(P_i^\theta \cup \{i\}) - w(P_i^\theta) = x_i^\theta(w).$$

显然, 当且仅当 $\sigma \in \Theta^N$ 时, $\theta \in \Theta^N$ 成立. 因为 $i \in N, \sigma \in \Theta^N$ 是任意的, 那么 $\forall i \in N$, $\varphi_i^{\mathrm{RA}}(E,d) = (n!)^{-1} \sum\limits_{\sigma \in \Theta^N} x_i^\theta(w) = \mathrm{Sh}_i(N,w)$. 因此, $\varphi^{\mathrm{RA}}(E,d) = \mathrm{Sh}(N, v_{E,d})$. $\qquad\qquad\qquad\qquad\qquad\qquad\qquad\qquad\qquad\qquad\qquad\qquad$ □

下面讨论塔木德规则与合作博弈中核子的一致性. 当 $n = 2$ 时, n 人破产问题的塔木德规则等价于二人破产问题的竞赛一致原则. 竞赛一致原则是指: 对于二人破产问题, 总资产为 E, 索求分别为 d_1, d_2, 第一步, 每个参与者得到另一个参与者的让步资产, 即参与者 1 得到 $\max\{0, E - d_2\}$, 参与者 2 得到 $\max\{0, E - d_1\}$; 第二步, 两个参与者均分资产的剩余部分 $E - \max\{0, E - d_1\} - \max\{0, E - d_2\}$, 他们两个各获得剩余资产的一半, 分配结果记为 φ^{CG}. 事实上, 对于塔木德规则的公理化刻画来说, 竞赛一致原则极为有用.

假设 (E, d) 为任一破产问题, 考虑破产规则 φ. 将竞赛一致原则应用至多人破产问题, 考虑其中两个参与者, 参与者 i 的索求为 d_i, 参与者 j 的索求为 d_j. 那么分配给 $\{i, j\}$ 的总额为 $\varphi_i(E, d) + \varphi_j(E, d)$. 如果分配规则满足竞赛一致原则, 那么分配给参与者 i 的是 $\varphi_i(E, d)$, 分配给 j 的是 $\varphi_j(E, d)$.

- 竞赛一致性: $\forall (E, d) \in \mathcal{B}^N, i, j \in N$, 若

$$\varphi^{\mathrm{CG}}(\varphi_i(E, d) + \varphi_j(E, d), (d_i, d_j)) = (\varphi_i(E, d), \varphi_j(E, d)),$$

则称破产规则 φ 满足竞赛一致性.

定理 7.6 塔木德规则是唯一满足竞赛一致性的破产规则.

证明 (1) 首先证明唯一性. 假设至少有两个满足竞赛一致性的破产规则 g, h. 那么存在一个破产问题 (E, d) 使得 $g(E, d) \neq h(E, d)$. 令

$$x = g(E, d), \quad y = h(E, d).$$

根据二人破产规则的有效性, 有 $x(N) = E = y(N)$. 由 $x \neq y$ 和 $x(N) = y(N)$, 存在 $i, j \in N, i \neq j$ 并且 $x_i > y_i$ 和 $x_j > y_j$. 从一致性条件可得, 对于两个破产规则 g 和 h 有

$$\varphi_i^{\mathrm{CG}}(x_i + y_i, d_i, d_j) = x_i, \quad \varphi_j^{\mathrm{CG}}(x_i + x_j, d_i, d_j) = x_j,$$

$$\varphi_i^{\mathrm{CG}}(y_j + y_i, d_i, d_j) = y_i, \quad \varphi_j^{\mathrm{CG}}(y_j + y_i, d_i, d_j) = y_j.$$

根据竞赛一致原则, 由于两个人的支付向量是资产的一个非减函数, 因此如果 $x_i + x_j \leqslant y_i + y_j$, 那么 $\varphi_i^{\mathrm{CG}}(x_i + x_j, d_i, d_j) \leqslant \varphi_i^{\mathrm{CG}}(y_i + y_j, d_i, d_j)$ 并且 $x_i = \varphi_i^{\mathrm{CG}}(x_i + x_j, d_i, d_j) \leqslant \varphi_i^{\mathrm{CG}}(y_i + y_j, d_i, d_j) = y_i$, 这与 $x_i > y_i$ 矛盾. 如果 $x_i + x_j \geqslant y_i + y_j$, 所获得结果 $x_j \geqslant y_j$ 与 $x_j < y_j$ 矛盾. 因此, 至多只有一个满足竞赛一致性的破产规则.

(2) 下面证明塔木德规则满足竞赛一致性. 设 (E, d) 为任意破产问题, 且满足 $d_1 \leqslant d_2 \leqslant \cdots \leqslant d_n$. 设 $i, j \in N, i \neq j$ 并且 $d_i \leqslant d_j$. 令 $E^* = \varphi_i(E, d) + \varphi_j(E, d)$. 由于竞赛一致原则的有效性, 可以充分证明 $\varphi_i^{\mathrm{CG}}(E^*, d_i, d_j) = \varphi_i(E, d)$. 下面分三种情况来讨论.

假设 $0 \leqslant \varphi_j(E, d) < d_i/2$, 根据规则 φ 的构造可得 $\varphi_i(E, d) = \varphi_j(E, d)$. 因此, $E^* = 2\varphi_i(E, d)$ 且 $0 \leqslant E^* \leqslant d_i$. 根据二人竞赛一致原则可得 $\varphi_i^{\mathrm{CG}}(E^*, d_i, d_j) = E^*/2 = \varphi_i(E, d)$.

假设 $d_i/2 \leqslant \varphi_j(E, d) \leqslant d_j - d_i/2$, 根据规则 φ 的构造可得 $\varphi_i(E, d) = d_i/2$. 于是由 $d_i \leqslant E^* \leqslant d_j$, 且从二人竞赛一致原则的定义可得 $\varphi_i^{\mathrm{CG}}(E^*, d_i, d_j) = d_i/2 = \varphi_i(E, d)$.

假设 $d_j - d_i/2 < \varphi_j(E, d) \leqslant d_j$, 根据规则 φ 的构造可得 $\varphi_j(E, d) - \varphi_i(E, d) = d_j - d_i$ 且 $d_i/2 \leqslant \varphi_i(E, d) \leqslant d_i$. 因此 $d_j < E^* \leqslant d_i + d_j$, 从二人竞赛一致原则的定义可得 $\varphi_i^{\mathrm{CG}}(E^*, d_i, d_j) = \frac{1}{2}(d_i + E^* - d_j) = \frac{1}{2}(E^* - \varphi_j(E, d) + \varphi_i(E, d)) = \varphi_i(E, d)$. 于是 $\varphi_i^{\mathrm{CG}}(E^*, d_i, d_j) = \varphi_i(E, d)$, 即塔木德规则是唯一满足竞赛一致性的破产规则. □

对于之前提到的三人破产问题, 索求为 $d_1 = 100, d_2 = 200, d_3 = 300$, 总资产分别为 $E = 100, 200$ 和 300. 根据塔木德规则, 三种资产下的分配结果和核子所得到的分配是一致的. 下述定理进一步揭示了该结论的一般性.

定理 7.7 令 $(E, d) \in \mathcal{B}^N$, 则 $\varphi^{\mathrm{TAL}}(E, d) = \eta(v_{E,d})$.

此证明主要基于核子的简约一致性, 感兴趣的读者可自行查阅相关资料. 最后我们讨论调整比例规则与合作博弈 τ 值的对应关系.

定理 7.8 令 $(E, d) \in \mathcal{B}^N$, 则 $\varphi^{\mathrm{AP}}(E, d) = \tau(v_{E,d})$.

证明 设 $w = v_{E,d}$, 凸博弈 w 的 τ 值为 b^w 和 $b^w - \lambda^w$ 的线性组合. 对任意的 $i \in N$, $b_i^w - \lambda_i^w = w(\{i\})$. 破产问题 (E, d) 的调整比例规则是最小赢得向量 m 和 $m + d^*$ 的线性组合, 这里 d^* 表示可调整的妥协向量. 对任意的 $i \in N$, $m_i = w(\{i\})$. 因此, 当 b^w 和 $m + d^*$ 相同时, τ 值 $\tau(w)$ 和调整比例分配规则一致. 这样只需证明等式 $m + d^* = b^w$.

对任意的 $i \in N$, 有

$$b_i^w = w(N) - w(N \setminus \{i\}) = E - \max\{0, E - d_i\} = \min\{d_i, E\},$$

$$m_i + d_i^* = \min\{d_i, E - m(N \setminus \{i\})\},$$

且

$$E - m(N \setminus \{i\}) = w(N) - \sum_{j \in N \setminus \{i\}} w(j) \geqslant w(N) - w(N \setminus \{i\}) = b_i^w,$$

这里的不等式由博弈 w 的凸性得到. 如果 $d_i \leqslant E$, 那么 $d_i = b_i^w \leqslant E - m(N \setminus \{i\})$, 因此, $m_i + d_i^* = d_i = b_i^w$; 如果 $d_i > E$, 则对于所有的 $j \in N \setminus \{i\}$, $E - d(N \setminus \{j\}) \leqslant E - d_i < 0$, 那么 $m_j = w(\{j\}) = 0$, $m_i + d_i^* = \min\{d_i, E\} = b_i^w$. 于是 $m + d^* = b^w$. $\quad\square$

7.5 多目标破产问题

多目标破产问题由 Calleja 等[67] 提出. 他们基于经典破产问题的分配规则, 提出了一般形式的随机到达规则, 后续又提出了两阶段限制性相等亏损规则、两阶段限制性相等奖励规则、两阶段比例规则等. 多目标破产问题的背景如下: 假设政府的资金将通过多种公共社会服务间接分配给政府部门. 换言之, 不同部门通过各自的社会服务项目向政府请求资金. 有些服务仅由一个部门提出 (例如金融部门关于税收的请求), 而有些服务则由多个部门提出 (例如, 经济部门、外交部门和国防部门通过外交贸易请求资金). 根据这种情况来建立如下的数学模型.

定义 7.10 设 H 是目标的集合, N 是参与者的集合, E 是总资产, $C = (c_{ki}, k \in H, i \in N)$ 是参与者对目标的索求向量, 其中 c_{ki} 表示参与者 i 对目标 k 的索求. 若资产 E 满足 $0 \leqslant E \leqslant \sum\limits_{k \in H} \sum\limits_{i \in N} c_{ki}$, 则称四元组 (H, N, E, C) 是一个多目标破产 (MIA) 问题.

定义 7.11 多目标破产问题 (H, N, E, C) 的破产规则可以定义为一个矩阵 $\varphi(H, N, E, C) \in R^{|H| \times |N|}$, 满足如下条件:

(1) 对任意的 $k \in H, i \in N$, $0 \leqslant \varphi_{ki}(H, N, E, C) \leqslant c_{ki}$;

(2) $\sum\limits_{k \in H} \sum\limits_{i \in N} \varphi_{ki}(H, N, E, C) = E$.

下面介绍几种多目标破产问题的破产规则. 首先是两阶段限制性相等奖励规则, 对任意的 $k \in H, i \in N$, 参与者得到的分配为 $\varphi_{ki}^{\mathrm{CEA}}(H, N, E, C) = \min\{\beta_k, c_{ki}\}$, 其中 β_k 满足 $\sum\limits_{i \in N} \min\{\beta_k, c_{ki}\} = \min\left\{\lambda, \sum\limits_{i \in N} c_{ki}\right\}$, λ 满足 $\sum\limits_{k \in H} \min\left\{\lambda, \sum\limits_{i \in N} c_{ki}\right\} = E$. 这种分配方案将每个目标下的参与者索求之和看作一个整体, 将原问题变成破产问题 $\left(H, E, \sum\limits_{i \in N} c_{ki}\right)$, 再利用限制性相等奖励规则进行分配, 之后在每个项目得到资金后再进行第二次限制性相等奖励规则分配.

两阶段限制性相等亏损规则可以类似定义, 对任意的 $k \in H, i \in N$, 参与者得到的分配为 $\varphi_{ki}^{\mathrm{CEL}}(H, N, E, C) = \max\{0, c_{ki} - \beta_k\}$, 其中 β_k 满足 $\sum\limits_{i \in N} \max\{0, c_{ki} - \beta_k\} = \max\left\{0, \sum\limits_{i \in N} c_{ki} - \lambda\right\}$, λ 满足 $\sum\limits_{k \in H} \min\left\{0, \sum\limits_{i \in N} c_{ki} - \lambda\right\} = E$. 显然, 这是两次使用限制性相等亏损规则得到的结果.

类似地, 也可以定义一般的随机到达规则和两阶段比例规则, 并且这几种破产规则也可以利用相关的性质进行公理化. 下面定义多目标破产问题的随机到达规则.

令 $c_k = \sum\limits_{i \in N} c_{ki}, \forall k \in H, c_{k,S} = \sum\limits_{i \in S} c_{ki}, \forall S \subseteq N, c_{K,i} = \sum\limits_{k \in K} c_{ki}, \forall K \subseteq H.$
对于任意的联盟 $S \subseteq N$, 记

$$\varphi_S^P(\tau) = \sum_{s=1}^t c_{\tau(s),S} + \frac{c_{\tau(t+1),S}}{c_{\tau(t+1)}} E'.$$

$\varphi_S^P(\tau)$ 表示在顺序 $\tau \in \Theta^H$ 下, S 可以获得的收益. 具体地, 在顺序 $\tau \in \Theta^H$ 下, S 中的参与者首先获得能够完全覆盖前 t 个目标的资产, 其中 $t = \max\left\{ t' \Big| \sum\limits_{s=1}^{t'} c_{\tau(s)} \right.$ $\left. \leqslant E \right\}$. 剩余的资产 $E' = E - \sum\limits_{s=1}^t c_{\tau(s)}$ 将按比例分配给第 $t+1$ 个目标下的参与者.

根据上面描述, 定义博弈 (N, v^P) 为

$$v^P(S) = \min_{\tau \in \Theta^H} \varphi_S^P(\tau), \quad \forall S \subseteq N.$$

联盟 S 外的参与者自由选择目标顺序时, $v^P(S)$ 是联盟 S 可以确保得到的收益. 因 $\varphi_S^P(\tau) + \varphi_{N \setminus S}^P(\tau) = E$, 故可得

$$v^P(S) = E - \max_{\tau \in \Theta^H} \varphi_{N \setminus S}^P(\tau).$$

接着定义多目标破产问题的随机到达规则, 对于任意的顺序 $\sigma \in \Theta^N$,

$$\rho^P = \frac{1}{|N|!} \sum_{\sigma \in \Theta^N} \rho^P(\sigma),$$

其中 $\rho^P(\sigma) \in R^n$ 的递归定义如下:

$$\rho_{\sigma(p)}^P(\sigma) = \max_{\tau \in \Theta^H} \left[\varphi_{\{\sigma(p)\}}^P(\tau) - \sum_{q=1}^{p-1} (\rho_{\sigma(q)}^P(\sigma) - \varphi_{\{\sigma(q)\}}^P(\tau)) \right],$$

对所有的 $p \in \{1, 2, \cdots, n\}$.

第一个到达的参与者选择目标的一个顺序, 在这个顺序下他得到自己的最大化收益 $\varphi_{\{\sigma(1)\}}^P(\tau)$. 然后第二个人到达, 如果他选择的顺序和第一个人相同, 那在这个顺序下他拿到两个人的收益减去第一个人收益的剩余部分. 如果他选择不同

于第一个人的顺序, 那么他就要补偿第一个人的收益, 然后拿剩余的部分. 持续这个过程直至最后一人.

事实上, 上述随机到达规则和博弈 v^P 的 Shapley 值相同. 对于所有的顺序 σ, 其逆序 σ^*: $\sigma^*(p) = \sigma(n - p + 1)$ 满足下面的引理.

引理 7.2 令 (H, N, E, C) 是一个多目标破产问题, 则对于所有的 $\sigma \in \Theta^N$, $\rho^P(\sigma) = x^{\sigma^*}(v^P)$ 成立, 其中 $x^{\sigma^*}(v^P)$ 是 v^P 关于 σ^* 的边际价值向量.

证明

$$
\rho^P_{\sigma(p)}(\sigma) = \max_{\tau \in \Theta^H} \left[\varphi^P_{\{\sigma(p)\}}(\tau) - \sum_{q=1}^{p-1} (\rho^P_{\sigma(q)}(\sigma) - \varphi^P_{\{\sigma(q)\}}(\tau)) \right]
$$

$$
= \max_{\tau \in \Theta^H} \varphi^P_{\{\sigma(1), \cdots, \sigma(p)\}}(\tau) - \sum_{q=1}^{p-1} \rho^P_{\sigma(q)}(\sigma)
$$

$$
= \max_{\tau \in \Theta^H} \varphi^P_{\{\sigma(1), \cdots, \sigma(p)\}}(\tau) - \max_{\tau \in \Theta^H} \varphi^P_{\{\sigma(1), \cdots, \sigma(p-1)\}}(\tau)
$$

$$
= E - \min_{\tau \in \Theta^H} \varphi^P_{\{\sigma(p+1), \cdots, \sigma(n)\}}(\tau) - E + \min_{\tau \in \Theta^H} \varphi^P_{\{\sigma(p), \cdots, \sigma(n)\}}(\tau)
$$

$$
= - \min_{\tau \in \Theta^H} \varphi^P_{\{\sigma(p+1), \cdots, \sigma(n)\}}(\tau) + \min_{\tau \in \Theta^H} \varphi^P_{\{\sigma(p), \cdots, \sigma(n)\}}(\tau)
$$

$$
= \min_{\tau \in \Theta^H} \varphi^P_{\{\sigma^*(1), \cdots, \sigma^*(n-p+1)\}}(\tau) - \min_{\tau \in \Theta^H} \varphi^P_{\{\sigma^*(1), \cdots, \sigma^*(n-p)\}}(\tau)
$$

$$
= v^P(\{\sigma^*(1), \cdots, \sigma^*(n - p + 1)\}) - v^P(\{\sigma^*(1), \cdots, \sigma^*(n - p)\})
$$

$$
= x^{\sigma^*}_{\sigma^*(n-p+1)}(v^P) = x^{\sigma^*}_{\sigma(p)}(v^P). \qquad \square
$$

定理 7.9 令 (H, N, E, C) 是一个多目标破产问题, 则 $\rho^P = \mathrm{Sh}(N, v^P)$.

证明 这个证明可以由引理 7.2 和 $\{\sigma^* | \sigma \in \Theta^N\} = \Theta^N$ 得到. $\qquad \square$

7.6 破产问题的拓展: 双边配给问题

双边配给问题描述了一类带有二部图结构的稀缺资源配置问题, 如果配置的资源点只有一个, 那么双边配给问题与经典的破产问题一致. 双边配给问题最初由 Moulin 和 Sethuraman[68] 在 2013 年提出, 旨在描述实际生活中带有二部图网络结构的多个供给方与多个需求方之间的稀缺资源的配置情形. 双边配给问题有着十分广泛的应用背景, 例如, 在自然灾害期间救援物资的配给; 电力、天然气等自然资源按城镇需求的分配; 同一地区多所高校人才引进的调配等.

一般地, 在双边配给问题中, 每个供给方 (资源) 都能提供有限的资助 (资产), 每个需求方 (参与者) 都对这些资源有特定的索求. 受地理位置、道路交通、物资存储能力和运输成本等实际因素的影响, 并不是每个参与者都可以向所有的资源进行索取, 并且不同参与者能够索求的资源集合也不尽相同. 实际的供需关系往往可以抽象为一个在资源和参与者之间的二部图网络结构. 二部图中任意一条连接特定资源与参与者的边表示此参与者可以向所连接的资源进行索求. 如果没有边连接二者, 则无法进行索求. 由于实际问题中资源具有稀缺性, 自然地假设对于任意的资源集合, 参与者对它们的索求总是超过它们可以提供的资产. 这就导致参与者的需求不能同时得到满足. 因此, 解决双边配给问题的关键就在于制定基于二部图结构的公平合理的分配方案, 将稀缺的总资产按照参与者都接受的方式进行分配.

为了更方便地表述双边配给问题, 记 $\mathcal{R} = \{1, 2, \cdots, r\}$ 为资源的集合, $N = \{1, 2, \cdots, n\}$ 为参与者的集合. 对于任意的资源点 $k \in \mathcal{R}$, k 都可以提供一定数量的非负资产 E_k. 类似地, 对于任意的参与者 $i \in N$, i 都有一定数量的非负的索求 d_i. 记 $E^{\mathcal{R}} = (E_1, E_2, \cdots, E_r)$ 为资产向量, $d = (d_1, d_2, \cdots, d_n)$ 为索求向量. 此外, $G \subseteq \mathcal{R} \times N$ 表示定义在资源和参与者间的二部图. 一个边 $(k, i) \in G$ 连接资源 $k \in \mathcal{R}$ 和参与者 $i \in N$ 表示资源 k 能够向参与者 i 提供资产. 一般地, 假设 G 是连通图. 为简单起见, 对于任意的 $T \subseteq N$, 记 $d_T = \sum_{i \in T} d_i$.

对于任意的资源子集 $S \subseteq \mathcal{R}$, 定义 $f(S)$ 为这些资源连接的所有参与者的集合, 即

$$f(S) = \{i \in N \mid \exists\, k \in S: (k, i) \in G\}.$$

同样地, 对于任意的参与者的子集 $T \subseteq N$, 定义 $g(T)$ 为这些参与者能够索求的所有资源的集合, 即

$$g(T) = \{k \in \mathcal{R} \mid \exists\, i \in T: (k, i) \in G\}.$$

定义 7.12 设 $E^{\mathcal{R}} = (E_1, E_2, \cdots, E_r)$ 为资产向量, $d = (d_1, d_2, \cdots, d_n)$ 为索求向量, $G \subseteq \mathcal{R} \times N$ 是关于 $\mathcal{R}$ 和 N 的连通二部图. 若对于任意的 $S \subseteq \mathcal{R}$, 都有

$$\sum_{k \in S} E_k \leqslant d_{f(S)},$$

则称三元组 $(G, E^{\mathcal{R}}, d)$ 是一个双边配给问题.

在双边配给问题中, 参与者对于任意一组资源的索求都不小于它们能够提供的总资产, 即资源具有稀缺性. 显然, 如果某一组资源不具有稀缺性, 一种可行的方法是优先分配这组资源中的资产给相应的参与者. 在这种情况下, 由于资产过

剩, 每个参与者都可以得到自己的全部索求. 因此, 只需考虑带有稀缺资源结构的双边配给问题. 同样地, 如果二部图不具有连通性, 可以将相互独立的连通结构单独处理. 不失一般性, 记 $\mathcal{B}^{\mathcal{R} \times N}$ 为所有定义在资源集 R 和参与者集 N 上的双边配给问题组成的集合.

定义 7.13 令 $(G, E^{\mathcal{R}}, d) \in \mathcal{B}^{\mathcal{R} \times N}$, $\varphi : \mathcal{B}^{\mathcal{R} \times N} \to R^n$ 为一个映射. 不失一般性, 记 $\varphi(G, E^{\mathcal{R}}, d) = (x_1, \cdots, x_n)$, 其中 $x_i = \sum_{k \in \mathcal{R}} x_{ki}$ 表示参与者 $i \in N$ 得到的资产, x_{ki} 表示资源 k 分配给 i 的资产. 若对任意的 $k \in \mathcal{R}$, 都有 $\sum_{i \in f(\{k\})} x_{ki} \leqslant E_k$, 对任意的 $i \in N$, 都有 $\sum_{k \in g(\{i\})} x_{ki} \leqslant d_i$, 以及 $\sum_{k \in \mathcal{R}} \sum_{i \in N} x_{ki} = \sum_{k \in \mathcal{R}} E_k$, 则称映射 φ 为双边配给问题 $(G, E^{\mathcal{R}}, d)$ 的一个解.

从上述定义可以看出, 对于双边配给问题的一个解, 每个资源所提供的资产不能超过它的总资产, 每个参与者得到的资产不能超过他的索求, 并且所有的资产需要全部分配给参与者. 下面将通过求解线性规划以及重新定义联盟的边际贡献来给出双边配给问题的一个解.

定义 7.14 令 $(G, E^{\mathcal{R}}, d) \in \mathcal{B}^{\mathcal{R} \times N}$, $T \subseteq N$ 为任意联盟, 则联盟 T 的上界资产, 记为 $h(T)$, 为下列线性规划的最优目标函数值:

$$
\max \quad \sum_{k \in \mathcal{R}} \sum_{i \in T} y_{ki} x_{ki}
$$

$$
\text{s.t.} \quad \begin{cases} \sum_{i \in N} y_{ki} x_{ki} \leqslant E_k, & k = 1, 2, \cdots, r, \\ \sum_{k \in \mathcal{R}} y_{ki} x_{ki} \leqslant d_i, & i = 1, 2, \cdots, n, \\ y_{ki} \in \{0, 1\}, x_{ki} \geqslant 0, & k = 1, 2, \cdots, r; i = 1, 2, \cdots, n, \end{cases} \tag{7.3}
$$

其中, 约束变量 y_{ki} 用于限制资源与参与者之间的配给方式. 即 $y_{ki} = 1$ 表示 $(k, i) \in G$, $y_{ki} = 0$ 表示 $(k, i) \notin G$, 变量 x_{ki} 表示资源 k 实际分配给参与者 i 的资产.

定义 7.15 令 $(G, E^{\mathcal{R}}, d) \in \mathcal{B}^{\mathcal{R} \times N}$, 若映射 $\varphi : \mathcal{B}^{\mathcal{R} \times N} \to R^n$ 使得对任意的 $i \in N$, 都有

$$
\varphi_i(G, E^{\mathcal{R}}, d) = \sum_{T \subseteq N, i \notin T} \frac{t!(n - t - 1)!}{n!} \left(h(T \cup \{i\}) - h(T) \right), \tag{7.4}
$$

则称映射 φ 是 $(G, E^{\mathcal{R}}, d)$ 的 Shapley 解, 记为 φ^{Sh}.

在上述定义中, $h(T \cup \{i\}) - h(T)$ 表示参与者 i 加入联盟 T 之后能够带给联盟的额外收益, 即 i 对联盟 T 的边际贡献. (7.4) 式表示参与者 i 对所有不包含他的联盟的边际贡献的加权平均. 根据 (7.3) 式的前两个约束条件以及 (7.4) 式的定义方式, 容易验证 $\varphi^{\mathrm{Sh}}(G, E^{\mathcal{R}}, d)$ 是双边配给问题 $(G, E^{\mathcal{R}}, d)$ 的一个解.

定义 7.16 令 $(G, E^{\mathcal{R}}, d) \in \mathcal{B}^{\mathcal{R} \times N}$, 若博弈 $v \in G^N$ 使得对任意的 $T \subseteq N$, 都有

$$v(T) = \sum_{k \in \mathcal{R}} E_k - h(N \setminus T), \tag{7.5}$$

则称博弈 v 是 $(G, E^{\mathcal{R}}, d)$ 对应的双边配给合作博弈, 记为 v_G.

(7.5) 式表示在最坏的情况下去衡量参与者形成联盟后能够产生的价值. 即联盟之外的参与者得到最大索求后, 将剩余的资产看作是联盟自身的价值. 这和破产问题中破产博弈的定义[5] 相类似.

定理 7.10 令 $(G, E^{\mathcal{R}}, d) \in \mathcal{B}^{\mathcal{R} \times N}$, 则

$$\varphi^{\mathrm{Sh}}(G, E^{\mathcal{R}}, d) = \mathrm{Sh}(v_G).$$

证明 对任意的 $i \in N$ 和 $T \subseteq N$, 记 $T' = N \setminus (T \cup \{i\})$. 那么根据 (7.4) 式, 对任意的 $i \in N$, 都有

$$
\begin{aligned}
&\varphi_i^{\mathrm{Sh}}(G, E^{\mathcal{R}}, d) \\
&= \sum_{T \subseteq N, i \notin T} \frac{t!(n-t-1)!}{n!} (h(T \cup \{i\}) - h(T)) \\
&= \sum_{T \subseteq N, i \notin T} \frac{t!(n-t-1)!}{n!} \left(\sum_{k \in \mathcal{R}} E_k - h(T) - \left(\sum_{k \in \mathcal{R}} E_k - h(T \cup \{i\}) \right) \right) \\
&= \sum_{T \subseteq N, i \notin T} \frac{t!(n-t-1)!}{n!} (v_G(N \setminus T) - v_G(N \setminus (T \cup \{i\}))) \\
&= \sum_{T' \subseteq N, i \notin T'} \frac{(n-t'-1)!t'!}{n!} (v_G(T' \cup \{i\}) - v_G(T')) \\
&= \mathrm{Sh}_i(v_G).
\end{aligned}
$$

□

定理 7.11 令 $(G, E^{\mathcal{R}}, d) \in \mathcal{B}^{\mathcal{R} \times N}$, 则

$$\varphi^{\mathrm{Sh}}(G, E^{\mathcal{R}}, d) \in C(v_G).$$

证明 因为 Shapley 值满足有效性, 根据定理 7.10,

$$\sum_{i \in N} \varphi_i^{\mathrm{Sh}}(G, E^{\mathcal{R}}, d) = \sum_{i \in N} \mathrm{Sh}_i(v_G) = v_G(N) = \sum_{k \in \mathcal{R}} E_k.$$

对任意的 $T \subseteq N$, $h(N \setminus T)$ 是联盟 $N \setminus T$ 能够得到的最多资产. 因此, 对任意的 $T \subseteq N$, $\sum_{i \in N \setminus T} \varphi_i^{\mathrm{Sh}}(G, E^{\mathcal{R}}, d) \leqslant h(N \setminus T)$, 即

$$\sum_{i \in T} \varphi_i^{\mathrm{Sh}}(G, E^{\mathcal{R}}, d) \geqslant \sum_{k \in \mathcal{R}} E_k - h(N \setminus T) = v_G(T).$$

根据核心的定义, 得出结论 $\varphi^{\mathrm{Sh}}(G, E^{\mathcal{R}}, d) \in C(v_G)$. $\qquad\square$

由核心的定义可知, 任意参与者形成联盟后, 他们按照 Shapley 解得到的收益分配都不低于他们所产生的价值. 这说明 Shapley 解在双边配给问题中具有稳定性.

• 资源单调性: $\forall (G, E^{\mathcal{R}}, d), (G, E'^{\mathcal{R}}, d) \in \mathcal{B}^{\mathcal{R} \times N}$, $i \in N$ 和 $k \in \mathcal{R}$, 有 $E'_k \geqslant E_k$. 若

$$\varphi_i(G, E'^{\mathcal{R}}, d) \geqslant \varphi_i(G, E^{\mathcal{R}}, d),$$

则称解 φ 满足资源单调性.

双边配给问题的解满足资源单调性意味着当其他条件相同时, 如果资源变多, 那么所有参与者得到的分配都不会减少.

• 索求单调性: $\forall (G, E^{\mathcal{R}}, d), (G, E^{\mathcal{R}}, d') \in \mathcal{B}^{\mathcal{R} \times N}$ 和 $i \in N$, 有 $d'_i \geqslant d_i$ 且 $d'_j = d_j$, $\forall j \in N \setminus \{i\}$. 若

$$\varphi_i(G, E^{\mathcal{R}}, d') \geqslant \varphi_i(G, E^{\mathcal{R}}, d),$$

则称解 φ 满足索求单调性.

双边配给问题的解满足索求单调性意味着当其他条件相同时, 如果某一参与者的索求变多, 那么他所得到的分配不会减少.

• 优先一致性: $\forall (G, E^{\mathcal{R}}, d) \in \mathcal{B}^{\mathcal{R} \times N}$ 和 $k \in N$. 定义 $(G, E^{\mathcal{R}}, d^k) \in \mathcal{B}^{\mathcal{R} \times (N \setminus \{k\})}$ 为 $(G, E^{\mathcal{R}}, d)$ 拓展得到的固定给参与者 k 分配他的上界资产 $h(\{k\})$ 的双边配给问题. 若

$$\varphi_i(G, E^{\mathcal{R}}, d) = \frac{1}{n} \left(h(\{i\}) + \sum_{j \in N \setminus \{i\}} \varphi_i(G, E^{\mathcal{R}}, d^j) \right), \tag{7.6}$$

则称解 φ 满足优先一致性.

在双边配给问题 $(G, E^{\mathcal{R}}, d^k) \in \mathcal{B}^{\mathcal{R} \times (N \setminus \{k\})}$ 中, 任意的解都需要优先满足参与者 k 的需求. 因此, 它实际上是定义在 $\mathcal{R} \times (N \setminus \{k\})$ 上的双边配给问题. 一个解满足优先一致性表示的是, 在保证某个参与者拿到最大收益后, 考虑剩余的资产依旧按照此解分配给剩余的参与者, 如果将所有参与者都考虑一遍, 那么最后得到的期望收益与原分配方案一致. 这样的一致性刻画在多目标分配问题 [67,69] 中也会用到.

下面将通过上述性质来刻画双边配给问题的 Shapley 解.

定理 7.12 对任意的双边配给问题, Shapley 解是唯一满足优先一致性的解.

证明 首先, 我们证明 Shapley 解满足优先一致性.

设 $(G, E^{\mathcal{R}}, d) \in \mathcal{B}^{\mathcal{R} \times N}$ 为任意的双边配给问题. 对任意满足 $i \neq j$ 的参与者 $i, j \in N$, 参与者 i 在 $(G, E^{\mathcal{R}}, d^j)$ 中的 Shapley 解为

$$\varphi_i^{\mathrm{Sh}}(G, E^{\mathcal{R}}, d^j) = \sum_{T \subseteq N \setminus \{i,j\}} \frac{t!(n-t-2)!}{(n-1)!} \left(h(T \cup \{i,j\}) - h(T \cup \{j\}) \right). \quad (7.7)$$

(7.7) 式表示在保证参与者 j 得到 $h(\{j\})$ 之后, 对剩余的 $n-1$ 个参与者进行求解. 容易验证, $\sum\limits_{i \in N \setminus \{j\}} \varphi_i(G, E^{\mathcal{R}}, d^j) = h(N) - h(\{j\})$. 根据 (7.4) 式和 (7.7) 式, 可得

$$\begin{aligned}
&\varphi_i^{\mathrm{Sh}}(G, E^{\mathcal{R}}, d) \\
=\ & \sum_{T \subseteq N, i \notin T} \frac{t!(n-t-1)!}{n!} (h(T \cup \{i\}) - h(T)) \\
=\ & \frac{(n-1)!}{n!} (h(\{i\}) - h(\varnothing)) + \sum_{T \neq \varnothing, i \notin T} \frac{t!(n-t-1)!}{n!} (h(T \cup \{i\}) - h(T)) \\
=\ & \frac{1}{n} h(\{i\}) + \sum_{j \in N \setminus \{i\}} \sum_{T \subseteq N \setminus \{i,j\}} \frac{(t+1)!(n-t-2)!}{n!(t+1)} (h(T \cup \{i,j\}) - h(T \cup \{j\})) \\
=\ & \frac{1}{n} \left(h(\{i\}) + \sum_{j \in N \setminus \{i\}} \sum_{T \subseteq N \setminus \{i,j\}} \frac{t!(n-t-2)!}{(n-1)!} (h(T \cup \{i,j\}) - h(T \cup \{j\})) \right) \\
=\ & \frac{1}{n} \left(h(\{i\}) + \sum_{j \in N \setminus \{i\}} \varphi_i^{\mathrm{Sh}}(G, E^{\mathcal{R}}, d^j) \right).
\end{aligned}$$

在上式中, 第一个等式根据定义可得. 第二个等式是将空集与不包含 i 的非空集合分开计算. 第三个等式是将所有不含 i 的非空集合按照不包含 i, 但是包含 j 的集合分成 $n-1$ 组计算. 一方面, 基数为 t 的子集 T 被计算了 $t+1$ 次, 因此, 前面乘以系数 $1/(t+1)$. 另一方面, 上式中包含 j 的集合 T 由于将 j 单独写出, 为保证等式成立, 前面的系数 t 变为 $t+1$. 后两个等式显然成立. 因此, Shapley 解满足优先一致性.

下面通过递归法验证唯一性.

假设解 γ 是任意满足优先一致性的解. 对任意的双边配给问题 $(G, E^{\mathcal{R}}, d) \in \mathcal{B}^{\mathcal{R} \times N}$, 对于递归基础 $|N| = 1$, 根据解的有效性, 显然 $\gamma = \varphi^{\text{Sh}}$ 成立. 对于任意的 $|N| \geqslant 2$, 假设结论对于 $|N| = l - 1$ 成立, 我们验证 $|N| = l$. 对任意的 $i \in N$ 和 $j \neq i$, 因为 $(G, E^{\mathcal{R}}, d^j)$ 是定义在 $l - 1$ 个参与者上的双边配给问题, 所以

$$
\begin{aligned}
\gamma_i(G, E^{\mathcal{R}}, d) &= \frac{1}{l} \left(h(\{i\}) + \sum_{j \in N \setminus \{i\}} \gamma_i(G, E^{\mathcal{R}}, d^j) \right) \\
&= \frac{1}{l} \left(h(\{i\}) + \sum_{j \in N \setminus \{i\}} \varphi_i(G, E^{\mathcal{R}}, d^j) \right) = \varphi_i^{\text{Sh}}(G, E^{\mathcal{R}}, d).
\end{aligned}
$$

综上所述, Shapley 解是双边配给问题中唯一满足优先一致性的解. $\qquad\square$

命题 7.2 对任意的双边配给问题, Shapley 解满足资源单调性和索求单调性. 根据线性规划的求解过程以及 Shapley 解的定义, 容易验证结论成立.

7.7 双边配给问题的应用: 博物馆通票问题

本节通过博物馆通票问题来说明双边配给问题的应用.

定义 7.17 设 $M \subseteq \mathbb{N}$ 为博物馆的集合, $N \subseteq \mathbb{N}$ 为购买通票的消费者的集合, $\pi \in R_+$ 为通票的票价, $K \in 2^{nm}$ 为持通票的消费者所有可能的参观博物馆情况, $p \in R_+^m$ 为博物馆的单票价格向量, $w \in \mathbb{Z}_+^m$ 为持单票参观博物馆的数量向量, 则称六元组 (M, N, π, K, p, w) 是一个博物馆通票问题.

为方便起见, 称持通票的消费者为 "游客", 称持单票的消费者为 "散客". 记 $\mathcal{P}^{M \times N}$ 为定义在博物馆 M 和游客 N 上的所有博物馆通票问题的集合. 不失一般性, 对任意的 $(M, N, \pi, K, p, w) \in \mathcal{P}^{M \times N}$, 假设 $\sum_{i \in M} p_i > \pi$, 即通票的费用要小于购买单票参观这些博物馆所需的票价之和. 此外, 假设游客是理性的, 他们购买通票后可以节省费用. 即对于任意的游客 $l \in N$, $\sum_{i \in K_l} p_i > \pi$, 其中 $K_l \subseteq M$ 表示 l 参观的博物馆.

如果只分配博物馆的通票收益, 一个博物馆通票问题 (M, N, π, K, p, w) 可以被描述为一个双边配给问题 $(G, E^N, np) \in \mathcal{B}^{N \times M}$, 其中 $E^N = (\pi, \cdots, \pi) \in R_+^n$ 表示游客带来的收入 (通票收益) 向量, $np = (np_1, \cdots, np_m) \in R_+^m$ 表示博物馆的索求向量. $G \subseteq N \times M$ 是由 K 唯一确定的二部图结构, G 中的边 (l, i) 表示游客 $l \in N$ 参观了博物馆 $i \in M$. 对任意的 $T \subseteq N$, 容易验证

$$
\sum_{l \in T} E_l = |T| \pi < \sum_{l \in T} \sum_{i \in K_l} p_i \leqslant \sum_{i \in f(T)} |T| p_i \leqslant \sum_{i \in f(T)} n p_i. \tag{7.8}
$$

此外, 如果将博物馆的通票与单票收益一起考虑, 并将每个博物馆的单票收益看作一个整体, 它可以被描述为另一个双边配给问题 $(G^w, E^w, p^w) \in \mathcal{B}^{(N+M) \times M}$, 其中 $E^w = (\pi, \cdots, \pi, w_1 p_1, \cdots, w_m p_m) \in R_+^{n+m}$ 为游客与散客带来的收入向量, $p^w = (np_1 + w_1 p_1, \cdots, np_m + w_m p_m) \in R_+^m$ 为博物馆的索求向量, $G^w \subseteq (N + M) \times M$ 是由 K 唯一确定的二部图, G^w 中的边包括 $G \subseteq N \times M$ 中的所有边以及另外的 m 条分别连接 m 个博物馆与其对应的单票收益集的边. 这里, 将每个博物馆的单票收益看作一个整体, 因为这些收益没有争议, 全部来源于此博物馆. 类似于 (7.8) 式, 我们验证 (G^w, E^w, p^w) 也是一个双边配给问题.

对于上述两个由博物馆通票问题定义的双边配给问题, 分别计算它们的 Shapley 解, 可以得到如下定理.

定理 7.13 设 $(M, N, \pi, K, p, w) \in \mathcal{P}^{M \times N}$ 为任意的博物馆通票问题, 两个相应的双边配给问题为 $(G, E^N, np) \in \mathcal{B}^{N \times M}$ 和 $(G^w, E^w, p^w) \in \mathcal{B}^{(N+M) \times M}$. 则对任意的 $i \in M$,

$$\varphi_i^{\mathrm{Sh}}(G^w, E^w, p^w) = \varphi_i^{\mathrm{Sh}}(G, E^N, np) + w_i p_i.$$

证明 对任意的 $S \subseteq M$, 根据 (7.3) 式, 可得 $h^w(S) = h(S) + \sum_{i \in S} w_i p_i$ 成立, 其中 $h^w(S), h(S)$ 分别是 (G^w, E^w, p^w) 和 (G, E^N, np) 中 S 的上界资产. 此外, 定义 v_G^w, v_G 分别为相应的双边配给博弈. 由 (7.8) 式, 对于任意的 $i \in M$, 可得

$$\varphi_i^{\mathrm{Sh}}(G^w, E^w, p^w)$$

$$= \sum_{i \notin S, S \subseteq N} \frac{s!(n-s-1)!}{n!} \left(h^w(S \cup \{i\}) - h^w(S) \right)$$

$$= \sum_{i \notin S, S \subseteq N} \frac{s!(n-s-1)!}{n!} \left(h(S \cup \{i\}) - h(S) + w_i p_i \right)$$

$$= \sum_{i \notin S, S \subseteq N} \frac{s!(n-s-1)!}{n!} \left(h(S \cup \{i\}) - h(S) \right) + \sum_{i \notin S, S \subseteq N} \frac{s!(n-s-1)!}{n!} w_i p_i$$

$$= \varphi_i^{\mathrm{Sh}}(G, E^N, np) + w_i p_i. \qquad \square$$

定理 7.13 表明, 将博物馆通票问题看作双边配给问题并计算其 Shapley 解时, 无论是否将单票收益与通票收益一起分配, 最终的分配方案都是一样的. 因此, 对于参与合作的博物馆而言, 每个博物馆保留各自的单票收益是合理的. 值得注意的是, 在资产的分配过程中, 还可以将参观相同博物馆的游客看作一个整体的资源点. 这样一来, 资源的类型最多只有 2^m 个, 而不是 n 个. 在实际问题中, 由于

参与合作的博物馆数量 m 远远小于游客数量 n. 因此, $2^m \ll n$. 这极大地简化了计算过程, 然而最终的分配结果保持不变.

除此之外, 还有很多其他实际问题可以抽象成破产问题, 例如: 水资源调节和税务划分等. 经典破产问题的分配规则都可以加以改进用来分析和解决这些问题.

第 8 章　成本分配问题及其博弈

在介绍了博弈论的基本知识后, 本章主要介绍一种特殊的合作博弈——成本博弈. 成本博弈是利用合作博弈理论, 依据成本分配问题构建的合作博弈模型, 其核心是用合作博弈模型去解决成本分配问题. 此外, 对于成本分配问题还可以从问题本身直接进行成本的分摊.

8.1　成本分配问题

成本分配问题最早起源于 1933 年的田纳西河流域管理局 (TVA) 问题[70]. 在这个问题中主要有两种类型的联合项目投资成本: 一是来源于特殊目的的直接成本 (这些成本本质上可能是边际成本), 二是其余的联合成本. 在这个问题的研究过程中, 学者们依次提出了一些直接的成本分配方法.

定义 8.1　设 $N = \{1, 2, \cdots, n\}$ 是有限参与者的集合, $c: 2^N \to R_+$ 是一个非减的成本函数且满足 $c(\varnothing) = 0$, 则称二元组 (N, c) 是一个成本分配问题.

记大联盟共同合作的总成本为 $c(N)$. $c(S)$ 表示联盟 $S \subseteq N$ 中的参与者所需要承担的最少成本. 此时, 从合作博弈的角度又可以被称为成本博弈. 对于一个成本分配问题, 主要研究共同合作产生的总成本 $c(N)$ 如何在参与者之间进行分配. 一个向量 $y \in R^n$ 称为成本博弈 (N, c) 的一个成本分配向量, 其中成本分配向量 y 的第 i 个分量 y_i 表示分配给参与者 i 的成本. 为了简便, 对于任意的 $S \subseteq N$, 记 $y(S) = \sum_{i \in S} y_i$. 若 $y(N) = c(N)$, 则称成本分配向量 y 满足有效性.

定义 8.2　令 (N, c) 是一个成本博弈, 参与者 $i \in N$ 的可分 (或边际) 成本 $SC_i(c)$ 和不可分成本 $\mathrm{NSC}(c)$ 定义如下:

$$SC_i(c) = c(N) - c(N \setminus \{i\}),$$
$$\mathrm{NSC}(c) = c(N) - \sum_{j \in N} SC_j(c).$$

注意到任何参与者的可分成本就是他对大联盟的边际贡献. 如果参与者已经分摊了可分成本, 剩余的未被分配的成本就是不可分成本. 因此, 成本分配问题转化成如何分配不可分成本. 一般地, 每一个参与者分配的不可分成本的比例可以用一些权重系数来表示, 这些向量可能取决于所涉及的成本博弈. 相应的向量的

分量 (通常是非负的) 作为在成本博弈中分配给参与者的不可分成本的那一小部分的权重. 下面我们考虑基于可分和不可分成本的三种分配方法.

令 CG^N 表示参与者集合为 N 的成本博弈的集合. 一个可分成本分配方法是 CG^N 上的一个映射 $M : CG^N \to R^n$, 满足对于任意的 $c \in CG^N$ 及 $i \in N$,

$$M_i(c) = SC_i(c) + \alpha_i(c)\mathrm{NSC}(c),$$

其中 $\alpha(c) \in R^n$ 是任意的 n 维向量且满足 $\sum\limits_{j=1}^{n} \alpha_j(c) = 1$.

一个可分成本分配方法 $M : CG^N \to R^n$ 称为

(1) 均分不可分成本法 (ENSC 法), 如果对于任意的 $c \in CG^N$ 及 $i \in N$,

$$\alpha_i(c) = n^{-1};$$

(2) 个人成本节约法 (ACA 法), 如果对于任意的 $c \in CG^N$ 及 $i \in N$,

$$\alpha_i(c) = \beta_i(c)\Big(\sum_{j \in N} \beta_j(c)\Big)^{-1}, \tag{8.1}$$

其中 $\beta_i(c) = c(\{i\}) - SC_i(c)$;

(3) 可分成本剩余利益法 (SCRB 法), 如果对于任意的 $c \in CG^N$ 及 $i \in N$,

$$\alpha_i(c) = \gamma_i(c)\Big(\sum_{j \in N} \gamma_j(c)\Big)^{-1},$$

其中 $\gamma_i(c) = \min\{b_i^*(c), c(\{i\})\} - SC_i(c)$. 这里 $b_i^*(c)$ 表示在成本博弈中参与者 i 的利益.

不同的成本分配方法对不可分成本的比例分配不同. 比如 ENSC 法将不可分成本平均分配给参与者, 而 ACA 法是指在给定的成本博弈 (N, c) 中, 不可分成本按每个参与者 i 在联合项目中的成本比个人单干成本节约部分 $c(\{i\}) - SC_i(c)$ 的比例分配. ACA 法的第一个版本 (使用直接成本而不是可分成本) 是 1938 年由 TVA 的顾问 Martin Glaeser 提出的. 1950 年, 美国流域水资源管理委员会在水资源问题中采用了 SCRB 法[71]. 不可分成本按每个参与者愿意支付的减去已经分配的可分成本的比例分配. 每个参与者 i 不会愿意支付比他的利益 $b_i^*(c)$ 或者他单干的成本 $c(\{i\})$ 更多的成本. 如果一个参与者的利益超过了他单干的成本, 那么 SCRB 法就是 ACA 法. 因此, SCRB 法是 ACA 法的一个改进, 也是在水资源领域使用最广泛的一种分配方法.

可分成本指的是参与者自己必须承担的成本, 例如在一项已经为其他参与者设计好的工程中, 增加一位参与者会导致总成本的改变, 这个改变量可以看作新加入的参与者的可分成本. 可分成本的使用是对使用直接成本的一个重大飞跃, 由此提出了多种成本分配方法.

成本分配问题产生的主要原因是多人共同合作降低了成本, 也就节约了各自的成本值, 从而需要重新分摊成本. 因此, 1962 年 Shubik[72] 首次从成本的节约值建立相应的节约博弈, 运用博弈论的解来确定成本分配的方案. 对于一个成本分配问题 (N, c), 相对应的成本节约博弈 (N, v) 定义如下: 对于任意的 $S \subseteq N$,

$$v(S) = \sum_{j \in S} c(\{j\}) - c(S).$$

联盟 S 的价值 $v(S)$ 表示在成本博弈中联盟 S 合作比单独行动所节约的成本. 另外, 成本节约博弈总是零规范化的, 因为单个参与者是没有成本节约的. 对于一个成本博弈 (N, c) 的任何一个成本分配向量 y, 通常用以下方式将其与对应的成本节约博弈 (N, v) 关联起来: 对于任意的 $i \in N$,

$$x_i = c(\{i\}) - y_i.$$

那么 $x \in I(v)$ 当且仅当 $y_i \leqslant c(\{i\})$ 且 $y(N) = c(N)$.

有了相应的成本节约博弈, 可以从合作博弈的解 Shapley 值、τ 值、核子等确定节约成本值的分配, 从而确定成本的分配.

下面以 TVA 问题为例, 比较不同的成本分配方案.

例 8.1　考虑由表 8.1 所示的成本博弈. 具体的成本分配方案见表 8.2 和表 8.3.

表 8.1　合作成本以及节约值表

联盟 S	合作成本 $c(S)$	节约值 $v(S)$
{1}	163520	0
{2}	140826	0
{3}	250096	0
{1, 2}	301607	2739
{1, 3}	378821	34795
{2, 3}	367370	23552
{1, 2, 3}	412584	141858

表 8.2　由 ACA 法确定的成本分配方案

参与者	1	2	3	总和
可分成本 $SC_i(c)$	45214	33763	110977	189954
$c(\{i\}) - SC_i(c)$	118306	107063	139119	364488
按 ACA 法分配给参与者 i 的 NSC(c)	72262	65394	84974	222630

由表 8.2 可以看出 NSC(c) = 222630.

表 8.3 由 ENSC 法、ACA 法、τ 值、核子和 Shapley 值确定的成本分配方案

参与者	$\text{ENSC}_i(c)$	$\text{ACA}_i(c)$	$c(\{i\}) - \tau_i(v)$	$c(\{i\}) - \eta_i(v)$	$c(\{i\}) - \text{Sh}_i(v)$
1	119424	117476	117476	116234	117829
	(28.9%)	(28.5%)	(28.5%)	(28.2%)	(28.6%)
2	107973	99157	99157	93540	100756
	(26.2%)	(24.0%)	(24.0%)	(22.7%)	(24.4%)
3	185187	195951	195951	202810	193999
	(44.9%)	(47.5%)	(47.5%)	(49.1%)	(47.0%)

参与者共同合作会降低成本, 不同的分配方法导致的分配结果也各不相同, 但都有一定公平合理性. 虽然有非常多的分配规则, 但是在某些特定的问题下, 可能导致两种不同的分配结果一致, 具体将在下一节介绍.

8.2　成本分配规则与成本节约博弈解之间的关系

无论是直接从成本分配问题出发, 提出成本分配规则, 还是从博弈论的角度出发, 依据节约博弈的解提出成本分配方案, 都能够确定最终成本分配的结果. 本节将讨论在一定条件下成本分配规则与节约博弈解之间的对应关系.

1985 年 Driessen 证明了当对应成本节约博弈是 1-凸 (半凸) 时, ENSC 法 (ACA 法) 与合作博弈的 τ 值一致[32]. 为了证明上述结论, 首先把成本博弈中的可分和不可分成本转化为对应的节约博弈的上界向量和间隔函数. 实际上, 不可分成本等于大联盟的间隔函数, 而单个参与者的间隔函数等于其可分成本比单干时所节约的成本.

引理 8.1　令 $(N, v) \in G^N$ 是对应于成本博弈 $(N, c) \in CG^N$ 的成本节约博弈. 那么对于 $\forall i \in N, S \subseteq N$, 对应间隔函数如下:

$$g^v(\{i\}) = b_i^v = c(\{i\}) - SC_i(c),$$

$$g^v(N) = NSC(c),$$

$$g^v(S) = c(S) - \sum_{j \in S} SC_j(c).$$

证明　从上界向量和间隔函数的定义可知, 对于 $\forall i \in N$,

$$b_i^v = v(N) - v(N \setminus \{i\}) = c(\{i\}) - c(N) + c(N \setminus \{i\}) = c(\{i\}) - SC_i(c),$$

且对于任意的 $S \subset N$,

$$g^v(S) = b^v(S) - v(S) = \sum_{j \in S} c(\{j\}) - \sum_{j \in S} SC_j(c) - v(S) = c(S) - \sum_{j \in S} SC_j(c).$$

特别地, 当 $S = N$ 时, $g^v(N) = c(N) - \sum\limits_{j \in N} SC_j(c) = \text{NSC}(c)$. □

定理 8.1 令 $(N, v) \in G^N$ 是对应于成本博弈 $(N, c) \in CG^N$ 的成本节约博弈, 则

(1) 如果 $\forall S \subseteq N, S \neq \varnothing$, 有

$$c(N) \leqslant c(S) + \sum_{j \in N \setminus S} SC_j(c) \quad \text{且} \quad \text{NSC}(c) \geqslant 0, \tag{8.2}$$

那么对于 $\forall i \in N, \tau_i(v) = c(\{i\}) - \text{ENSC}_i(c)$.

(2) 如果 $\forall i \in N, \forall S \subseteq N$ 且 $i \in S$, 有

$$c(\{i\}) + \sum_{j \in S \setminus \{i\}} SC_j(c) \leqslant c(S), \tag{8.3}$$

那么对于 $\forall i \in N, \tau_i(v) = c(\{i\}) - \text{ACA}_i(c)$.

证明 (1) 由引理 8.1, 有 $g^v(N) = \text{NSC}(c)$, 且对于 $\forall i \in N$,

$$b_i^v = c(\{i\}) - SC_i(c). \tag{8.4}$$

由 1-凸条件 (5.9) 可得, 成本博弈 (N, c) 满足条件 (8.2) 等价于对应的成本节约博弈 (N, v) 满足 1-凸条件. 于是, 对于 $\forall i \in N$,

$$\tau_i(v) = b_i^v - n^{-1} g^v(N) = c(\{i\}) - SC_i(c) - n^{-1} \text{NSC}(c)$$

$$= c(\{i\}) - \text{ENSC}_i(c).$$

(2) 由引理 8.1 可知, 条件 (8.3) 等价于对于 $\forall i \in N, S \subseteq N$ 且 $i \in S$, $g^v(\{i\}) \leqslant g^v(S)$. 对于 $\forall i \in N, g^v(\{i\}) = c(\{i\}) - SC_i(c) \geqslant 0$. 由半凸定义 5.7 可知, 成本节约博弈 (N, v) 是半凸的. 若 $g^v(N) = 0$, 那么由 (8.4) 式 $\text{NSC}(c) = 0$. 因此, 对于 $\forall i \in N, \tau_i(v) = b_i^v = c(\{i\}) - SC_i(c) = c(\{i\}) - \text{ACA}_i(c)$.

下面只需考虑 $g^v(N) > 0$ 的情况. 由于任何节约博弈都是超可加且零单调的, 且由 (8.1) 式得: 对于所有的 $i \in N$,

$$\tau_i(v) = v(N)(b^v(N))^{-1} b_i^v = b_i^v - g^v(N)(b^v(N))^{-1} b_i^v$$

$$= c(\{i\}) - \text{ACA}_i(c). \quad \square$$

对于成本博弈 (N, c) 的任何成本分配 y, 考虑相应成本节约博弈 (N, v) 的预分配 x. 对于 $\forall i \in N, x_i = c(\{i\}) - y_i$. 特别地, 对于 $\forall i \in N, v(\{i\}) \leqslant x_i \leqslant b_i^v$

当且仅当 $SC_i(c) \leqslant y_i \leqslant c(\{i\})$. 因此, 可分成本 (个人成本) 可以看作参与者的最小 (最大) 支付. 由成本函数 c 的次可加性, 可得对于所有的非空联盟 S,

$$c(N) \leqslant c(S) + \sum_{j \in N \setminus S} c(\{j\}).$$

当 $c(\{j\})$ $(j \in N \setminus S)$ 由最小支付 $SC_j(c)$ $(j \in N \setminus S)$ 代替时, 上述不等式也成立. 在这些条件下, 若不可分成本是非负的, 那么由定理 8.1(1) 可得: τ 值和 ENSC 法是一致的.

此外, 对联盟中任意参与者, 当联盟中其余参与者都为该联盟的形成贡献他们最小的支付时, 该参与者的剩余成本至少是其最大支付. 在这种情况下, 由定理 8.1(2) 可得: τ 值和 ACA 法是一致的.

对于满足 1-凸条件 (8.2) 的成本博弈, ENSC 法与 τ 值一致. 下面弱化条件 (8.2), 按如下方法分配共同成本 $c(N)$: 联盟 S 以外的所有参与者支付他们的可分成本 $SC_j(c)$, $j \in N \setminus S$, 剩余的共同成本为联盟 S 的成本加上非负不可分成本 $\mathrm{NSC}(c)$ 的一部分且这个部分取决于联盟的大小. 1-凸条件 (8.2) 的弱化形式要求 $\mathrm{NSC}(c) \geqslant 0$ 并且对于所有的 $S \subset N$, $S \neq N, \varnothing$, 有

$$c(N) \leqslant c(S) + \sum_{j \in N \setminus S} SC_j(c) + n^{-1}(n - |S| - 1)\mathrm{NSC}(c). \tag{8.5}$$

显然条件 (8.2) 成立可以推出条件 (8.5) 成立, 但是满足条件 (8.5) 的成本博弈的 ENSC 法和 τ 值是不一致的. 此时这种成本博弈的 ENSC 法仍可以看作一种合作博弈的解, 因为它与合作博弈的核子是一致的. 为此, 首先证明在每个参与者 i 已经得到他的上界向量 b_i^v 的情况下, 相应成本节约博弈的核子由大联盟共同让步量 $g^v(N)$ 的平均值决定.

定理 8.2　令 $(N, v) \in G^N$ 是对应于成本博弈 $(N, c) \in CG^N$ 的成本节约博弈, 则

(1) 对于成本博弈 (N, c), (8.5) 式成立当且仅当对于 $\forall S \subset N$, $S \neq N, \varnothing$, 有下式成立:

$$0 \leqslant n^{-1}g^v(N) \leqslant (|S| + 1)^{-1}g^v(S). \tag{8.6}$$

(2) 对于成本节约博弈 (N, v), 若 (8.6) 式成立, 那么

$$\eta(v) = b^v - n^{-1}g^v(N)1_n \in C(v).$$

证明　(1) 由引理 8.1 可直接得出条件 (8.5) 和 (8.6) 是等价的.

(2) 假设条件 (8.6) 成立. 令 $x = b^v - n^{-1}g^v(N)1_n$. 由超量的定义和间隔函数定义可得, 对于 $\forall S \subseteq N$,

$$e(S, x) = v(S) - x(S) = v(S) - b^v(S) + n^{-1}|S|g^v(N)$$

$$= -g^v(S) + n^{-1}|S|g^v(N).$$

因此, 对于所有的 $S \subset N$, $S \neq N, \varnothing$, 有 $e(S, x) \leqslant -n^{-1}|S|g^v(N) \leqslant 0$, 其中不等式可由 (8.6) 式得. 由核心的定义可知 $x \in C(v)$. 下面应用定理 3.13(1)-(2) 来证明 $x = \eta(v)$. 显然, 当 $n = 1$ 时, $x = \eta(v)$. 令 $n \geqslant 2$, 由引理 5.1(3) 可得: 对任意的 $i \in N$, 有

$$e(N \setminus \{i\}, x) = -g^v(N \setminus \{i\}) + n^{-1}(n-1)g^v(N) = -n^{-1}g^v(N).$$

由 (3.15) 式—(3.18) 式, 可证明 $\varepsilon^1(x) = -n^{-1}g^v(N)$ 且对任意的 $1 \leqslant j \leqslant \kappa(x)$, 有 $\{N \setminus \{i\}|i \in N\} \subseteq B^1(x) \subseteq B^j(x)$. 事实上, 只需证明定理 3.13(2) 成立. 令 $1 \leqslant j \leqslant \kappa(x)$ 和 $y \in R^n$ 使得 $y(N) = 0, y(S) \geqslant 0$, $\forall S \in \Sigma_0(x) \cup B^j(x)$. 于是, 对任意的 $i \in N, y(N \setminus \{i\}) \geqslant 0$. 又因为 $y(N)=0$, 所以对于 $\forall i \in N$ 有 $y_i = 0$. 特别地, 对于 $\forall S \in B^j(x)$ 有 $y(S)=0$. 因此 $x = \eta(v)$.　□

定理 8.3　令 $(N, v) \in G^N$ 是对应于成本博弈 $(N, c) \in CG^N$ 的成本节约博弈, 如果 (8.5) 式成立, 那么对于 $\forall i \in N$,

$$\eta_i(v) = c(\{i\}) - \text{ENSC}_i(c).$$

证明　假设 (8.5) 式成立. 对于 $\forall i \in N$,

$$\eta_i(v) = b_i^v - n^{-1}g^v(N) = c(\{i\}) - SC_i(c) - n^{-1}\text{NSC}(c)$$

$$= c(\{i\}) - \text{ENSC}_i(c).$$　□

由于 (8.2) 式可推出式 (8.5) 式, 因此对于满足 1-凸条件 (8.2) 的成本博弈, ENSC 法和 τ 值以及核子是一致的. 一般情况下, 半凸条件 (8.3) 不能保证 (8.5) 式成立. 但对于满足以下条件的半凸成本博弈 (N, c) 成立: 对于所有的 $i \in N$,

$$c(N) \leqslant c(\{i\}) + \sum_{j \in N \setminus \{i\}} SC_j(c) + n^{-1}\text{NSC}(c). \tag{8.7}$$

显然, n 人成本博弈的条件 (8.7) 不同于单人联盟的 (8.5) 式, 不可分成本的系数不是 n^{-1}, 而是 $n^{-1}(n-2)$. 条件 (8.7) 等价于下面这个条件: 对于所有的 $i \in N$,

$$n^{-1}(n-1)\text{NSC}(c) \leqslant c(\{i\}) - SC_i(c).$$

根据上式, 任何参与者在加入大联盟后节约的成本至少是不可分成本的一部分. 对于参与者人数较多的成本博弈, 该节约成本接近于不可分成本.

定理 8.4 令 $(N, v) \in G^N$ 是对应成本博弈 $(N, c) \in CG^N$ 的成本节约博弈, 如果 (8.3) 式和 (8.7) 式都成立, 那么 (8.5) 式也成立, 且对于 $\forall i \in N$,

$$\tau_i(v) = c(\{i\}) - \text{ACA}_i(c),$$

$$\eta_i(v) = c(\{i\}) - \text{ENSC}_i(c).$$

证明 根据定理 8.1(2) 和定理 8.3, 只需证 (8.3) 式和 (8.7) 式可推出 (8.5) 式即可. 假设 (8.3) 式和 (8.7) 式成立. 首先证明 $\text{NSC}(c) \geqslant 0$. 当 $S = N$ 时, 对任意的 $k \in N$, 由 (8.3) 式可得

$$\text{NSC}(c) = c(N) - \sum_{j \in N} SC_j(c) \geqslant c(\{k\}) - SC_k(c) \geqslant 0.$$

令 $S \subset N$ 满足 $S \neq N, \varnothing$. 选择 $i \in S$. 如果 $|S| = n - 1$, 易知 (8.5) 式中的等式成立. 所以只需考虑 $|S| \leqslant n - 2$ 的情况, 即 $\text{NSC}(c) \leqslant (n - |S| - 1)\text{NSC}(c)$. 由 (8.7) 式和 (8.3) 式可得

$$c(N) \leqslant c(\{i\}) + \sum_{j \in S \setminus \{i\}} SC_j(c) + \sum_{j \in N \setminus S} SC_j(c) + n^{-1}\text{NSC}(c)$$

$$\leqslant c(S) + \sum_{j \in N \setminus S} SC_j(c) + n^{-1}(n - |S| - 1)\text{NSC}(c)$$

因此, (8.5) 式成立, 定理得证. □

8.3 带有一定需求量的成本分配问题

本节介绍一类特殊的成本分配问题, 在原来模型的基础上又增加了需求变量, 即每个参与者都对产品有一定的需求.

定义 8.3 设 $N = \{1, 2, \cdots, n\}$ 是参与者集合, $q \in R_+^n$ 是参与者的产品需求向量, $c : 2^N \to R_+$ 是成本函数且满足 $c(\varnothing) = 0$, 则称三元组 (N, c, q) 是一个带需求量的成本分配问题.

下面介绍几种经典的成本分配方法.

(1) 等量分配 (EA).

所有的 n 个参与者都看作是平等的, 因此他们获得相同的成本分配. 但等量分配忽略了参与者各自的成本差异, 具体的 EA 分配如下:

$$\mathrm{EA}_i = \frac{c(N)}{n}.$$

(2) 需求比例分配 (PV).

根据每个参与者的需求量占总的需求量的比例来分配总的成本, 即

$$\mathrm{PV}_i = \frac{q_i}{\displaystyle\sum_{j \in N} q_j} \cdot c(N).$$

(3) 成本比例分配 (CV).

按照每个参与者单干时的成本占单干时的成本总和的比例进行成本分配, 即

$$\mathrm{CV}_i = \frac{c(\{i\})}{\displaystyle\sum_{j \in N} c(\{j\})} \cdot c(N).$$

(4) 递增序列成本分配 (ISC).

1992 年 Moulin 和 Shenker[73] 提出了一种新的成本分配规则——递增序列成本分配规则. 假设成本 c 是关于参与者需求量的一个函数, $c(q)$ 表示需求量为 q 时的成本. 不失一般性, 设参与者的需求量满足 $q_1 \leqslant q_2 \leqslant \cdots \leqslant q_n$. 在第一阶段, 假设所有参与者的需求量均为 q_1, 因此所有参与者平均分配成本 $c(nq_1)$. 第二阶段假设除参与者 1 外的所有参与者的需求量均为 q_2, 此时总成本为 $c(nq_1+(n-1)q_2)$. 因此, 任意 $i \in N \backslash \{1\}$ 需平均分配剩余成本, 即 $c(nq_1 + (n-1)q_2) - c(nq_1)$. 以此类推, 得到 ISC 如下:

$$\mathrm{ISC}_1 = \frac{c(r_1)}{n},$$

$$\mathrm{ISC}_2 = \frac{c(r_1)}{n} + \frac{c(r_2) - c(r_1)}{n - 1},$$

$$\cdots\cdots$$

$$\mathrm{ISC}_i = \sum_{k=1}^{i} \frac{c(r_k) - c(r_{k-1})}{n + 1 - k},$$

其中 $r_i = \displaystyle\sum_{k=1}^{i} (n - k + 1) q_k$, $\forall i \in N$ 且 $r_0 = 0$.

(5) 递减序列成本分配 (DSC).

递增序列规则从需求量最小的参与者的角度出发考虑, 1998 年 Frutos[74] 运用同样的思想, 从需求量最大的参与者的角度出发, 给出了递减序列成本分配规则, 具体如下:

$$\text{DSC}_n = \frac{c(s_1)}{n},$$

$$\text{DSC}_{n-1} = \frac{c(s_1)}{n} + \frac{c(s_2) - c(s_1)}{n - 1},$$

$$\cdots\cdots$$

$$\text{DSC}_i = \sum_{k=1}^{n+1-i} \frac{c(s_k) - c(s_{k-1})}{n + 1 - k},$$

其中 $s_i = \sum\limits_{k=n-i+2}^{n} q_k + (n - i + 1)q_{n-i+1}$, $\forall i \in N$ 且 $s_0 = 0$.

除了上述分配规则, 此后一些学者相继提出了类似的分配规则, 比如对偶、自对偶、权重等序列成本分配规则[75-77], 还建立了与一些破产问题的分配规则之间的联系.

8.4 团购成本分配问题

随着互联网的发展, 团购在我们的生活中越来越常见. 团购就是团体购物, 指的是有购买意向的消费者联合起来, 加大与商家的谈判能力, 以求得最优价格的一种购物方式[78]. 在这过程中, 消费者可以减少各自的成本, 而商家可以通过薄利多销获得更大的收益. 本节考虑一个比较特殊的成本分配问题——团购成本分配问题.

令 $N = \{1, 2, \cdots, n\}$ 是参与者的集合, 他们共同购买一定数量的同类产品, 假设每个参与者 i 的需求量为 q_i, S 是 N 的任意非空子集, $c(S)$ 表示联盟 S 的成员共同购买的成本$\left(\text{这里假设成本函数是与需求量相关的函数, 即 } c(S) = c\left(\sum\limits_{i \in S} q_i\right)\right)$, 这种成本分配问题称为团购成本分配问题.

参与者合作购买产品时, 因为总需求量较大, 销售者通常会提供一定的数量折扣. 一般情况下, 购买的数量越多, 相应的单价就越低. 具体的数量折扣类型分为很多种情况, 下面介绍一种比较经典的数量折扣函数. 假设价格函数 p 和购买数量 q 相关, 即

$$p(q) = \alpha + \beta q^{-\eta}.$$

上述函数适用于几乎全部不同类型的数量折扣模型[79], 但满足一些参数的限制. 如果 $\eta > 0$, 那么此时要求 $\beta > 0$. 如果 $\eta < 0$, 此时要求 $-1 < \beta < 0$. 当 $\eta = -1$ 时, 此时 $\beta < 0$, 价格函数为 $p(q) = \alpha + \beta q$. 为了方便, 令 $\beta > 0$, 则有

$$p(q) = \alpha - \beta q.$$

由上式可以看出价格是随需求量线性变换的, 这种模型在大量文献中都有引用, 称为线性团购模型.

对于团购成本分配问题, 其成本函数为 $c(q) = qp(q)$. 假设对于每个参与者, 他们都需要付出同样的单价, 那么每个人分配的成本即为自己的需求量乘以在总需求下的单价, 记为 AC, 则对任意的 $i \in N$,

$$AC_i = q_i p(Q),$$

其中 $Q = \sum\limits_{i \in N} q_i$ 表示所有参与者的总需求量.

同样地, 从成本节约博弈的角度来分析, 参与者共同合作所产生的总节约值为参与者分别购买所需的成本之和减去他们共同合作产生的成本值, 即 $v(N) = \sum\limits_{i \in N} q_i p(q_i) - Qp(Q)$. 对于任意联盟 $S \subset N$, 其相应的成本节约博弈定义为

$$v(S) = \sum_{i \in S} (q_i p(q_i)) - \Big(\sum_{i \in S} q_i \Big) p \Big(\sum_{i \in S} q_i \Big).$$

一般情况下, 成本节约博弈都是超可加的, 即联合购买所产生的成本值一定会小于等于分开购买的成本总值. 通过成本节约博弈, 可以利用合作博弈的解来研究其成本分配规则.

团购模式往往会带来成本的节约, 这一点在政府层面的效应尤为显著. 2019 年 1 月, 国务院发布《国家组织药品集中采购和使用试点方案》, 目的是探索完善药品集中采购机制和以市场为主导的药价形成机制, 降低群众药费负担, 规范药品流通秩序, 提高群众用药安全[①], 使得药品支出大幅下降[②].

8.5　机场成本分配问题

除了团购问题中的特殊成本函数, 还有其他的一些成本函数, 比如在机场成本分配问题中其成本函数为多人合作取最大的成本作为总成本. 第 1 章已经介绍了机场成本分配问题和其博弈模型定义, 下面将考虑由 τ 值和 Shapley 值确定的成本分配规则.

首先介绍机场成本分配问题的 τ 值. 在此之前需要证明机场成本博弈 (N, c) 是半凸的. 回顾机场成本博弈 (N, c), 满足 $c(\varnothing) = 0$, 且对所有的 $S \subseteq N$, $S \neq \varnothing$,

$$c(S) = \max\{c_j | 1 \leqslant j \leqslant m, S \cap N_j \neq \varnothing\}, \tag{8.8}$$

其中 $0 = c_0 < c_1 < c_2 < \cdots < c_m$.

---

① 来源: https://www.gov.cn/gongbao/content/2019/content_5361793.htm.
② 来源: https://www.gov.cn/zhengce/2022-02/12/content_5673241.htm.

命题 8.1 (8.8) 式定义的机场成本博弈 (N, c) 满足条件 (8.3).

证明 由 (8.8) 式可得: 当 $i \in N_j$ 时, 有 $c(N) = c_m$ 且 $c(\{i\}) = c_j$; 当 $i \in S$ 时, 有 $c(\{i\}) \leqslant c(S)$. 考虑 $|N_m| = 1$ 和 $|N_m| \geqslant 2$ 两种情况.

(1) 假设 $|N_m| \geqslant 2$. 那么对于所有的 $i \in N$, 有 $c(N \backslash \{i\}) = c_m$, 因此, 对于所有的 $i \in N$,

$$SC_i(c) = c(N) - c(N \backslash \{i\}) = c_m - c_m = 0. \tag{8.9}$$

由此推出条件 (8.3) 可以简化为当 $i \in S$ 时, $c(\{i\}) \leqslant c(S)$.

(2) 假设 $|N_m| = 1$. 记 $N_m = \{\hat{1}\}$. 由 (8.8) 式, 则对于 $\forall i \neq \hat{1}$,

$$c(N \backslash \{\hat{1}\}) = c_{m-1},$$

且有 $c(N \backslash \{i\}) = c_m$. 因此, 对任意的 $i \neq \hat{1}$,

$$SC_i(c) = 0, \quad SC_{\hat{1}}(c) = c_m - c_{m-1}. \tag{8.10}$$

为了证明条件 (8.3), 令 $i \in N$, $S \subseteq N$ 满足 $i \in S$. 如果 $\hat{1} \notin S \backslash \{i\}$, 那么 (8.3) 式可以简化为 $c(\{i\}) \leqslant c(S)$. 如果 $\hat{1} \in S \backslash \{i\}$, 那么有 $c(S) = c_m$ 且 $c(\{i\}) \leqslant c_{m-1}$. 因此

$$c(\{i\}) + \sum_{k \in S \backslash \{i\}} SC_k(c) \leqslant c_{m-1} + SC_i(c) = c_m = c(S).$$

综上所述, (8.3) 式成立. □

机场成本博弈的半凸性等价于对应的成本节约博弈的半凸性. 因此, 成本节约博弈 (N, v) 的 τ 值可由半凸博弈 τ 值的定义给出. 进一步可得机场成本博弈 (N, c) 的 τ 值 $\tau(c)$, 即对于所有的 $i \in N$, $\tau_i(c) = c(\{i\}) - \tau_i(v)$. 下面的定理给出了机场成本博弈 τ 值的具体表达式.

定理 8.5 令 (N, c) 是由 (8.8) 式定义的机场成本博弈, 且对于所有的 $1 \leqslant j \leqslant m$, $n_j = |N_j|$.

(1) 当 $n_m \geqslant 2$ 时, 对于 $\forall i \in N_j$, $\tau_i(c) = \left(\sum_{k=1}^{m} n_k c_k \right)^{-1} c_m c_j$.

(2) 如果 $n_m = 1$ 且 $m \geqslant 2$, 则对于 $\forall i \in N_j$, $j \neq m$,

$$\tau_i(c) = \left(\sum_{k=1}^{m-1} n_k c_k + c_{m-1} \right)^{-1} c_{m-1} c_j,$$

对于 $\hat{1} \in N_m$ 且 $i \in N_{m-1}$,

$$\tau_i(c) = \tau_i(c) + c_m - c_{m-1}.$$

证明　令 (N, v) 为对应于机场成本博弈 (N, c) 的成本节约博弈. 由命题 8.1, (N, v) 是一个半凸的成本节约博弈. 进一步, 由 (N, v) 的超可加性可得: 成本节约博弈 (N, v) 是零规范的且 $I(v) \neq \varnothing$. 当 $i \in N_j$ 时, $c(N) = c_m$ 且 $c(\{i\}) = c_j$. 于是

$$v(N) = \sum_{k=1}^{m} n_k c_k - c_m.$$

如果 $n_m = 1$, 则 $v(N) = \sum_{k=1}^{m-1} n_k c_k$.

(1) 令 $n_m \geqslant 2$. 由 (8.9) 式, 对于所有的 $i \in N$, 有 $SC_i(c) = 0$. 因此, $\mathrm{NSC}(c) = c(N) = c_m > 0$. 由引理 8.1, 对于 $\forall i \in N_j$ 有 $g^v(N) = \mathrm{NSC}(c) > 0$, $b_i^v = c(\{i\}) - SC_i(c) = c_j$. 于是, 对于所有 $i \in N_j$,

$$\begin{aligned}
\tau_i(c) &= c(\{i\}) - \tau_i(v) = c(\{i\}) - v(N)(b^v(N))^{-1} b_i^v \\
&= c_j - v(N)(b^v(N))^{-1} c_j = (b^v(N) - v(N))(b^v(N))^{-1} c_j \\
&= g^v(N)(b^v(N))^{-1} c_j = \left(\sum_{k=1}^{m} n_k c_k \right)^{-1} c_m c_j.
\end{aligned}$$

(2) 令 $n_m = 1$ 且 $m \geqslant 2$. 记 $N_m = \{\hat{1}\}$. 由 (8.10) 式, 对于 $\forall i \neq \hat{1}$, 有 $SC_i(c) = 0$, $SC_{\hat{1}}(c) = c_m - c_{m-1}$. 因此, $\mathrm{NSC}(c) = c(N) - SC_{\hat{1}}(c) = c_{m-1} > 0$. 由引理 8.1, 对于所有 $i \in N_j$, $i \neq \hat{1}$, $b_{\hat{1}}^v = c_{m-1}$ 有 $g^v(N) = \mathrm{NSC}(c) > 0$, $b_i^v = c_j$. 由此可以直接得出 τ 值的具体形式. $\qquad\qquad\square$

由上述定理可知, 机场成本博弈的 τ 值与以下成本分配规则是一致的. 当至少有两个最大型号的飞机着陆时, 按跑道成本 c_j, $1 \leqslant j \leqslant m$ 的比例分配共同成本 c_m, 这里成本 c_j 表示一个跑道足够供型号 j 的飞机使用所需的成本. 如果最大型号的飞机只使用跑道一次, 首先向最大的飞机索求增量成本 $c_m - c_{m-1}$, 然后按不同型号跑道成本的比例向所有着陆的飞机索求剩余的共同成本 c_{m-1} (此时将型号为 m 的最大飞机看作第 $m - 1$ 种类型的飞机).

对于机场成本分配问题, 总费用的分配也可以按 Shapley 值分配. 1973 年 Littlechild 和 Owen[4] 给出了基于 Shapley 值的成本分配规则.

定理 8.6　令 (N, c) 是由 (8.8) 式定义的机场成本博弈且对于所有的 $1 \leqslant j \leqslant m$, $m_j = \sum_{k=j}^{m} |N_k|$. 那么, 对于任意的 $i \in N_j$,

$$\mathrm{Sh}_i(c) = \sum_{k=1}^{j} m_k^{-1} (c_k - c_{k-1}).$$

证明 证明核心思路是把 (8.8) 式的成本博弈改写成 m 个成本博弈的和, 用 Shapley 值的性质可以很容易地确定这些成本博弈的 Shapley 值. 对于任意 $j = 1, 2, \cdots, m$, 定义成本博弈 (N, c^j) 如下:

$$c^j(S) = \begin{cases} c_j - c_{j-1}, & S \cap M_j \neq \varnothing, \\ 0, & S \cap M_j = \varnothing, \end{cases}$$

其中 $M_j = \bigcup\limits_{k=j}^{m} N_k$ 表示所有型号为 j 的以及更大的飞机.

(1) 首先证明对于 $\forall S \subseteq N$,

$$c(S) = \sum_{k=1}^{m} c^k(S). \tag{8.11}$$

令 $S \subseteq N$, $S \neq \varnothing$. 由机场博弈 (N, c) 的定义可知: 存在唯一的 $1 \leqslant j \leqslant m$ 满足 $c(S) = c_j$. 那么对于所有的 $j < k \leqslant m$ 有 $S \cap N_j \neq \varnothing$ 且 $S \cap N_k = \varnothing$. 特别地, $S \cap M_k = \varnothing$ 当且仅当 $j < k \leqslant m$. 由此可得

$$\sum_{k=1}^{m} c^k(S) = \sum_{k=1}^{j} (c_k - c_{k-1}) = c_j - c_0 = c_j = c(S).$$

所以 (8.11) 式成立.

(2) 令 $1 \leqslant j \leqslant m$. 下面证明任意 $i \in N \backslash M_j$ 是博弈 (N, c_j) 的哑元. 令 $i \in N \backslash M_j$ 且 $S \subseteq N \backslash \{i\}$, 则有 $c^j(\{i\}) = 0$, $S \cap M_j \neq \varnothing$ 当且仅当 $(S \cup \{i\}) \cap M_j \neq \varnothing$. 由此 $c^j(S \cup \{i\}) - c^j(S) = 0 = c^j(\{i\})$. 因此, 任意 $i \in N \backslash M_j$ 是博弈 (N, c^j) 中的哑元. 由 Shapley 值的哑元性可得: 对于所有的 $i \in N \backslash M_j$, $\mathrm{Sh}_i(c^j) = c^j(\{i\})$.

(3) 令 $1 \leqslant j \leqslant m$. 下面证明 M_j 的参与者在博弈 (N, c^j) 中是对称的. 令 $\theta: N \to N$ 是一个置换, $i_1 \in M_j$, $i_2 \in M_j$ 满足对于 $\forall i \in N \backslash \{i_1, i_2\}$, 有 $\theta(i_1) = i_2$, $\theta(i_2) = i_1$ 且 $\theta(i) = i$. 对任意联盟 $S \neq \varnothing$, 有 $S \cap M_j \neq \varnothing$ 当且仅当 $\theta S \cap M_j \neq \varnothing$. 因此, $(\theta c^j)(\theta S) = c^j(S) = c^j(\theta S)$. 故 $\theta c^j = c^j$. 由 Shapley 值的对称性可得: 对于任意的 $i_1, i_2 \in M_j$,

$$\mathrm{Sh}_{i_1}(c^j) = \mathrm{Sh}_{\theta(i_1)}(\theta c^j) = \mathrm{Sh}_{i_2}(c^j).$$

(4) 令 $1 \leqslant j \leqslant m$. 由 (2), (3) 及 Shapley 值的有效性可得

$$\mathrm{Sh}_i(c^j) = \begin{cases} 0, & i \in N \backslash M_j, \\ m_j^{-1}(c_j - c_{j-1}), & i \in M_j. \end{cases}$$

再由 (8.11) 式及 Shapley 值的可加性可得: 对于所有的 $i \in N_j$,

$$\mathrm{Sh}_i(c) = \mathrm{Sh}_i\left(\sum_{k=1}^{m} c^k\right) = \sum_{k=1}^{m} \mathrm{Sh}_i(c^k) = \sum_{k=1}^{m} m_k^{-1}(c_k - c_{k-1}). \qquad \square$$

由定理 8.6, 机场成本博弈的 Shapley 值与下面的成本分配规则一致. 这个规则是 Baker[80] 在研究确定不同类型的飞机机场着陆收费问题时提出的. "首先对所有着陆的飞机平均分配能使最小的飞机使用的跑道的成本 c_1. 然后除了最小的飞机其他所有着陆的飞机平均分配使次小的飞机使用所增加的成本 $c_2 - c_1$. 如此进行下去直到最后对所有着陆的最大的飞机平均分配他们增加的成本 $c_m - c_{m-1}$." 对于机场成本博弈的 Shapley 值的公理化, 可以参考 Dubey[81] 的相关工作.

作为一个机场成本博弈的数值例子, 考虑在 1968—1969 年美国伯明翰国际机场的总着陆. 数据取自 Thompson 的文章 [82], 见表 8.4. 特别地, 数据共有 11 种不同型号的飞机, 13572 次着陆. 类型 j 飞机的着陆费由每次着陆的操作费 α_j 和分别由 Shapley 值、核子 (η) 与 τ 值计算的资本费用 ψ_j 组成. 请读者参考表 8.5 的数据, 比较着陆费 $\psi_j + \alpha_j$ 和实际的着陆费 f_j, $1 \leqslant j \leqslant 11$ 的差别.

表 8.4　1968—1969 年伯明翰机场的跑道成本及使用数据

飞机类型	j	c_j	n_j	α_j
Fokker Friendship 27	1	65899	42	5.23
Viscount 800	2	76725	9555	6.09
Hawker Siddeley Trident	3	95200	288	7.55
Britannia 100	4	97200	303	7.71
Caravelle VLR	5	97436	151	7.73
BAC 111(500)	6	98142	1315	7.79
Vanguard 953	7	102496	505	8.13
Comet 4B	8	104849	1128	8.32
Brintannia 300	9	113322	151	8.99
Convair Corronado	10	115440	112	9.16
Boeing 707	11	117676	22	9.34

表 8.5　机场成本分配方案

j	Sh_j	$\mathrm{Sh}_j + \alpha_j$	η_j	$\eta_j + \alpha_j$	τ_j	$\tau_j + \alpha_j$	f_j
1	4.86	10.09	7.89	13.12	6.81	12.04	5.80
2	5.66	11.75	7.89	13.98	7.93	14.02	11.40
3	10.30	17.85	7.89	15.44	9.83	17.38	21.70
4	10.85	18.56	7.89	15.60	10.04	17.75	29.80
5	10.92	18.65	7.89	15.62	10.06	17.79	20.30
6	11.13	18.92	7.89	15.68	10.14	17.93	16.70
7	13.40	21.53	7.89	16.02	10.59	18.72	26.40
8	15.07	23.39	7.89	16.21	10.83	19.15	29.40
9	44.80	53.79	40.16	49.15	11.71	20.70	34.70
10	60.61	69.77	40.16	49.32	11.92	21.08	48.30
11	162.24	171.58	103.46	112.80	12.16	21.50	66.70

这里 n_j 表示 j 类型的飞机着陆的数目, c_j 表示每年的资本成本, α_j 表示每次着陆的操作费用, f_j 表示对于 j 类型的飞机实际的着陆费用, 其中, $1 \leqslant j \leqslant 11$. 进一步, Sh_j 表示根据值 ψ 计算的 j 型飞机的资本费用, 这里 $\psi \in \{\mathrm{Sh}, \eta, \tau\}$. 所以, 当 $i \in N_j$ 时, $\psi_j = \psi_i(c)$.

8.6 河流污染治理成本分配问题

随着工农业的发展, 由于受人类活动的影响, 河流污染问题已经成为当代社会面临的一个主要环境问题. 由于河流的流动性, 一段流域的污染通常不局限于污染发生的地区, 而是会由河流上游传导到河流下游, 甚至一小段河流的污染会波及整个河道的生态环境. 这种污染的复杂性决定了治理是一项系统工程, 需要多方和多区域的协同参与, 共同合作治理. 在多方参与的河流污染治理过程中, 如何将河流污染治理成本公平合理地分配给所有参与者就成为一个关键的科学问题. 公平合理的污染治理成本分配规则一方面有利于促进各方更积极地合作, 以便统筹安排节约成本, 提升治理效果; 另一方面也将促进治理联盟的形成与稳定, 确保区域联防联控的顺利实施.

假设有一条河流, 流经 n 个国家和地区 (在该模型中将 "国家和地区" 统一称为参与者). 如图 8.1 所示, 从河流上游到河流下游, 根据参与者的位置, 将河流划分为 n 段, 每一段对应的参与者依次为 $1, 2, \cdots, n$. 由于参与者在使用水资源时会对河流造成一定的污染, 破坏河流生态系统, 影响水体质量. 为了保证水质, 每个参与者必须对其所在的流域进行污染治理. 为此, 环境主管部门对沿河各河段的污染程度进行了评估, 确定其污染治理所需成本. 这里假设参与者 $i \in N$ 所在河段的污染治理成本为 c_i, 那么如何将所有河段的污染治理成本 $\sum_{i \in N} c_i$ 公平合理地分配给所有参与者就是本节所需解决的主要问题.

图 8.1 河流污染治理成本分配模型

针对上述实际问题, Ni 和 Wang[83] 首次给出了相应的数学化描述, 并称之为河流污染治理成本分配问题. 一个河流污染治理成本分配问题可以用一个二元组 (N, c) 表示, 其中 $N = \{1, \cdots, n\}$ 为参与者集合, $c = (c_1, \cdots, c_n) \in R_+^n$ 为污染成本向量, 分量 c_i 表示参与者 i 所在河段的污染治理成本. 用 $\mathcal{P}^N$ 表示所有参与者集合为 $N = \{1, \cdots, n\}$ 的河流污染治理成本分配问题的集合. 对于任意 $i, j \in N$, 若 $i < j$, 则表示参与者 i 位于参与者 j 的上游. 针对河流污染治理成本分配问题, 对于任意 $(N, c) \in \mathcal{P}^N$, 一个成本分配向量是指一个 n 维向

量 $x = (x_1, \cdots, x_n) \in R_+^n$, 它的每个分量 $x_i \geqslant 0$ 表示参与者 i 需要承担的成本. 一个成本分配规则 ψ 是一个由河流污染治理成本分配问题集合映射到成本分配向量集合的函数, 即对于任意 $(N, c) \in \mathcal{P}^N$, $\psi(N, c) \in R_+^n$.

Ni 和 Wang[83] 提出了两种成本分配规则: 地方责任分配规则和上游平均分配规则.

定义 8.4　对于任意 $(N, c) \in \mathcal{P}^N$ 及 $i \in N$, 地方责任分配规则 LRS 定义为

$$\mathrm{LRS}_i(N, c) = c_i.$$

定义 8.5　对于任意 $(N, c) \in \mathcal{P}^N$ 及 $i \in N$, 上游平均分配规则 UES 定义为

$$\mathrm{UES}_i(N, c) = \sum_{k=i}^{n} \frac{1}{k} c_k.$$

地方责任分配规则要求每个河段的污染治理成本由该河段的参与者独立承担. 上游平均分配规则要求每个河段的污染治理成本由该河段的参与者和所有位于该河段上游的参与者平均承担.

针对 Ni 和 Wang[83] 提出的两种规则, 无论是地方责任分配规则还是上游平均分配规则都是有一定争议的. 前一种规则并没有考虑河流的污染物是由上游流向下游, 后一种规则假定了河流中每个河段的参与者与其上游参与者对该河段的清理负有同等程度的责任. 但事实上, 每个参与者对其所在河段的清理责任是不明确的. 基于此, Li 等[84] 对上述两种成本分配规则进行了推广, 提出了更一般的成本分配规则类: 等上游责任分配规则类和加权上游责任分配规则类. 等上游责任分配规则要求每个河段的参与者首先承担一部分本地的污染治理成本, 然后剩余的污染治理成本将由该河段的所有上游参与者平均承担. 加权上游责任分配规则要求每个河段的参与者按照权重比例承担其本地与其所有下游河段的污染治理成本.

令 $\alpha = (\alpha_1, \alpha_2, \cdots, \alpha_n) \in R_+^n$ 为参与者的责任向量, 其中 $\alpha_1 = 1$, 且对于任意 $i \in N \setminus \{1\}$, $0 \leqslant \alpha_i \leqslant 1$. 分量 α_i 表示参与者 i 需要对其所在河段承担 α_i 部分的污染治理责任. 特别地, 由于参与者 1 无上游参与者, 因此参与者 1 需要承担其所在河段的全部污染治理责任, 即 $\alpha_1 = 1$. 令 $A^N = \{\alpha = (\alpha_1, \alpha_2, \cdots, \alpha_n) \in R_+^n \mid \alpha_1 = 1$ 且对于任意 $i \in N \setminus \{1\}, 0 \leqslant \alpha_i \leqslant 1\}$ 为所有责任向量的集合.

定义 8.6　令 $\alpha \in A^N$. 对于任意 $(N, c) \in \mathcal{P}^N$ 及 $i \in N$, α-等上游责任分配规则定义为

$$\mathrm{EUR}_i^{\alpha}(N, c) = \alpha_i c_i + \sum_{k=i+1}^{n} \frac{1 - \alpha_k}{k - 1} c_k.$$

令 $\omega \in R_{++}^n$ 为参与者的权重向量, 其中 ω_i 表示参与者 i 在分配其下游河段污染治理成本时的权重. 在污染成本分配问题中, 参与者权重向量通常可以由其所在河段的人口规模、产生污染物的工厂数量及其他可测量的污染指标来确定. 基于参与者权重向量, 下面将给出加权上游责任分配规则的定义.

定义 8.7 令 $\omega \in R_{++}^n$. 对于任意 $(N, c) \in \mathcal{P}^N$ 及 $i \in N$, ω-加权上游责任分配规则定义为

$$\mathrm{WUS}_i^\omega(N, c) = \sum_{k=i}^n \frac{\omega_i}{\sum_{j=1}^k \omega_j} c_k.$$

下面介绍用于公理刻画上述分配规则的几种性质. 回顾符号函数 sign 定义: 当 $t > 0$ 时, $\mathrm{sign}(t) = 1$; 当 $t = 0$ 时, $\mathrm{sign}(t) = 0$; 当 $t < 0$ 时, $\mathrm{sign}(t) = -1$.

- 有效性: 对于任意 $(N, c) \in \mathcal{P}^N$, 若 $\sum_{i \in N} \psi_i(N, c) = \sum_{i \in N} c_i$ 成立, 则称 ψ 满足有效性.

- 可加性: 对于任意 $(N, c^1), (N, c^2) \in \mathcal{P}^N$, 若 $\psi(N, c^1 + c^2) = \psi(N, c^1) + \psi(N, c^2)$ 成立, 则称 ψ 满足可加性.

- 无盲目成本性: 对于任意 $(N, c) \in \mathcal{P}^N$ 及 $i \in N$, 若当 $c_i = 0$ 时, 有 $\psi_i(N, c) = 0$ 成立, 则称 ψ 满足无盲目成本性.

- 上游成本独立性: 对于任意 $(N, c^1), (N, c^2) \in \mathcal{P}^N$ 及 $i \in N$, 若当所有 $j > i$, $c_j^1 = c_j^2$ 时, 对于任意 $j > i$, 有 $\psi_j(N, c^1) = \psi_j(N, c^2)$ 成立, 则称 ψ 满足上游成本独立性.

- 上游对称性: 对于任意 $(N, c) \in \mathcal{P}^N$ 及 $i \in N$, 若当所有 $j \in N \backslash \{i\}$, $c_j = 0$ 时, 对于任意 $l, k \leqslant i$, 有 $\psi_l(N, c) = \psi_k(N, c)$ 成立, 则称 ψ 满足上游对称性.

- 符号上游成本独立性: 对于任意 $(N, c^1), (N, c^2) \in \mathcal{P}^N$ 及 $i \in N$, 若当所有 $j > i$, $c_j^1 = c_j^2$ 时, 对于任意 $j > i$, 有 $\mathrm{sign}(\psi_j(N, c^1)) = \mathrm{sign}(\psi_j(N, c^2))$ 成立, 则称 ψ 满足符号上游成本独立性.

- 弱无盲目成本性: 对于任意 $(N, c) \in \mathcal{P}^N$ 及 $i \in N$, 若当所有 $j \geqslant i$, $c_j = 0$ 时, 有 $\psi_i(N, c) = 0$ 成立, 则称 ψ 满足弱无盲目成本性.

- 弱上游对称性: 对于任意 $(N, c) \in \mathcal{P}^N$ 及 $i \in N$, 若当对于任意 $j \in N \backslash \{i\}$, $c_j = 0$ 时, 对于任意 $l, k < i$, 有 $\psi_l(N, c) = \psi_k(N, c)$ 成立, 则称 ψ 满足弱上游对称性.

- 符号上游对称性: 对于任意 $(N, c) \in \mathcal{P}^N$ 及 $i \in N$, 若当对于任意 $j \in N \backslash \{i\}$, $c_j = 0$ 时, 对于任意 $l, k \leqslant i$, 有 $\mathrm{sign}(\psi_l(N, c)) = \mathrm{sign}(\psi_k(N, c))$ 成立, 则称 ψ 满足符号上游对称性.

- 比例性: 给定 $(N, c^1), (N, c^2) \in \mathcal{P}^N$ 及 $i \in N \backslash \{n\}$, 若当对于任意 $k \in$

$N\backslash\{i\}$, $c_k^1 = 0$, 且对于任意 $k \in N\backslash\{i+1\}$, $c_k^2 = 0$ 时, 对于任意 $l, k \leqslant i$, 有 $\psi_l(N, c^1)\psi_k(N, c^2) = \psi_k(N, c^1)\psi_l(N, c^2)$ 成立, 则称 ψ 满足比例性.

Ni 和 Wang[83] 利用上述公理分别公理刻画了地方责任分配规则和上游平均分配规则.

定理 8.7　对于任意 $(N, c) \in \mathcal{P}^N$,

(1) 成本分配规则 ψ 满足有效性、可加性和无盲目成本性当且仅当 ψ 为地方责任分配规则;

(2) 成本分配规则 ψ 满足有效性、可加性、上游成本独立性和上游对称性当且仅当 ψ 为上游平均分配规则.

此外, Ni 和 Wang[83] 还将河流污染治理成本分配问题与合作博弈相结合, 定义了两种不同的污染成本分配博弈: LRS 博弈和 UES 博弈. 对于任意 $(N, c) \in \mathcal{P}^N$, LRS 博弈 (N, v^L) 定义为: $v^L(\varnothing) = 0$ 且对于任意 $S \subseteq N$, $S \neq \varnothing$, $v^L(S) = \sum_{i \in S} c_i$. 对于任意 $(N, c) \in \mathcal{P}^N$, UES 博弈 (N, v^U) 定义为: $v^U(\varnothing) = 0$ 且对于任意 $S \subseteq N$, $S \neq \varnothing$, $v^U(S) = \sum_{i=\min_{j \in S}\{j\}}^{n} c_i$. Ni 和 Wang[83] 证明了地方责任分配规则和上游平均分配规则分别与 LRS 博弈和 UES 博弈的 Shapley 值一致.

Li 等[84] 对等上游责任分配规则类与加权上游责任分配规则类进行公理刻画.

定理 8.8　对于任意 $(N, c) \in \mathcal{P}^N$, 成本分配规则 ψ 满足有效性、可加性、弱上游对称性和符号上游成本独立性 (或弱无盲目成本性) 当且仅当存在 $\alpha \in A^N$ 使得 $\psi(N, c) = \mathrm{EUR}^\alpha(N, c)$.

定理 8.9　对于任意 $(N, c) \in \mathcal{P}^N$, 成本分配规则 ψ 满足有效性、可加性、符号上游对称性、比例性和符号上游成本独立性 (或弱无盲目成本性) 当且仅当存在 $\omega \in R_{++}^n$ 使得 $\psi(N, c) = \mathrm{WUS}^\omega(N, c)$.

在 LRS 博弈中, 每个联盟 S 只承担自己区域内的河流污染治理成本, 即 $v^L(S) = \sum_{i \in S} c_i$. 在 UES 博弈中, 每个联盟 S 不仅承担自己区域内的河流污染治理成本, 还承担其下游河段的全部污染治理成本, 即 $v^U(S) = \sum_{i=\min_{j \in S}\{j\}}^{n} c_i$. Li 等[84] 结合 LRS 博弈和 UES 博弈的特点, 基于河流污染治理成本分配问题定义另外一种合作博弈.

给定 $i \in N$ 及 $S \subseteq N$, 令 $\bar{P}_i(S) = \{j \in S | j \leqslant i\}$ 为联盟 S 中位于 i 及其上游的所有参与者集合. 用 $|\bar{P}_i(S)|$ 表示集合 $\bar{P}_i(S)$ 中参与者的个数. 显然, $|\bar{P}_i(N)| = i$.

定义 8.8　给定 $(N, c) \in \mathcal{P}^N$, 污染治理成本分配博弈 (N, v^c) 定义为: $v^c(\varnothing) = $

0 且对于任意 $S \subseteq N$, $S \neq \varnothing$,

$$v^c(S) = \sum_{i \in S} c_i + \sum_{i \in N \setminus S} \frac{|\bar{P}_i(S)|}{|\bar{P}_i(N)|} c_i.$$

在上述成本分配博弈中, 一个联盟 S 总是承担自己所属河段的所有成本, 即 $\sum_{i \in S} c_i$. 除此之外, 唯一的区别在于联盟要在多大程度上为其下游河段的污染治理承担责任. 在 LRS 博弈 (N, v^L) 中, 每个联盟不承担其下游河段的污染治理成本, 即 $v^L(S) = \sum_{i \in S} c_i + \sum_{i \in N \setminus S} 0$; 在 UES 博弈 (N, v^U) 中, 每个联盟承担其下游河段的所有污染治理成本, 即 $v^U(S) = \sum_{i \in S} c_i + \sum_{i \in N \setminus S} \text{sign}(|\bar{P}_i(S)|)c_i$; 在污染治理成本分配博弈 (N, v^c) 中, 每个联盟承担其下游河段的部分污染治理成本, 其大小取决于联盟中包含相应河段的上游参与者个数的占比, 即 $v^c(S) = \sum_{i \in S} c_i + \sum_{i \in N \setminus S} \frac{|\bar{P}_i(S)|}{|\bar{P}_i(N)|} c_i$. 显然, 对于任意 $S \subseteq N$, $v^L(S) \leqslant v^c(S) \leqslant v^U(S)$.

下面介绍 α-等上游责任分配规则及 ω-加权上游责任分配规则与污染治理成本分配博弈的 λ-Harsanyi 解之间的对应关系.

引理 8.2 对于任意 $(N, c) \in \mathcal{P}^N$, 污染治理成本分配博弈 (N, v^c) 的 Harsanyi 红利可以表示为

$$\Delta^{v^c}(S) = \begin{cases} c_i + \sum_{j > i} \dfrac{1}{j} c_j, & S = \{i\}, \\ -\dfrac{1}{j} c_j, & S = \{i, j\} \text{ 且 } i < j, \\ 0, & S \subseteq N \text{ 且 } s \geqslant 3. \end{cases}$$

证明 若 $S = \{i\}$, 则 $\Delta^{v^c}(\{i\}) = v^c(\{i\}) = c_i + \sum_{j > i} \dfrac{1}{j} c_j$.

若 $S = \{i, j\}$ 且 $i < j$, 则

$$\Delta^{v^c}(\{i, j\})$$
$$= v^c(\{i, j\}) - v^c(\{i\}) - v^c(\{j\})$$
$$= c_i + c_j + \sum_{k > i, k < j} \frac{1}{k} c_k + \sum_{k > j} \frac{2}{k} c_k - \left(c_i + \sum_{k > i} \frac{1}{k} c_k \right) - \left(c_j + \sum_{k > j} \frac{1}{k} c_k \right)$$
$$= \sum_{k > i, k < j} \frac{1}{k} c_k + \sum_{k > j} \frac{2}{k} c_k - \sum_{k > i, k \leqslant j} \frac{1}{k} c_k - \sum_{k > j} \frac{2}{k} c_k$$

$$= -\frac{1}{j}c_j.$$

若 $S \subseteq N$ 且 $s \geqslant 3$, 则

$$\sum_{i \in S} \Delta^{v^c}(\{i\}) + \sum_{T \subseteq S, t=2} \Delta^{v^c}(T) = \sum_{i \in S} \left(c_i + \sum_{j>i} \frac{1}{j}c_j \right) - \sum_{i \in S} \sum_{j \in S, j>i} \frac{1}{j}c_j$$

$$= \sum_{i \in S} c_i + \sum_{i \in S} \sum_{j \in N \setminus S, j>i} \frac{1}{j}c_j$$

$$= \sum_{i \in S} c_i + \sum_{j \in N \setminus S} \sum_{i \in S, i<j} \frac{1}{j}c_j$$

$$= \sum_{i \in S} c_i + \sum_{j \in N \setminus S} \frac{|\bar{P}_j(S)|}{|\bar{P}_j(N)|} c_j = v^c(S).$$

由上式可得: 当 $s = 3$ 时, $\Delta^{v^c}(S) = v^c(S) - \sum\limits_{T \subsetneqq S, T \neq \varnothing} \Delta^{v^c}(T) = 0$. 利用归纳法, 假设当 $k \geqslant s \geqslant 3$ 时, $\Delta^{v^c}(S) = 0$. 则当 $s = k+1$ 时,

$$\Delta^{v^c}(S) = v^c(S) - \sum_{T \subsetneqq S, T \neq \varnothing} \Delta^{v^c}(T) = v^c(S) - \sum_{T \subsetneqq S, 1 \leqslant t \leqslant 2} \Delta^{v^c}(T) = 0,$$

因此, 对于任意 $S \subseteq N$ 且 $s \geqslant 3$, $\Delta^{v^c}(S) = 0$. □

定理 8.10 给定 $\alpha \in A^N$ 和 $(N, c) \in \mathcal{P}^N$, α-等上游责任分配规则 $\text{EUR}^\alpha(N, c)$ 与污染治理成本分配博弈 (N, v^c) 的 λ-Harsanyi 解 $H^\lambda(N, v^c)$ 一致, 其中 $\lambda \in \Lambda$ 满足: 对于任意 $i, j \in N$,

$$\lambda_{\{i,j\}, i} = \begin{cases} \dfrac{j\alpha_j - 1}{j - 1}, & j > i, \\[3mm] 1 - \dfrac{i\alpha_i - 1}{i - 1}, & j < i. \end{cases} \tag{8.12}$$

证明 首先, 由 (8.12) 式可得 $\lambda_{\{i,j\}, i} + \lambda_{\{i,j\}, j} = 1$. 于是, $\lambda \in \Lambda$. 然后, 由引理 8.2 可得

$$H_i^\lambda(N, v^c) = \sum_{S \subseteq N, i \in S} \lambda_{S, i} \cdot \Delta^{v^c}(S)$$

$$= \lambda_{\{i\}, i} \left(c_i + \sum_{j>i} \frac{1}{j}c_j \right) + \sum_{j<i} \lambda_{\{i,j\}, i} \left(-\frac{1}{i}c_i \right) + \sum_{j>i} \lambda_{\{i,j\}, i} \left(-\frac{1}{j}c_j \right)$$

$$= c_i + \sum_{j>i} \frac{1}{j}c_j - \sum_{j<i}\left(1-\frac{i\alpha_i-1}{i-1}\right)\left(\frac{1}{i}c_i\right) - \sum_{j>i}\left(\frac{j\alpha_j-1}{j-1}\right)\left(\frac{1}{j}c_j\right)$$

$$= c_i - (1-\alpha_i)c_i + \sum_{j>i}\left(\frac{1}{j}-\frac{j\alpha_j-1}{(j-1)j}\right)c_j$$

$$= \alpha_i c_i + \sum_{j>i}\frac{1-\alpha_j}{j-1}c_j = \mathrm{EUR}_i^\alpha(N,c).$$

因此, 对于任意 $\alpha \in A^N$, 当 $\lambda \in \Lambda$ 满足 (8.12) 式时, α-等上游责任分配规则与污染治理成本分配博弈的 λ-Harsanyi 解一致. $\qquad\square$

定理 8.11 给定 $\omega \in R_{++}^n$ 和 $(N,c) \in \mathcal{P}^N$, ω-加权上游责任分配规则 $\mathrm{WUS}^\omega(N,c)$ 与污染治理成本分配博弈 (N,v^c) 的 λ-Harsanyi 解 $H^\lambda(N,v^c)$ 一致, 其中 $\lambda \in \Lambda$ 满足: 对于任意 $i,j \in N$,

$$\lambda_{\{i,j\},i} = \begin{cases} 1 - \dfrac{j\omega_i}{\sum\limits_{k=1}^{j}\omega_k}, & j>i, \\[4mm] \dfrac{i\omega_j}{\sum\limits_{k=1}^{i}\omega_k}, & j<i. \end{cases} \tag{8.13}$$

证明 类似于定理 8.10 的证明, 由 (8.13) 式可得 $\lambda_{\{i,j\},i}+\lambda_{\{i,j\},j}=1$. 于是, $\lambda \in \Lambda$. 然后, 由引理 8.2 可得

$$H_i^\lambda(N,v^c) = \sum_{S \subseteq N, i \in S} \lambda_{S,i} \cdot \Delta^{v^c}(S)$$

$$= \lambda_{\{i\},i}\left(c_i + \sum_{j>i}\frac{1}{j}c_j\right) + \sum_{j<i}\lambda_{\{i,j\},i}\left(-\frac{1}{i}c_i\right) + \sum_{j>i}\lambda_{\{i,j\},i}\left(-\frac{1}{j}c_j\right)$$

$$= c_i + \sum_{j>i}\frac{1}{j}c_j - \sum_{j<i}\left(\frac{i\omega_j}{\sum\limits_{k=1}^{i}\omega_k}\right)\left(\frac{1}{i}c_i\right) - \sum_{j>i}\left(1-\frac{j\omega_i}{\sum\limits_{k=1}^{j}\omega_k}\right)\left(\frac{1}{j}c_j\right)$$

$$= c_i - \frac{\sum\limits_{k=1}^{i-1}\omega_j}{\sum\limits_{k=1}^{i}\omega_k}c_i + \sum_{j>i}\left(\frac{\omega_i}{\sum\limits_{k=1}^{j}\omega_k}\right)c_j$$

$$= \sum_{j=i}^{n} \frac{\omega_i}{\sum\limits_{k=1}^{j} \omega_k} c_j = \mathrm{WUS}_i^{\omega}(N, c).$$

因此, 对于任意 $\alpha \in A^N$, 当 $\lambda \in \Lambda$ 满足 (8.13) 式时, ω-加权上游责任分配规则与污染治理成本分配博弈的 λ-Harsanyi 解一致. $\square$

在合作博弈中, 最著名的 Harsanyi 解是 Shapley 值. 下面将讨论污染治理成本分配博弈的 Shapley 值与成本分配规则之间的关系.

定义 8.9 对于任意 $(N, c) \in \mathcal{P}^N$, 妥协规则定义为

$$\psi^{\mathrm{co}}(N, c) = \frac{1}{2} \mathrm{LRS}(N, c) + \frac{1}{2} \mathrm{UES}(N, c).$$

妥协规则是地方责任分配规则和上游平均分配规则的平均, 反映了两种经典理论 (绝对领土主权理论和无限领土完整理论) 的一种妥协.

定理 8.12 给定 $(N, c) \in \mathcal{P}^N$, 妥协规则与污染治理成本分配博弈的 Shapley 值一致, 即 $\mathrm{Sh}(N, v^c) = \psi^{\mathrm{co}}(N, c)$.

证明 由引理 8.2 可得: 对于任意 $i \in N$,

$$\mathrm{Sh}_i(N, v^c) = \sum_{S \subseteq N, i \in S} \frac{\Delta^{v^c}(S)}{s} = \Delta^{v^c}(\{i\}) + \sum_{S \subseteq N, s=2} \frac{\Delta^{v^c}(S)}{2}$$

$$= c_i + \sum_{j>i} \frac{1}{j} c_j - \sum_{j<i} \frac{1}{2i} c_i - \sum_{j>i} \frac{1}{2j} c_j$$

$$= \frac{1}{2} c_i + \sum_{j \geqslant i} \frac{1}{2j} c_j = \frac{1}{2} \mathrm{LRS}_i(N, c) + \frac{1}{2} \mathrm{UES}_i(N, c) = \psi_i^{\mathrm{co}}(N, c).$$

因此, 妥协规则与污染治理成本分配博弈的 Shapley 值一致. $\square$

除了在本章中介绍的成本分摊问题之外, 还有很多其他类型的成本分摊问题, 比如在第 1 章中所提到的排序问题, 它也是一类常见的成本分配问题, 本章将不再详细介绍, 具体可以参考文献 [9, 85].

第 9 章　匹配问题及其博弈

9.1　匹　配　问　题

2012 年诺贝尔经济学奖授予了两位经济学家: Alvin E. Roth 和 Lloyd S. Shapley, 奖励他们在稳定匹配理论以及市场设计实践方面做出的开创性贡献. 匹配问题是现实生活中的一类常见问题, 它将一组资源 (个体) 配置给另一组资源 (个体). 常见的例子有: 婚姻匹配、室友匹配问题、器官移植问题、大学录取招生问题、房屋匹配问题等.

匹配问题的目的是要寻求好的匹配结果. 首先匹配的实现方式要满足两个条件: 一是尊重个体偏好; 二是社会福利最大化. 其次匹配结果的核心是稳定性. 给定一个匹配结果, 如果我们无法通过再分配或继续交易来改进它, 那么这个匹配就是稳定的. 针对匹配问题, 设计合适的匹配算法, 是实现稳定匹配结果的关键.

匹配问题分为单边匹配问题和双边匹配问题. 如果所有参与者在一个集合里, 每个参与者都拥有一个物体, 且对所有的物体都有一个偏好顺序, 这种情况下将参与者和物体匹配的问题称为单边匹配问题; 如果参与者分为两个集合, 且每个集合的参与者对另外一个集合的参与者都有偏好顺序, 这种情况下将两个集合的参与者相互匹配的问题称为双边匹配问题. 婚姻匹配和室友匹配是经典的双边匹配问题, 房屋匹配是单边匹配问题.

9.2　婚　姻　匹　配

9.2.1　稳定性与 Gale-Shapley 算法

婚姻匹配问题是最早被系统研究的双边匹配问题, 由美国数学家 Gale 和 Shapley[86] 在 1962 年提出, 其定义如下:

定义 9.1　婚姻匹配问题是一个三元组 (M, W, P), 其中 M 为男士的有限集合, W 为女士的有限集合, 对任意的 $i \in M \cup W$, $P(i)$ 为 i 的偏好. 婚姻匹配是一个满足以下条件的函数 $\mu : M \cup W \to M \cup W$,

(1) $\forall m \in M, \mu(m) \notin W \Rightarrow \mu(m) = m$;

(2) $\forall w \in W, \mu(w) \notin M \Rightarrow \mu(w) = w$;

(3) $\forall m \in M, w \in W, \mu(w) = m \iff \mu(m) = w$,

其中 $\mu(i) = i$ 表示 i 保持单身, 即不与任何异性匹配.

在婚姻匹配问题 (M, W, P) 中, 对 $\forall w, w' \in W$ 和 $\forall m, m' \in M$, 若 w 在 m 的偏好顺序中高于 w', 则记 $w \succ_m w'$, 若 w 在 m 的偏好顺序中不低于 w', 则记 $w \succeq_m w'$, 类似地, 可记 $m \succ_w m'$, $m \succeq_w m'$.

在一个婚姻匹配中, 每一位男士和每一位女士会组成 "一对一" 的组合或者保持单身.

Gale 和 Shapley[86] 首次提出了婚姻匹配问题的 Gale-Shapley 算法, 该算法可以求得一种稳定的匹配结果. 为了简化叙述, 我们假设男士和女士的数量相等. 在他们的模型中, 提出了匹配的稳定性概念, 即如果一个匹配中出现了另外一对非配对的男士和女士比起目前的配偶更中意彼此, 则这个匹配是不稳定的. 这对非配对的男士和女士称为一个阻碍对, 不存在阻碍对的匹配是稳定匹配. 下面给出稳定匹配的正式定义. 令 $A(M, W, P)$ 表示婚姻匹配问题 (M, W, P) 的所有可能匹配的集合.

定义 9.2　给定一个婚姻匹配问题 (M, W, P) 以及匹配 $\mu \in A(M, W, P)$, 如果存在一对 $(m, w) \in M \times W$ 使得 $w \succ_m \mu(m)$ 和 $m \succ_w \mu(w)$, 则称 (m, w) 为匹配 μ 的一个阻碍对. 如果一个匹配 μ 没有阻碍对存在, 则称该匹配 μ 是稳定的.

对于婚姻匹配问题, Gale 和 Shapley[86] 给出了如下结论. 该结论的详细证明请参阅文献 [86].

定理 9.1　任何具有严格偏好的婚姻市场, 有下述结论成立:

(1) 至少存在一个稳定匹配;

(2) 存在一个稳定匹配, 称为男士最优稳定匹配, 其中每位男士在该匹配中获得最优女士配偶 (即不存在其他稳定匹配使得该男士得到更偏好的女士), 而女士却在该匹配中获得对应最差男士配偶. 存在一个稳定匹配, 称为女士最优稳定匹配, 其中每位女士在该匹配中获得最优男士配偶, 而男士却在该匹配中获得最差女士配偶. 当男士最优匹配和女士最优匹配一致时, 该匹配为唯一的稳定匹配.

匹配理论的关键就是找到稳定的匹配结果. 关于婚姻匹配问题, 学者们也提出了众多的匹配算法来实现匹配结果. Gale 和 Shapley 提出的 Gale-Shapley 算法也称为延迟接受算法. 下面以男士追求女士为例给出该算法的具体步骤.

男士主动的 Gale-Shapley 算法

第一步: 每位男士首先向自己最喜欢的女士表白, 如果该女士只有一位追求者, 则暂时接受; 如果该女士有多个追求者, 则选择最中意的那一位暂时接受, 且拒绝其他追求者.

第 k $(k \geqslant 2)$ 步: 在上一轮中被拒绝的男士向自己偏好顺序中的下一位女士表白, 女士如果有新的追求者, 就选择目前最中意的暂时接受, 同时拒绝其他追求者.

这一过程不断重复, 直到没有新的表白产生. 此时, 所有人都被匹配.

上述算法可以在有限步内结束. 具体来说, 由于在每一轮中至少会有一位男士向某位女士表白, 因此总的表白次数将随着轮数的增加而增加. 假设整个流程一直没有因所有人都已配对而结束, 则必然会出现某位男士表白了所有女士的情形. 而根据上述算法, 一位女士只要被表白过一次, 就不可能再单身了. 既然所有女士都被该男士表白过, 就说明所有女士现在都不是单身. 又因为男士、女士的数量相等, 即此时所有人都已配对, 与假设相矛盾, 因此该算法可在有限步内结束.

此外, 该算法的结果是稳定的. 首先, 随着表白轮数的增加, 男士表白的对象偏好越来越低, 女士接受的对象偏好越来越高. 在由该算法得到的最终匹配中, 假设男 1 和女 1 各自有匹配对象, 但比起现在的匹配对象, 男 1 更喜欢女 1. 因此, 男 1 之前肯定已经向女 1 表白过. 然而既然女 1 和男 1 不是匹配对, 则女 1 拒绝了男 1, 这就证明了不存在阻碍对, 也就是说该匹配是稳定的. 事实上, 在文献 [86] 中证明了在具有严格偏好的婚姻市场中, 男士主动的 Gale-Shapley 算法得到的是唯一的男士最优稳定匹配. 类似地, 可定义女士主动的 Gale-Shapley 算法, 由该算法可得到唯一的女士最优稳定匹配.

例 9.1 考虑一个拥有四位男士 $M = \{m_1, m_2, m_3, m_4\}$ 和四位女士 $W = \{w_1, w_2, w_3, w_4\}$ 的婚姻匹配市场. 他们的偏好顺序如下:

$$P(m_1) = w_1, w_2, w_3, w_4; \qquad P(w_1) = m_4, m_3, m_1, m_2;$$
$$P(m_2) = w_1, w_3, w_4, w_2; \qquad P(w_2) = m_2, m_4, m_1, m_3;$$
$$P(m_3) = w_1, w_4, w_3, w_2; \qquad P(w_3) = m_4, m_1, m_2, m_3;$$
$$P(m_4) = w_4, w_1, w_2, w_3; \qquad P(w_4) = m_3, m_2, m_1, m_4,$$

其中, $P(m_i)$ ($i \in \{1,2,3,4\}$) 表示男士 m_i 对所有女士的偏好顺序, 排在前面的表示优先选择. $P(w_i)$ ($i \in \{1,2,3,4\}$) 表示女士 w_i 对所有男士的偏好顺序, 排在前面的表示优先选择.

男士主动的 Gale-Shapley 算法

第一步: m_1, m_2, m_3 向 w_1 表白, m_4 向 w_4 表白, w_1 暂时接受 m_3, 拒绝 m_1 和 m_2, w_4 暂时接受 m_4.

第二步: m_1 向 w_2 表白, m_2 向 w_3 表白, w_2 接受 m_1, w_3 接受 m_2. 此时所有的男士都匹配到不同的女士, 算法结束.

因此, 男士最优稳定匹配结果是 $\{(m_1, w_2), (m_2, w_3), (m_3, w_1), (m_4, w_4)\}$.

女士主动的 Gale-Shapley 算法

第一步: w_1 和 w_3 向 m_4 表白, w_2 向 m_2 表白, w_4 向 m_3 表白. m_4 暂时接受 w_1, 拒绝 w_3, m_2 暂时接受 w_2, m_3 暂时接受 w_4.

第二步: w_3 向 m_1 表白, m_1 接受 w_3. 此时所有女士都匹配到不同的男士, 算法结束.

因此, 女士最优稳定匹配结果是 $\{(m_1, w_3), (m_2, w_2), (m_3, w_4), (m_4, w_1)\}$.

在上述例子中, 两种最优稳定匹配的结果完全不一致. 男士主动的 Gale-Shapley 算法中, 男士的表白对象从最喜欢的女士逐步变差, 直到稳定匹配产生. 因此最后的匹配结果对男士是最优的. 类似地, 女士主动的选择结果对女士是最优的. 对于男女人数不同的婚姻市场, 同样可以运用 Gale-Shapley 算法. 1970 年, Mcvitie 和 Wilson[87] 证明了稳定匹配中出现单身情形的重要结论.

定理 9.2 在 n 位男士和 k 位女士组成的婚姻市场中, 如果有人在某一个稳定匹配中单身, 那他 (她) 在所有的稳定匹配中都是单身.

证明 不失一般性, 假设 $n > k$. 考虑男士主动的 Gale-Shapley 算法, 那么结果一定有 $n - k$ 位男士是单身, 并且这些男士向所有女士表白并被拒绝. 假设这 $n - k$ 位男士中有人在其他稳定匹配中并非单身, 说明该男士在男士主动的 Gale-Shapley 算法中并未得到最优选择, 而男士主动的 Gale-Shapley 算法一定会得到男士最优稳定匹配, 即所有男士都得到了最优选择, 由此产生矛盾. 所以如果该男士在某个稳定匹配中是单身, 那他在所有稳定匹配中都是单身的. □

除 Gale-Shapley 算法外, 1990 年 Roth 和 Vate[88] 给出了 RVV 算法. 该算法开始于任意一个匹配, 通过一系列消除阻碍对的过程, 最终得到一个稳定匹配. 感兴趣的读者可参考文献 [88].

9.2.2 一致性与核心

9.2.1 节介绍了关于婚姻匹配的 Gale-Shapley 算法与其稳定性, 本小节进一步给出婚姻匹配问题的相关性质.

给定一个婚姻匹配问题 (M, W, P), 令 $S(M, W, P)$ 为所有稳定匹配的集合, 该集合也通常被称为这个婚姻匹配问题 (M, W, P) 的核心.

定义 9.3 给定一个婚姻匹配问题 (M, W, P) 以及匹配 $\mu \in A(M, W, P)$, 如果不存在一个匹配 $\mu' \neq \mu$ 使得每个参与者在匹配 μ' 中比在匹配 μ 中更好, 则称匹配 μ 是帕累托最优的.

给定一个婚姻匹配问题 (M, W, P), 令 $PO(M, W, P)$ 为所有帕累托最优匹配的集合. 下面将介绍关于匹配的几种经典的性质: 帕累托最优性、一致性、逆一致性和匿名性. 给定一个婚姻匹配问题 (M, W, P), 令 $\phi(M, W, P)$ 为 $A(M, W, P)$ 的一个子集.

● 帕累托最优性: 若一个匹配集 $\phi(M, W, P)$ 满足 $\phi(M, W, P) \subseteq PO(M, W, P)$, 则称 ϕ 满足帕累托最优性.

● 一致性: 若对于任意 $\mu \in \phi(M, W, P)$, $M' \subseteq M, M' \neq \varnothing$, 有 $\mu|_{M'} \in \phi(M', \mu(M'), P)$ 成立, 则称 ϕ 满足一致性.

• 逆一致性: 若对于任意 $\mu \in A(M, W, P)$, $M' \subseteq M, M' \neq \varnothing$ 且 $|M| = 2$, $\mu|_{M'} \in \phi(M', \mu(M'), P)$, 有 $\mu \in \phi(M, W, P)$ 成立, 则称 ϕ 满足逆一致性.

对于任意 (M, W, P) 和 (M', W', P'), 其中 $|M| = |W| = |M'| = |W'|$, 令 $\pi: M \cup W \rightarrow M' \cup W'$ 为一个映射满足:

(1) $\pi(M) = M'$, $\pi(W) = W'$;

(2) 对于所有 $m \in M$ 及 $w, w' \in W$, 有 $w \succ_m w'$ 当且仅当 $\pi(w) \succ_{\pi(m)} \pi(w')$;

(3) 对于所有 $w \in W$ 及 $m, m' \in M$, 有 $m \succ_w m'$ 当且仅当 $\pi(m) \succ_{\pi(w)} \pi(m')$.

对于任意 $\mu \in A(M, W, P)$, 定义 $\pi_\mu \in (M', W', P')$ 如下: 对于所有 $m' \in M'$, $\pi_\mu(m') = \pi(\mu(\pi^{-1}(m')))$.

• 匿名性: 对于任意 $\mu \in \phi(M, W, P)$, 有 $\pi_\mu \in \phi(M', W', P')$ 成立, 则称 ϕ 满足匿名性.

下面不加证明地给出婚姻匹配问题的核心的公理化刻画, 感兴趣的读者可参阅文献 [89].

定理 9.3 核心是唯一满足帕累托最优性、一致性、逆一致性和匿名性的匹配集合.

9.2.3 弱稳定性与谈判集

根据稳定匹配的定义, 阻碍对的存在破坏了匹配的稳定性. 事实上, 有些阻碍对并不会起到实质性作用 (即不可信的), 因为这些阻碍对中的其中一方参与者可能会找到更偏好的配偶, 他 (她) 会与对方组成针对原始匹配的另一个阻碍对. 基于此, Klijn 和 Massó[90] 提出了弱稳定匹配的定义, 其中弱稳定的匹配允许不可信阻碍对的存在, 下面首先给出弱稳定匹配的概念.

定义 9.4 给定一个婚姻匹配问题 (M, W, P), 匹配 $\mu \in A(M, W, P)$ 和 μ 中的一个阻碍对 (m, w), 如果存在 $w' \in W$ 使得 $w' \succ_m w$ 且 (m, w') 是 μ 的一个阻碍对, 或存在 $m' \in M$ 使得 $m' \succ_w m$ 且 (m', w) 是 μ 的一个阻碍对, 则称阻碍对 (m, w) 是一个弱阻碍对. 此外, 如果 μ 中所有阻碍对都是弱阻碍对, 则称匹配 μ 是弱稳定的.

给定一个婚姻匹配问题 (M, W, P) 和匹配 $\mu \in A(M, W, P)$ 的一个弱阻碍对 (m, w), 若 $w' \in W$ 满足 $w' \succ_m w$ 且 (m, w') 是 μ 的一个阻碍对, 则记 $(m, w) \rightarrow (m, w')$, 并称阻碍对 (m, w') 优于 (m, w). 同理, 若 $m' \in M$ 满足 $m' \succ_w m$ 且 (m', w) 是 μ 的一个阻碍对, 则记 $(m, w) \rightarrow (m', w)$, 并称阻碍对 (m', w) 优于 (m, w).

下面的例子说明弱稳定匹配确实弱于稳定匹配.

例 9.2 考虑一个拥有四位男士 $M = \{m_1, m_2, m_3, m_4\}$ 和四位女士 $W =$

$\{w_1, w_2, w_3, w_4\}$ 的婚姻匹配市场, 他们的偏好顺序如下:

$$P(m_1) = w_1, w_2, w_3, w_4; \qquad P(w_1) = m_4, m_3, m_2, m_1;$$
$$P(m_2) = w_2, w_1, w_4, w_3; \qquad P(w_2) = m_3, m_4, m_1, m_2;$$
$$P(m_3) = w_3, w_4, w_1, w_2; \qquad P(w_3) = m_2, m_1, m_4, m_3;$$
$$P(m_4) = w_4, w_3, w_2, w_1; \qquad P(w_4) = m_1, m_2, m_3, m_4.$$

根据稳定匹配和弱稳定匹配的定义可得, 该婚姻匹配问题有 10 个稳定匹配和 2 个弱稳定的不稳定匹配. 事实上, 由于 $(m_2, w_1) \to (m_3, w_1) \to (m_3, w_4) \to (m_2, w_4) \to (m_2, w_1)$, 所以匹配 μ_1 定义为 $\mu_1(w_1) = m_1$, $\mu_1(w_2) = m_3$, $\mu_1(w_3) = m_2$, $\mu_1(w_4) = m_4$ 是弱稳定的. 同理, 由于 $(m_1, w_2) \to (m_4, w_2) \to (m_4, w_3) \to (m_1, w_3) \to (m_1, w_2)$, 所以匹配 μ_2 定义为 $\mu_2(w_1) = m_4$, $\mu_2(w_2) = m_2$, $\mu_2(w_3) = m_3$, $\mu_2(w_4) = m_1$ 是弱稳定的.

Klijn 和 Massó[90] 将合作博弈中谈判集的思想引入到婚姻匹配问题中, 定义了婚姻匹配模型的谈判集. 首先介绍强制执行的概念.

定义 9.5 给定一个婚姻匹配问题 (M, W, P) 和匹配 $\mu, \mu' \in A(M, W, P)$. 记 $N = M \bigcup W$, 对 $\forall S \subseteq N, i \in S$, 若 $\mu'(i) \neq \mu(i)$, 有 $\mu'(i) \in S$, 则称 S 能在 μ 上强制执行 μ'.

借助强制执行的概念, 可定义婚姻匹配问题的异议、反异议以及谈判集.

定义 9.6 给定一个婚姻匹配问题 (M, W, P), 对匹配 $\mu \in A(M, W, P)$ 的异议是一个有序二元组 (S, μ'), 其中 $S \subseteq M \cup W$, S 能在 μ 上强制执行 μ', 且 S 中任意参与者都更偏好于匹配 μ', 即 $\mu'(i) \succ_i \mu(i), \forall i \in S$.

针对上述异议的反异议是一个有序二元组 (T, μ''), 其中 $T \subseteq M \cup W$, T 能在 μ 上强制执行 μ' 且满足

(1) $T \backslash S \neq \varnothing, S \backslash T \neq \varnothing$ 且 $T \cap S \neq \varnothing$;

(2) $\mu''(i) \succ_i \mu(i), \forall i \in T \backslash S$ 且 $\mu''(i) \succ_i \mu'(i), \forall i \in T \cap S$.

若对匹配 μ 的异议 (S, μ') 不存在反异议, 则称异议 (S, μ') 是正当的.

定义 9.7 给定一个婚姻匹配问题 (M, W, P), 其没有正当异议的匹配集称为匹配问题 (M, W, P) 的谈判集.

9.2.2 节指出任意婚姻匹配问题的核心是其稳定匹配的集合, 本节介绍的弱稳定匹配集和谈判集间也有相似的关系.

定义 9.8 给定一个婚姻匹配问题 (M, W, P) 和匹配 $\mu \in A(M, W, P)$, 如果不存在所有参与者都更喜欢的匹配 μ', 即 $\mu'(i) \succ_i \mu(i), \forall i \in M \cup W$, 则称匹配 μ 是弱有效的.

下面不加证明地给出婚姻匹配问题的谈判集与弱稳定匹配集之间的关系, 感兴趣的读者可参阅文献 [90].

定理 9.4 在一个婚姻匹配问题中, 谈判集与弱有效的弱稳定匹配集一致.

9.3 室 友 匹 配

不同于婚姻匹配问题, 室友匹配问题无性别差异. 假设有 n 个男生, 其中 n 为偶数, 每个男生都要选择一个室友且对除他自己之外的 $n-1$ 人有一个偏好顺序. 每个匹配是由 $n/2$ 对不相交的 (无序的) 男生构成的集合. 对任意的匹配, 若存在非匹配的两个男生更中意彼此超过当前的室友, 则说明这是一个阻碍对, 该匹配是不稳定的. 若不存在阻碍对, 该匹配就是一个稳定匹配. Gale 和 Shapley[86] 举例说明了室友匹配问题不一定存在稳定匹配.

例 9.3 假设有四个男生 $\alpha, \beta, \gamma, \delta$, 其中 α 将 β 排在第一位, β 将 γ 排在第一位, γ 将 α 排在第一位, 他们均将 δ 排在最后一位. δ 的偏好是任意的.

假设存在稳定匹配, 在该稳定匹配中考虑和 δ 匹配的男生, 由于 δ 是其他所有人的最差选择, 且 α, β, γ 三个人的偏好构成一个圈, 所以与 δ 匹配的男生总是会和其他人构成阻碍对, 使得匹配不稳定. 例如: 假设匹配为 $\{(\delta, \alpha), (\beta, \gamma)\}$, 则 (α, γ) 形成一个阻碍对. 由此可见, 该例中不存在稳定匹配.

1985 年, Irving[91] 提出了一个两阶段算法, 该算法能够确定一个具体的室友匹配问题是否存在稳定匹配. 若存在, 则能找到稳定匹配.

第一阶段算法

第一阶段的过程是基于任意两人之间的相互提议, 在这种提议下, 每个人须遵循以下规则.

(1) 当 x 收到 y 的提议时, 如果他已经有一个更好的提议 (也就是说 x 收到一个来自其他人的提议, 该提议在 x 的偏好顺序中高于 y 的提议), 他会直接拒绝 y. 否则, 他会接受 y 以做考虑, 同时拒绝已有的相比 y 的提议更不好的提议.

(2) 每个人按照自己的偏好顺序依次对其他人进行提议. 若收到被考虑的承诺, 则停止向下一人提议. 一旦被拒绝, 则立即向其偏好顺序中的下一人进行提议.

这一阶段终止的条件为: 每个人都暂时接受一个提议, 或有的人被所有人拒绝过.

例9.4 考虑六个人的室友匹配问题. $N = \{1, 2, 3, 4, 5, 6\}$, 他们的偏好顺序为

$$P(1) = 4, 6, 2, 5, 3; \qquad P(2) = 6, 3, 5, 1, 4;$$
$$P(3) = 4, 5, 1, 6, 2; \qquad P(4) = 2, 6, 5, 1, 3;$$
$$P(5) = 4, 2, 3, 6, 1; \qquad P(6) = 5, 1, 4, 2, 3.$$

根据上面的算法, 可以得到以下过程:

1 向 4 提议, 4 暂时接受 1;

2 向 6 提议, 6 暂时接受 2;

3 向 4 提议, 4 拒绝 3;

3 向 5 提议, 5 暂时接受 3;

4 向 2 提议, 2 暂时接受 4;

5 向 4 提议, 4 暂时接受 5 拒绝 1;

1 向 6 提议, 6 暂时接受 1 拒绝 2;

2 向 3 提议, 3 暂时接受 2;

6 向 5 提议, 5 拒绝 6;

6 向 1 提议, 1 暂时接受 6.

关于上述算法的第一阶段, Irving[91] 得出了以下结论.

引理 9.1　如果在室友匹配问题第一阶段中, x 被 y 拒绝过, 那么 x 和 y 不可能是一个稳定匹配中的匹配对.

推论 9.1　关于室友匹配问题, 下列结果成立.

(1) 如果 x 对 y 进行过提议, 那么在一个稳定匹配中, 与 x 匹配的人不可能比 y 更好, 与 y 匹配的人不可能比 x 更差;

(2) 若有人被其他所有人拒绝, 那么不存在稳定匹配;

(3) 如果第一阶段以每个人都暂时接受一个提议而终止, 则暂时接受 x 的提议的参与者 y 的潜在合作伙伴 (即可能会与 y 形成匹配对的参与者) 的偏好顺序可通过剔除下述参与者来进行简化:

(i) 在 y 的偏好顺序中劣于 x 的那些参与者;

(ii) 那些接受了优于 y 的参与者的提议的参与者 (包括已经拒绝 y 的参与者).
在由此产生的简化偏好顺序中,

(iii) y 在 x 的偏好顺序中排第一, 而 x 在 y 的偏好顺序中排最后;

(iv) 一般来说, x 在 y 的偏好顺序中当且仅当 y 在 x 的偏好顺序中.

在上述推论的 (3) 中, (i) 针对每个参与者 y 剔除了那些他不可能合作的参与者 z (说明此时他暂时接受的参与者 x, 在他的偏好顺序中优于这些不可能合作的参与者); (ii) 针对每个参与者 y 剔除了那些不可能和他合作的参与者 z (说明此时参与者 z 暂时接受的参与者, 在 z 的偏好顺序中优于 y).

例 9.5　根据推论 9.1(3), 例 9.4 的一个简化偏好顺序列表如下所示:

$$P(1) = 6; \qquad\qquad P(2) = 3, 5, 4;$$

$$P(3) = 5, 2; \qquad\qquad P(4) = 2, 5;$$

$$P(5) = 4, 2, 3; \qquad\qquad P(6) = 1.$$

第二阶段算法

如果在简化的偏好顺序列表中, 每个参与者的偏好顺序中只剩一个参与者, 那么稳定匹配已构成. 如果有的参与者的偏好顺序中含有多个参与者, 那么还没有得到稳定的匹配结果, 需要第二阶段算法来进一步简化偏好顺序列表. 第二阶段算法的关键是找到一个不同参与者构成的循环序列 $a_1, a_2, \cdots, a_r$, 称为全无循环 (all-or-nothing cycle), 该循环满足以下条件:

(1) 对任意的 $i = 1, 2, \cdots, r - 1$, a_i 当前偏好顺序的第二个参与者是 a_{i+1} 当前偏好顺序的第一个参与者, 我们将该参与者记为 b_{i+1};

(2) a_r 当前偏好顺序的第二个参与者是 a_1 当前偏好顺序的第一个参与者, 我们将该参与者记为 b_1.

下面给出一个寻找全无循环的方法.

令 p_1 是简化偏好顺序中人数大于 1 的任意一个参与者, 由 p_1 出发生成如下序列:

q_i 为 p_i 当前偏好顺序中的第二个参与者,

p_{i+1} 为 q_i 当前偏好顺序中的最后一个参与者,

直到 p 序列循环. 令 $a_i = p_{s+i-1}$, $i = 1, 2, \cdots$, 其中 p_s 是序列 p 中第一个重复的元素. 我们将 $p_1, p_2, \cdots, p_{s-1}$ 称为循环的 "尾部".

由于 a_i 的偏好顺序中第一个参与者是 b_i, 由第一阶段算法我们可以看出, a_i 是 b_i 偏好顺序中的最后一个选择. 所以该算法强迫 b_i 拒绝 a_i, 从而 a_i 向其偏好顺序中的下一个参与者提议, 也就是 b_{i+1}. 根据推论 9.1 (3), a_i 和 b_i 在各自的偏好顺序中相互剔除. 此外, 由于 a_i 向 b_{i+1} 提议, 所以 b_{i+1} 偏好顺序中位于 a_i 之后的参与者都可以剔除 (因为 b_{i+1} 不会和这些参与者合作), 同时从这些参与者的偏好顺序中剔除 b_{i+1}.

第二阶段的终止条件为: 一个参与者遍历了所有可以提议的参与者 (这种情况下不存在稳定匹配), 或每个参与者的偏好顺序中都只有一个参与者 (此时实现了稳定匹配).

例 9.6 考虑例 9.4 的第二阶段算法, 令 $p_1 = 2$, 可以得到

$$q_1 = 5, \qquad p_2 = 3,$$
$$q_2 = 2, \qquad p_3 = 4,$$
$$q_3 = 5, \qquad p_4 = 3.$$

由此可得 $s = 2, a_1 = 3, a_2 = 4, b_1 = 5, b_2 = 2$.

由第二阶段算法可知: 首先 5 拒绝 3, 2 拒绝 4. 其次 3 向 2 提议, 4 向 5 提议. 由此可剔除 2 的偏好顺序中位于 3 之后的参与者, 5 的偏好顺序中位于 4 之后的参与者. 至此, 可以得到该问题有唯一的稳定匹配 $\{(1,6), (2,3), (4,5)\}$.

9.4　房屋匹配

前两节分别介绍了婚姻匹配问题和室友匹配问题, 其匹配的每一方都有针对另一方的偏好顺序, 这两种匹配都属于双边匹配. 本节介绍与其相对的单边匹配, 其一方为参与者, 另一方为不可分割的物体 (例如房屋), 只有参与者对物体有偏好顺序. 根据参与者进入市场之初是否拥有房屋, 单边匹配问题可以分为房屋市场问题和房屋分配问题.

9.4.1　房屋市场问题

房屋市场问题最早由 Shapley 和 Scarf[92] 提出. 在一个交易市场中, 有 n 个交易者, 集合为 N. 每人持有一件不可分割的商品 (如房屋). 并且商品可以自由流通和交换. 交易过程中不存在货币等中介物. 市场活动只是改变了不可分割商品的所有权, 而改变过程取决于交易者的偏好. 我们用矩阵 $A = \{a_{ij}\}$ 刻画偏好. $a_{ij} > a_{ik}$ 意味着相较于商品 k, 交易者 i 更喜欢 j. $a_{ij} = a_{ik}$ 意味着 j 和 k 对 i 来说无差别. 交易 (或匹配) 完成后的状态由矩阵 $P = \{p_{ij}\}$ 表示, 亦称之为分配. 如果 i 持有商品 j, 则 $p_{ij} = 1$, 否则 $p_{ij} = 0$. 一般情况下, 一个商品只能由一人拥有, 即 P 的一列求和为 1.

对于任意 $S \subseteq N$, 如一个 $n \times n$ 的 0-1 矩阵 P_S 的一列只包含一个 "1" 元素. 且该元素出现在 S 中某一参与者对应的行, 在 $N \backslash S$ 中对应的位置都为 0, 称该矩阵 P_S 为 S-分配. 进一步, 如果 S-分配 P_S 的每一行求和都不超过 1, 则称 P_S 为 S-置换. 针对房屋市场问题, 一方面要寻求稳定的市场结果, 即稳定匹配. 另一方面, 也可以从合作博弈的角度, 基于稳定分配的方法探究匹配的稳定性, 主要涉及到博弈核心的概念. 但需注意, 此处提到的核心与前述章节略有不同. 下面将分别从博弈和算法层面分析房屋市场问题.

利用合作博弈方法分析该问题. 首先需明确特征函数. 对于 $\forall x \in R^n, S \subseteq N$, 定义矩阵 $B_S(x)$ 如下:

$$b_{S|ij}(x) = \begin{cases} 1, & a_{ij} \geqslant x_i \text{ 且 } i \in S, \\ 0, & a_{ij} < x_i \text{ 或 } i \notin S. \end{cases}$$

特征函数 $v(S)$ 定义如下:

$$v(S) = \{x | \text{存在 } S\text{-置换 } P_S \text{ 使得 } B_S(x) \geqq P_S\}.$$

此处 $B_S(x) \geqq P_S$ 指 $B_{S|ij} \geqslant P_{S|ij}, \forall i, j \in N$. 需注意, 这里的特征函数为向量集合, 与此前的博弈模型有所不同. 在此基础上, 核心的概念也随之改变. $x \in R^n$ 如果满足下列两个条件:

(1) $x \in v(N)$, 即具有可行性;

(2) x 达到帕累托最优, 即 x 不是任何 $v(S)$ 的内点,

则 x 属于核心.

可以看到, 虽然与之前核心定义的形式有所不同, 但其本质都是从分配的稳定性出发, 由此使得最终的匹配具有稳定性. Shapley 和 Scarf 进一步证明了此类问题对应的博弈核心一定非空.

定理 9.5 给定任意不可分割商品市场交易问题, 其对应博弈 v 的核心一定非空.

此处不再给出具体证明, 感兴趣的读者可自行查阅相关文献.

以房屋市场为例, 此类问题一个最基本的要求是: 重新分配后, 每位交易者拥有的商品应不比最初的差. 通过设计合适的算法达到该目的也是众多学者研究的重点, 其中首位交易环 (top trading cycles, TTC) 算法是最为经典的一类. 这个算法的核心思想是反复构造有向图 (TTC-图) 和移除有向图中的交易环.

TTC 算法

第一步: 每个参与者指向他最喜欢的房屋, 每个房屋指向它的初始拥有者, 得到一个有向图.

第二步: 移除有向图中的所有环, 将环中参与者所指向的房屋分配给相应参与者, 并将该环中房屋和参与者剔除.

依次迭代, 直到所有参与者都分配到房屋, 或所有房屋都被分配完.

例 9.7 假设有 6 个参与者, 记为 $p_1, p_2, p_3, p_4, p_5, p_6$, 他们拥有的房屋分别为 $h_1, h_2, h_3, h_4, h_5, h_6$. 参与者对房屋的偏好顺序为

$$P(p_1) = h_3, h_2, h_4, h_1; \qquad P(p_2) = h_3, h_5, h_6;$$
$$P(p_3) = h_3, h_1; \qquad P(p_4) = h_2, h_5, h_6, h_4;$$
$$P(p_5) = h_1, h_3, h_2; \qquad P(p_6) = h_2, h_4, h_5, h_6.$$

第一步: 我们将 p_i 指向他最喜欢的房屋, 将 h_i 指向它的拥有者, 该有向图中有环 $p_3 \to h_3 \to p_3$, 得到分配 (p_3, h_3) 并将其剔除.

第二步: 考虑新的有向图, 指向为 $p_1 \to h_2$, $p_2 \to h_5$, $p_4 \to h_2$, $p_5 \to h_1$, $p_6 \to h_2$, 且 $h_i \to p_i$ $(i \neq 3)$. 该有向图中有环 $p_1 \to h_2 \to p_2 \to h_5 \to p_5 \to h_1 \to p_1$, 得到分配 $\{(p_1, h_2), (p_2, h_5), (p_5, h_1)\}$ 并将其剔除.

第三步: 新的有向图指向为 $p_4 \to h_6$, $p_6 \to h_4$, 且 $h_i \to p_i, i = 4, 6$. 该有向图中有环 $p_4 \to h_6 \to p_6 \to h_4 \to p_4$, 得到分配 $\{(p_4, h_6), (p_6, h_4)\}$, 此时所有的房屋分配完毕.

TTC 算法是匹配领域的一个关键算法. 该算法已被广泛研究并应用于很多

现实问题, 与此同时, 学者们还针对该算法所具有的性质进行了分析. Shapley
和 Scarf[92] 证明了在严格偏好序下 TTC 算法是满足帕累托有效性的. Roth[93] 进
一步证明了 TTC 算法满足防策略操纵性. Ma[94] 证明了 TTC 算法是唯一满足
个体理性、帕累托有效性和防策略操纵性的算法. 关于相关性质的定义及结果的
证明, 感兴趣的读者可参考相关文献.

9.4.2 房屋分配问题

若参与者在进入市场之初没有拥有物品, 则对应的问题称为房屋分配问题.
房屋分配问题中经典的算法是序贯独裁 (serial dictatorship, SD) 算法[95].

SD 算法

首先给定参与者的一个优先序, 根据优先序给参与者分配房屋. 让优先级高
的参与者优先选择目前所有房屋中自己最偏好的房屋, 将该房屋分配给该参与者
并将相应的房屋与参与者移除. 依次迭代, 直到所有的参与者都分到房屋或所有
的房屋都被分配完.

在实际操作中, 为了得到更加公平有效的分配, 随机给定参与者的一个优先
序, 再利用 SD 算法进行匹配, 这种机制称为随机序贯独裁 (random serial dicta-
torship, RSD) 机制. Svensson[96] 证明了 RSD 机制是事后帕累托有效和防策略操
纵的. 另一做法是随机给所有参与者一个初始分配, 将房屋分配问题转化为房屋
市场问题, 然后利用 TTC 算法. 该机制也能满足帕累托有效性和防策略操纵性.
这两种机制得到的匹配是一致的, 因此说明了这两种机制是等价的.

住房问题事关人民福祉, 中国政府持续增加保障性住房供应. 根据国家统计
局发布的 2023 年国民经济和社会发展统计公报显示, 全年全国各类棚户区改造开
工 159 万套, 基本建成 193 万套; 保障性租赁住房开工建设和筹集 213 万套 (间).
极大地解决了低收入人群、新市民、青年人住房困难问题, 健全的房屋匹配机制
是保障政策有效实施、维护社会公平公正的关键①.

9.5   带合同的匹配问题

诺贝尔经济学奖得主 Hatfield 和 Milgrom[97] 在 2005 年首次提出了带有合同
的匹配问题, 并且将其应用于大学招生问题、Kelso-Crawford 劳动力市场匹配模
型[98] 和序贯组合拍卖问题中. 相关理论也暗示了劳动力市场理论、拍卖理论与匹
配问题之间具有微妙的联系.

例如, 在 Kelso-Crawford 劳动力市场模型中[98], 企业在同时进行的升序拍卖
中竞标工人. Kelso-Crawford 模型假设工人对公司-工资对有偏好, 并且所有工资

---

① 来源: https://www.stats.gov.cn/sj/zxfb/202402/t20240228__1947915.html.

报价均来自预先指定的有限集合. 如果该集合仅包含一项工资, 那么剩下的工作就是拍卖确定工人与公司的匹配, 因此拍卖实际上被转换为匹配算法. 拍卖算法开始时, 每个公司都以一种可能的工资向其最喜欢的一组工人提议就业. 一些工人拒绝时, 公司就会向其他工人提出邀约以填补其剩余的空缺. 该过程正是 Gale-Shapley 匹配算法的特例.

另一个例子是 Gale-Shapley 医生-医院匹配算法[99] 和 Ausubel-Milgrom 代理拍卖之间的联系. 如果匹配中的医院认为医生是替代者, 那么医生报价算法相当于一定的累积报价过程, 其中每一轮的医院都可以从他们在当前或过去的任何一轮收到的所有报价中进行选择. 这种累积报价过程与 Ausubel-Milgrom 代理拍卖完全一致.

本节我们将从医院-医生匹配问题的角度, 简单介绍具有合同的匹配理论及其与 Kelso-Crawford 劳动力市场模型的关系.

在医院-医生匹配问题中, 令 D, H 分别是医院和医生的集合, $X = D \times H$ 是合同的集合, 每个合同都是双边的, 即任意合同 $x \in X$ 都会关联一个医生 $x_D \in D$ 和一个医院 $x_H \in H$. 每个医生只能签订一个合同, 对任意的 $d \in D$, $P(d)$ 是医生 d 对合同的偏好, 偏好序通常用 $\succ_d$ 来表示. 不同于医院-医生匹配问题, 在 Kelso-Crawford 模型中, 合同集 X 定义为 $X = D \times H \times W$, 其中 W 是薪水的集合.

给定市场中的一组合同 $X' \subseteq X$, 医生 d 选择的合同集 $C_d(X')$ 要么是空集, 要么是由最优选择合同组成的单点集, 即

$$
C_d(X') = \begin{cases} \varnothing, & \{x \in X' | x_D = d, x \succ_d \varnothing\} = \varnothing, \\ \{\max_{\succ_d}\{x \in X' | x_D = d\}\}, & \text{其他}. \end{cases}
$$

同样地, 给定市场中的一组合同 $X' \subseteq X$, 医院也有选择的合同集 $C_h(X') \subseteq \{x \in X' | x_H = h\}$. 由于医院具有对医生的偏好, 因此医院的选择相对更加复杂. 进一步, 令 $C_D(X') = \bigcup_{d \in D} C_d(X')$ 表示所有医生从集合 $X' \in X$ 中选择的合同集, 剩余的记为拒绝集 $R_D(X') = X' - C_D(X')$. 类似地, 医院的选择集和拒绝集分别为 $C_H(X') = \bigcup_{h \in H} C_h(X')$ 和 $R_H(X') = X' - C_H(X')$.

在医生-医院匹配问题中, 分配是合同的集合, 因为它决定了参与者的收益. 我们研究的分配满足: 不存在某些医院严格偏好且其雇用的所有医生都弱偏好的替代分配, 并且没有医生严格选择拒绝该分配的合同. 这种分配是核心分配, 因为没有医院和医生的联盟可以找到另一种对他们来说可行的分配, 使得所有人都弱偏好, 而一些人严格偏好. 这种分配也是一种稳定的分配, 因为没有任何联盟可以通

过偏离来获利, 即使偏离的联盟假设外部参与者仍然愿意接受相同的合同. 由此, 我们给出稳定分配的定义.

定义 9.9　如果一组合同 $X' \subseteq X$ 满足

(1) $C_D(X') = C_H(X') = X'$;

(2) 不存在医院 h 和另一组合同 $X'' \neq C_h(X')$ 使得

$$X'' = C_h(X' \cup X'') \subseteq C_D(X' \cup X''),$$

则称 $X' \subseteq X$ 是稳定分配.

如果条件 (1) 不成立, 那么某些医生或医院宁愿拒绝某些合同, 然后该医生或医院就会形成阻碍对. 如果条件 (2) 不成立, 则存在医院严格偏好而其相应医生弱偏好的另一组替代合同.

令 $X_D \subseteq X$ 为医生的机会集, 包含所有不会被医院拒绝的合同的集合. $X_H \subseteq X$ 为医院的机会集, 包含所有不会被医生拒绝的合同的集合. 下面的定理表明: 对于任意合同集, 如果任何替代合同会被某些医生或某些医院从其机会集中拒绝, 则该合同集是稳定的.

定理 9.6　如果 $(X_D, X_H) \subseteq X^2$ 是方程组

$$\begin{cases} X_D = X - R_H(X_H), \\ X_H = X - R_D(X_D) \end{cases} \tag{9.1}$$

的解, 那么 $X_H \cap X_D$ 是一个稳定合同集, 并且满足 $X_H \cap X_D = C_D(X_D) = C_H(X_H)$. 相反, 对于任意稳定的合同集 X', 存在一些满足 (9.1) 式的集合对 (X_D, X_H) 使得 $X' = X_H \cap X_D$.

定理 9.6 适用于一般的合同集, 是分析稳定合同集的基础.

下面我们通过引入替代性条件, 来分析稳定合同集的存在性. 首先, 给出替代性条件的定义.

定义 9.10　如果对于任意子集 $X' \subseteq X'' \subseteq X$ 都有 $R_h(X') \subseteq R_h(X'') \subseteq X$, 那么就称 X 中的元素对于医院 h 是可替代的.

替代性条件要求, 如果医院从某些可用合同集中选择一份合同, 那么相当于从包含该合同的任何更小的合同集中选择. 从格论 (lattice theory) 的角度看, X 中的元素对于 h 是可替代的意味着函数 R_h 是保序的.

Hatfield 和 Milgrom[97] 还从需求理论的角度出发, 考虑了带有薪水的合同的可替代性. 在需求理论中, 一般会将医院对薪水的选择用向量 $w \in W^D$ 表示 (简单起见, 这一部分考虑单一医院, 省略符号 h), 关于医生 d 的分量 w_d 表示 d 被雇用时的薪水. 类似地, 选择函数 C 做相应拓展,

$$w \in W^D \Rightarrow C(w) = C(\{(d, w_d)|d \in D\}).$$

应用拓展的选择函数, 可以定义基于需求理论的替代性条件. 该条件指出将医生 d 的薪水从 w_d 稍微提升到 w'_d 会增加医院对其他医生 d' 的需求.

定义 9.11 如果选择函数 C 满足

(1) $d \neq d'$;

(2) $(d', w_{d'}) \in C(w)$;

(3) $w'_d > w_d$ 意味着 $(d', w_{d'}) \in C(w'_d, w_{-d})$,

则称 C 满足需求理论的替代性条件.

为了比较这两个条件, 我们需要为每个合同集 X' 分配一个薪水向量. 从利润最大化医院的角度来看, 拥有可用合同 X' 相当于面临如下指定的薪水向量 $\hat{W}(X')$, 其中对任意的 $d \in D$,

$$\hat{W}_d(X') = \min\{s|s = \bar{w} \text{ 或 } (d, s) \in X'\},$$

其中 $\bar{w}$ 表示足够高的薪水 (以至于医院不会以此雇用该医生). 进而, 医院的选择满足

$$C(X') = C(\hat{W}(X')). \tag{9.2}$$

定理 9.7 假设 $X = D \times W$ 是医生-工资对的有限集并且 (9.2) 式成立, 那么当且仅当 C 的合同是替代合同时, C 满足需求理论的替代性条件.

定理 9.7 说明了 Kelso-Crawford 模型中需求理论的替代性条件已经包含在定义 9.10 所提出的替代性条件中.

下面我们给出广义 Gale-Shapley 匹配算法, 并基于此分析替代性条件和稳定分配的存在性的关系. 首先, 为了描述算法的单调性, 我们定义 $X \times X$ 上的序关系如下:

$$((X_D, X_H) \geqslant (X'_D, X'_H)) \iff (X_D \supseteq X'_D, X_H \subseteq X'_H).$$

根据这个定义, $(X \times X, \geqslant)$ 构成一个有限格.

广义 Gale-Shapley 算法是函数 $F : X \times X \to X \times X$ 的迭代, 函数 F 定义如下:

$$\begin{cases} F_1(X') = X - R_H(X'), \\ F_2(X') = X - R_D(X'), \\ F(X_D, X_H) = (F_1(X_H), F_2(F_1(X_H))). \end{cases} \tag{9.3}$$

按照前文的分析, 医生的选择集是单点集, 根据偏好显示理论可知函数 $R_D : X \to X$ 是保序的. 如果合同对于医院而言是可替代的, 那么函数 $R_H : X \to X$ 同

样是保序的. 当两者都是保序的, 则有限格上的函数 $F : (X \times X, \geqslant) \to (X \times X, \geqslant)$ 也是保序的, 也就是 $((X_D, X_H) \geqslant (X'_D, X'_H)) \Rightarrow (F(X_D, X_H) \geqslant F(X'_D, X'_H))$.

因此, F 是从有限格映射到自身的保序函数, 利用有限格的不动点理论, F 的不动点集是一个非空格, 并且 F 的迭代会单调地收敛到它的不动点, 由此得到以下定理. 该结论的证明思路已在上文分析, 详细证明请参阅文献 [97].

定理 9.8　若合同对于医院是可替代的, 则

(1) F 在 $X \times X$ 上的不动点集合是非空有限格, 并且包含最小元素 $(X_D^{\min}, X_H^{\min})$ 和最大元素 $(X_D^{\max}, X_H^{\max})$;

(2) 从 $(X_D, X_H) = (X, \varnothing)$ 开始, 广义 Gale-Shapley 算法单调地收敛到最大不动点

$$(X_D^{\max}, X_H^{\max}) = \sup\{(X', X'') | F(X', X'') \geqslant (X', X'')\};$$

(3) 从 $(X_D, X_H) = (\varnothing, X)$ 开始, 广义 Gale-Shapley 算法单调地收敛到最小不动点

$$(X_D^{\min}, X_H^{\min}) = \inf\{(X', X'') | F(X', X'') \leqslant (X', X'')\}.$$

定理 9.8 说明了合同对于医院是可替代的, 那么稳定分配一定存在, 并且从不同的初始合同选择集出发, 广义 Gale-Shapley 算法能够收敛到至少两个稳定分配. 当合同不满足替代性条件时, Hatfield 和 Milgrom[97] 给出了另一个重要结论.

定理 9.9　若 H 包含至少两个医院, 分别记为 h 和 h'. 进一步, 假设 R_H 不是保序的, 即对 h 而言合同不可替代. 那么一定存在对集合 D 中的医生的偏好顺序, 即对只有一个职位空缺的医院 h' 的偏好顺序, 使得无论其他医院的偏好如何, 都不存在稳定的合同集.

定理 9.8 和定理 9.9 共同刻画了通过广义 Gale-Shapley 算法得到稳定分配的偏好关系. 定理 9.8 说明, 我们可以通过所有满足替代性条件的偏好, 达到稳定的合同集. 定理 9.9 说明, 如果允许任何不满足替代性条件的偏好, 那么其他各方就会存在某种偏好, 使得稳定的合同集不存在.

参 考 文 献

[1] 澜沧江-湄公河环境合作中心. 澜沧江-湄公河环境合作战略 2018-2022 [EB/OL]. [2019-03-27]. http://www.lmec.org.cn/lmzx/zlyjz/lmhjhzzl/.

[2] 澜沧江-湄公河环境合作中心. 澜沧江-湄公河环境合作战略与行动框架 2023-2027 [EB/OL]. [2019-05-11]. http://www.lmec.org.cn/ lmzx/zlyjz/lmhjhzzl/.

[3] von Neumann J, Morgenstern O. Theory of Games and Economic Behavior [M]. Princeton: Princeton University Press, 1944.

[4] Littlechild S C, Owen G. A simple expression for the Shapley value in a special case [J]. Management Science, 1973, 20(3): 370-372.

[5] O'Neill B. A problem of rights arbitration from the Talmud [J]. Mathematical Social Sciences, 1982, 2(4): 345-371.

[6] Ginsburgh V, Zang I. The museum pass game and its value [J]. Games and Economic Behavior, 2003, 43(2): 322-325.

[7] Tijs S H, Parthasarathy T, Potters J A M, et al. Permutation games: Another class of totally balanced games [J]. Operations-Research-Spektrum, 1984, 6: 119-123.

[8] Curiel I J, Tijs S H. Assignment games and permutation games [J]. Methods of Operations Research, 1986, 54(1): 323-334.

[9] Curiel I J, Pederzoli G, Tijs S H. Sequencing games [J]. European Journal of Operational Research, 1989, 40(3): 344-351.

[10] Curiel I J, Potters J A M, Prasad R, et al. Sequencing and cooperation [J]. Operations Research, 1994, 42(3): 566-568.

[11] Lucas W F. A game with no solution [J]. Bulletin of the American Mathematical Society, 1968, 74: 237-239.

[12] Lucas W F. The proof that a game may not have a solution [J]. Transactions of the American Mathematical Society, 1969, 137: 219-229.

[13] Gillies D B. Some Theorems on N-person Games [M]. Princeton: Princeton University, 1953.

[14] Shapley L S, Shubik M. The Core of an Economy with Nonconvex Preferences [M]. Santa Monica: Rand Corporation, 1963.

[15] Shapley L S, Shubik M. Quasi-cores in a monetary economy with nonconvex preferences [J]. Econometrica: Journal of the Econometric Society, 1966: 805-827.

[16] Maschler M, Peleg B, Shapley L S. Geometric properties of the kernel, nucleolus, and related solution concepts [J]. Mathematics of Operations Research, 1979, 4: 303-338.

[17] Shapley L S, Shubik M. On market games [J]. Journal of Economic Theory, 1969, 1(1): 9-25.

[18] Shapley L S. On balanced sets and cores [J]. Naval Research Logistics Quarterly, 1967, 14: 453-460.

[19] Kalai E, Zemel E. Totally balanced games and games of flow [J]. Mathematics of Operations Research, 1982, 7(3): 476-478.

[20] Shapley L S, Shubik M. The assignment game I: The core [J]. International Journal of Game Theory, 1971, 1(1): 111-130.

[21] Owen G. On the core of linear production games [J]. Mathematical Programming, 1975, 9(1): 358-370.

[22] Kalai E, Zemel E. Generalized network problems yielding totally balanced games [J]. Operations Research, 1982, 30(5): 998-1008.

[23] Dubey P, Shapley L S. Totally balanced games arising from controlled programming problems [J]. Mathematical Programming, 1984, 29: 245-267.

[24] Aumann R J, Maschler M. The bargaining set for cooperative games [J]. Advances in Game Theory, 1964, 52(1): 443-476.

[25] Davis M, Maschler M. Existence of stable payoff configurations for cooperative games [J]. Bulletin of the American Mathematical Society, 1963, 69: 106-108.

[26] Peleg B. Existence theorem for the bargaining set $M_1^{(i)}$ [J]. Bulletin of the American Mathematical Society, 1963, 69(1): 109-110.

[27] Davis M, Maschler M. The kernel of a cooperative game [J]. Naval Research Logistics Quarterly, 1965, 12(3): 223-259.

[28] Maschler M, Peleg B, Shapley L S. The kernel and bargaining set for convex games [J]. International Journal of Game Theory, 1971, 1(1): 73-93.

[29] Maschler M, Peleg B. A characterization, existence proof and dimension bounds for the kernel of a game [J]. Pacific Journal of Mathematics, 1966, 18(2): 289-328.

[30] Shapley L S. A value for n-person games [J]. Annals of Mathematical Studies, 1953, 28: 307-317.

[31] Aumann R J, Drèze J H. Cooperative games with coalition structures [J]. International Journal of Game Theory, 1974, 3: 217-237.

[32] Driessen T S H. A new axiomatic characterization of the Shapley value [J]. Methods of Operations Research, 1985, 50: 505-517.

[33] Shapley L S, Shubik M. A method for evaluating the distribution of power in a committee system [J]. American Political Science Review, 1954, 48: 787-792.

[34] Banzhaf J F. Weighted voting doesn't work: A mathematical analysis [J]. Rutgers University Law Review, 1965, 19: 317-343.

[35] Dubey P. On the uniquness of the Shapley value [J]. International Journal of Game Theory, 1975, 4: 131-139.

[36] Dubey P, Shapley L S. Mathematical properties of the Banzhaf power index [J]. Mathematics of Operations Research, 1979, 4: 99-131.

[37] Owen G. Multilinear extensions and the Banzhaf value [J]. Naval Research Logistics Quarterly, 1975, 22: 741-750.

[38] Owen G. Characterization of the Banzhaf-Coleman index [J]. SIAM Journal on Applied Mathematics, 1978, 35(2): 315-327.

[39] Owen G. A note on the Banzhaf-Coleman axioms [M]. Game Theory and Political Science. New York: New York Unversity Press, 1978: 451-461.

[40] Roth A E. A note on values and multilinear extensions [J]. Naval Research Logistics Quarterly, 1977, 24: 517-520.

[41] Weber R J. Probabilistic values for games [M]. //Roth A E. The Shapley Value: Essays in Honor of Lloyd S. Shapley. Cambridge: Cambridge University Press, 1988: 101-119.

[42] Young H. Monotonic solutions of cooperaitve games [J]. International Journal of Game Theory, 1985, 14: 65-72.

[43] Lehrer E. An axiomatization of the Banzhaf value[J]. International Journal of Game Theory, 1988, 17: 89-99.

[44] Nowak A S. On an axiomatization of the Banzhaf value without the additivity axiom [J]. International Journal of Game Theory, 1997, 26: 137-141.

[45] Nowak A S, Radzik T. A solidarity value for n-person transferable utility games [J]. International Journal of Game Theory, 1994, 23: 43-48.

[46] Schmeidler D. The nucleolus of a characteristic function game [J]. SIAM Journal on Applied Mathematics, 1969, 17: 1163-1170.

[47] Sobolev A I. The characterization of optimality principles in cooperative games by functional equations [J]. Mathematical Methods in the Social Sciences, 1975, 6(94): 151.

[48] Shapley L S. Cores of convex games [J]. International Journal of Game Theory, 1971, 1: 11-26.

[49] Ichiishi T. Super-modularity: Applications to convex games and to the greedy algorithm for LP [J]. Journal of Economic Theory, 1981, 25(2): 283-286.

[50] Tijs S H. Bounds for the core and the τ-value [M]. //Moeschlin O, Pallaschke D. Game Theory and Mathematical Economics. Amsterdam: North-Holland Publishing Company, 1981: 123-132.

[51] Owen G. Values of games with a priori unions [C]. //Henn R, Moeschlin O. Mathematical Economics and Game Theory: Essays in Honor of Oskar Morgenstern. Berlin, Heidelberg: Springer, 1977: 76-88.

[52] Peleg B, Sudhölter P. Introduction to the Theory of Cooperative Games [M]. Berlin: Springer Science & Business Media, 2007.

[53] Winter E. The consistency and potential for values of games with coalition structure [J]. Games and Economic Behavior, 1992, 4(1): 132-144.

[54] Vidal-Puga J, Bergantiños G. An implementation of the Owen value [J]. Games and Economic Behavior, 2003, 44(2): 412-427.

[55] Hamiache G. A new axiomatization of the Owen value for games with coalition structures [J]. Mathematical Social Sciences, 1999, 37(3): 281-305.

[56] Khmelnitskaya A B, Yanovskaya E B. Owen coalitional value without additivity axiom [J]. Mathematical Methods of Operations Research, 2007, 66: 255-261.

[57] Albizuri M J. Axiomatizations of the Owen value without efficiency [J]. Mathematical Social Sciences, 2008, 55(1): 78-89.

[58] Lorenzo-Freire S. On new characterizations of the Owen value [J]. Operations Research Letters, 2016, 44(4): 491-494.

[59] Lorenzo-Freire S. New characterizations of the Owen and Banzhaf-Owen values using the intracoalitional balanced contributions property [J]. Top, 2017, 25: 579-600.

[60] Alonso-Meijide J M, Carreras F, Fiestras-Janeiro M G, et al. A comparative axiomatic characterization of the Banzhaf-Owen coalitional value [J]. Decision Support Systems, 2007, 43(3): 701-712.

[61] Kamijo Y. A two-step Shapley value for cooperative games with coalition structures [J]. International Game Theory Review, 2009, 11(2): 207-214.

[62] Myerson R B. Graphs and cooperation in games [J]. Mathematics of Operations Research, 1977, 2(3): 225-229.

[63] Meessen R. Communication games [D]. The Netherlands: University of Nijmegen, 1988.

[64] Talmud H, Epstein I, Shachter J, et al. The Babylonian Talmud [M]. London: Soncino Press, 1935.

[65] Aumann R J, Maschler M. Game theoretic analysis of a bankruptcy problem from the Talmud [J]. Journal of Economic Theory, 1985, 36(2): 195-213.

[66] Thomson W. Axiomatic and game-theoretic analysis of bankruptcy and taxation problems: A survey [J]. Mathematical Social Sciences, 2003, 45(3): 249-297.

[67] Calleja P, Borm P, Hendrickx R. Multi-issue allocation situations [J]. European Journal of Operational Research, 2005, 164(3): 730-747.

[68] Moulin H, Sethuraman J. The bipartite rationing problem [J]. Operations Research, 2013, 61(5): 1087-1100.

[69] González-Alcón C, Borm P, Hedrickx R. A composite run-to-the-bank rule for multi-issue allocation situations [J]. Mathematical Methods of Operations Research, 2007, 65(2): 339-352.

[70] Gaus J M. The Tennessee Valley Authority: A case study in the economics of multiple purpose [J]. American Political Science Review, 1943, 37(6): 1110-1111.

[71] Federal Inter-Agency River Basin Committee. Proposed practices for economic analysis of river basin project [R]. Washington, D.C, 1950.

[72] Shubik M. Incentives, decentralized control, the assignment of joint costs and internal pricing [J]. Management Science, 1962, 8(3): 325-343.

[73] Moulin H, Shenker S. Serial cost sharing [J]. Econometrica, 1992, 60(5): 1009-1037.

[74] Frutos M A D. Decreasing serial cost sharing under economies of scale [J]. Journal of Economic Theory, 1998, 79(2): 245-275.

[75] Albizuri M J, Zarzuelo J M. The dual serial cost-sharing rule [J]. Mathematical Social Sciences, 2007, 53(2): 150-163.

[76] Albizuri M J. The self-dual serial cost-sharing rule [J]. Theory and Decision, 2009, 69(4): 555-567.

[77] Albizuri M J, Álvarez-Mozos M. The α-serial cost sharing rule [J]. Central European Journal of Operations Research, 2016, 24(1): 73-86.

[78] Anand K S, Aron R. Group buying on the web: A comparison of price-discovery mechanisms [J]. Management Science, 2003, 49(11): 1546-1562.

[79] Schotanus F. A basic foundation for unraveling quantity discounts: How to gain more insight into supplier cost mechanisms? [C]//15th Annual IPSERA Conference, 2006.

[80] Baker M J. Runway cost impact study [R]. Report Submitted to the Association of Local Transport Airlines, Jackson, Mississippi, 1965.

[81] Dubey P. The Shapley value as aircraft landing fees-revisited [J]. Management Science, 1982, 28(8): 869-874.

[82] Thompson G F. Airport costs and pricing [D]. Birmingham: University of Birmingham, 1971.

[83] Ni D, Wang Y. Sharing a polluted river [J]. Games and Economic Behavior, 2007, 60(1): 176-186.

[84] Li W, Xu G, van den Brink R. Two new classes of methods to share the cost of cleaning up a polluted river [J]. Social Choice and Welfare, 2023, 61(1): 35-59.

[85] Yang G, Sun H, Hou D, et al. Games in sequencing situations with externalities[J]. European Journal of Operational Research, 2019, 278(2): 699-708.

[86] Gale D, Shapley L S. College admissions and the stability of marriage [J]. The American Mathematical Monthly, 1962, 69(1): 9-15.

[87] Mcvitie D G, Wilson L B. Stable marriage assignment for unequal sets [J]. Bit Numerical Mathematics, 1970, 10(3): 295-309.

[88] Roth A E, Vate J H V. Random paths to stability in two-sided matching [J]. Econometrica: Journal of the Econometric Society, 1990: 1475-1480.

[89] Sasaki H, Toda M. Consistency and characterization of the core of two-sided matching problems [J]. Journal of Economic Theory, 1992, 56(1): 218-227.

[90] Klijn F, Massó J. Weak stability and a bargaining set for the marriage model [J]. Games and Economic Behavior, 2003, 42(1): 91-100.

[91] Irving R W. An efficient algorithm for the "stable roommates" problem [J]. Journal of Algorithms, 1985, 6(4): 577-595.

[92] Shapley L S, Scarf H. On cores and indivisibility [J]. Journal of Mathematical Economics, 1974, 1(1): 23-37.

[93] Roth A E. Incentive compatibility in a market with indivisible goods [J]. Economics Letters, 1982, 14(4): 309-313.

[94] Ma J. Strategy-proofness and the strict core in a market with indivisibilities [J]. International Journal of Game Theory, 1994, 23(1): 75-83.

[95] Satterthwaite M A, Sonnenschein H. Strategy-proof allocation mechanisms at differentiable points [J]. The Review of Economic Studies, 1981, 48(4): 587-597.

[96] Svensson L G. Strategy-proof allocation of indivisible goods [J]. Social Choice and Welfare, 1999, 16(4): 557-567.

[97] Hatfield J W, Milgrom P R. Matching with contracts [J]. American Economic Review, 2005, 95(4): 913-935.

[98] Kelso A S, Crawford V P. Job matching, coalition formation, and gross substitutes [J]. Econometrica: Journal of the Econometric Society, 1982: 1483-1504.

[99] Roth A E, Peranson E. The redesign of the matching market for American physicians: Some engineering aspects of economic design [J]. American Economic Review, 1999, 89(4): 748-780.